기초공업수학

서 정 식 저

오성미디어

서 문

전자 및 정보통신 공학 분야의 2년제 대학에서 이 분야를 공부하는데 필요한 공업수학 중에서 기초되는 부분을 교육하기 위한 교재로 사용하기 위해서 이 책을 집필하게 되었다.

이 분야에서 다루는 전문적인 기술내용과 실제 산업체 현장에서의 응용능력 및 기술적인 문제 해결능력을 기르기 위해서는 논리적인 사고능력과 수학적인 기초지식들이 필요하다. 2년제 교육과정에서 이런 부분을 충분히 교육하기는 현실적으로 어려움이 있지만 중요하고 핵심적인 부분만을 선택하여 이 필요성을 충족시킬 수 있도록 노력하였다.

공업수학의 수학적 내용을 서술하기 위해 먼저 수 체계에 대해서 공부하고 대수학과 해석학의 기초적인 내용들을 예제와 더불어 아주 쉽게 구성하여 고교 때 수학을 배우지 않은 전문계 고등학교 졸업생들의 수준에 맞추었으며, 그 세부구성은 다음과 같다.

제1장 수 체계
제2장 방정식과 부등식
제3장 함수와 그래프
제4장 벡터
제5장 행렬과 행렬식
제6장 삼각함수
제7장 지수와 로그
제8장 미분과 적분법
제9장 라플라스 변환
제10장 푸리에 급수

본서의 출판을 위해서 애써주신 '오성미디어'의 출판 관계자 여러분께 감사드립니다.

저자

목 차

제 1 장 수 체계(Number System)

1.1 자연수(Natural Number)와 정수(Integer)

【1】 자연수

모든 수학적인 해석은 수 체계(Number System)에 그 기초를 두고 있다. 수학적 해석에 사용되는 모든 수(Number)는 자연수(Natural Number)로부터 발전되었다.

자연수는 수 체계에서 가장 기본이 되는 수로서, 사물의 개수를 세는데 사용할 수 있는 수로서 $1, 2, 3, \cdots, n, \cdots$과 같이 쓸 수 있다.

자연수가 갖는 일반적인 성질은 1889년 이탈리아 수학자 Giuseppe Peano에 의해서 밝혀졌다.

예제 1.1

자연수를 크기 순으로 나열했을 때,

1. 가장 작은 수는?
2. 어떤 자연수와 그 다음 큰 자연수 사이에는 어떤 관계가 있는가? 그리고 어떤 자연수의 그 다음 큰 자연수를 만드는 방법은?
3. 가장 큰 자연수는?
4. 1을 제외하고, 1과 자기 자신 외에는 나누어지지 않는 자연수를 소수(prime number)라고 한다. 1 부터 20까지 자연수 중에서 소수를 모두 구하시오.

풀이

1. 가장 작은 자연수는 1이다.

2. 어떤 자연수와 그 다음 큰 자연수 사이에는 하나(자연수 1) 증가하는 관계가 있으며, 어떤 자연수의 그 다음 큰 자연수를 만드는 방법은 하나를 증가하면 된다.
3. 제일 큰 자연수는 존재하지 않는다. 왜냐하면, 모든 자연수는 항상 하나 더 큰 그 다음 자연수가 존재하기 때문이다.
4. $2, 3, 5, 7, 11, 13, 17, 19$

【2】 영(Zero, 0)

영은 가장 작은 자연수 보다 하나 작은 수이다. 영 다음의 자연수는 1이다. 어떤 자연수에 대해서도 그 자연수와 영을 더하면 자기 자신의 자연수가 되고, 어떤 자연수에 대해서도 그 자연수와 영을 곱하면 영이 된다.

예 제 2.1

다음을 계산하시오:

1. $35+0=$
2. $2357+0=$
3. $35\times 0=$
4. $2357\times 0=$

풀 이

1. 35
2. 2357
3. 0
4. 0

【3】 음의 자연수(Negative Natural Number)

영(zero)보다 하나 작은 수를 -1, -1보다 하나 작은 수를 -2, -2보다 하나 작은 수를 -3, 등등과 같이 영보다 작은 수에 대해서 자연수의 경우와 같이 정의되는 수를 음의 자연수라고 하고, 자연수에 '–' 부호를 붙인다.

예 제 2.2

1. -35 보다 하나 작은 수는 무엇인가?
2. -35 보다 하나 큰 수는 무엇인가?

풀 이

1. -36
2. -34

【4】 정수(Integer)

자연수, 영, 음의 자연수를 모두 합하여 정수라고 한다. 자연수, 영, 그리고 음의 자연수는 직선상의 일정한 간격의 점(points)들과 $1:1$ 대응시킬 수 있다.

영 다음의 자연수가 $1, 2, 3, \cdots$이고, 영 이전의 음의 자연수가 $-1, -2, -3, \cdots$이므로 다음과 같이 직선상의 점들과 1:1 대응시킬 수 있다.

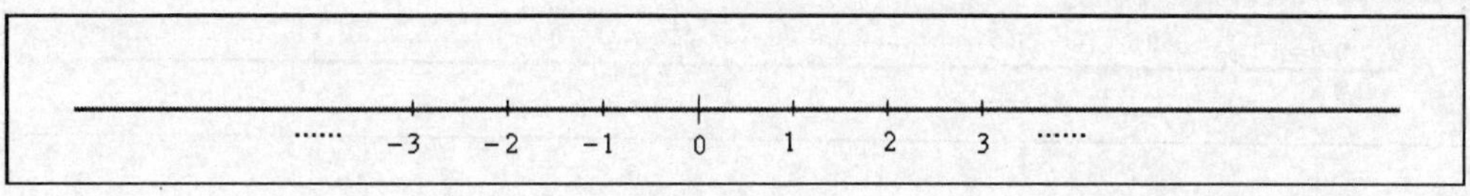

< 그림 1.1 >

1.2 실수(Real Number)

【1】 유리수(Rational Number)

정수와 정수의 비율(ratio)로 이루어진 수로서, 유리수보다는 분수(fraction)라는 번역이 더 그 의미에 가까우며 정확한 정의는 다음과 같다:

$$\frac{p}{q},\ (p, q: 정수, q \neq 0)$$

유리수는 유한소수 이거나 순환하는 무한소수이다. 유리수의 가장 큰 특징은 분모, 분자에 같은 수를 곱해도 그 값이 변하지 않는다는 것이다. 예를 들면,

$$\frac{2}{3}=\frac{4}{6}=\frac{6}{9}=\frac{202}{303}=\cdots\cdots$$

유리수 중에서 기약분수(irreducible fraction)의 분모를 소인수분해 했을 때 2와 5 이외의 소수(prime number)가 없는 경우에는 이 유리수는 유한소수가 된다. 왜냐하면, 이런 분수의 경우, 분모에 2나 5를 적절히 곱해주면 10의 지수승의 값으로 만들 수 있기 때문이다. 예를 들면,

$$\frac{1}{4}=\frac{1}{2\times2}=\frac{1\times5\times5}{2\times2\times5\times5}=\frac{25}{10\times10}=0.25$$

그리고, 2와 5 이외의 소수가 있는 경우에는 이 유리수는 순환하는 무한소수가 된다. 예를 들면,

$$\frac{2}{7}=0.285714285714\cdots\cdots$$

유리수는 다음과 같이 직선상의 점들과 1:1 대응시킬 수 있다.

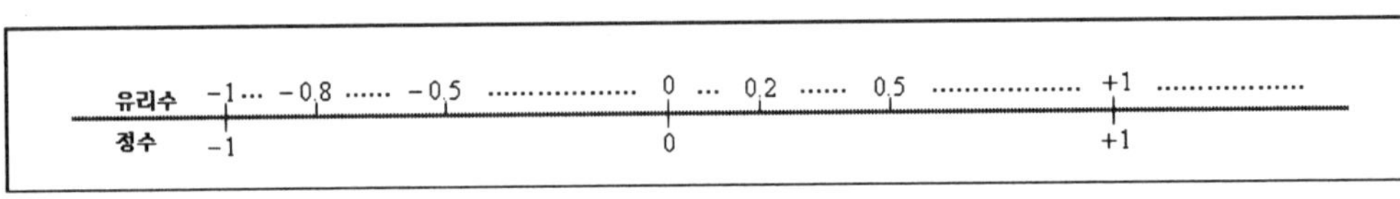

< 그림 1.2 >

【2】 무리수(Irrational Number)

정수와 정수의 비율로 표시할 수 없는 수로서 순환하지 않는 무한소수로 표현할 수 있다. 무리수의 예를 들면 다음과 같다:

$$\sqrt{2}=1.414214\cdots\cdots$$

$$\pi=3.14159\cdots\cdots$$

$$e=\lim_{n\to\infty}\left(1+\frac{1}{n}\right)^n=2.71828$$

그림 1.2와 같이 정수와 유리수는 빈틈없이 채워진 무한히 많은 점들로 구성된 수평의 직선상의 한 점과 1:1 대응시킬 수 있다. 이 그림에서 -1과 +1 사

이에 존재하는 정수는 0에 대응하는 오직 하나만 존재하고, −0.8과 −0.5 사이에는 무한히 많은 유리수에 대응하는 점들이 존재한다. 그러나 유리수 만으로는 이 두 유리수($-0.8, -0.5$) 사이의 모든 점들을 대응시킬 수 없으며, 유리수로 대응시킬 수 없는 모든 점들은 무리수로 대응시킬 수 있다. 유리수와 무리수를 모두 도입하면 수직선상의 모든 점들을 빠짐없이 $1:1$ 대응시킬 수 있다.

다음 그림 1.3은 유리수 만으로 수직선상의 점들과 $1:1$ 대응한 경우(수직선상에 대응되지 않은 점들이 무한히 많이 존재)이고, 그림 1.4는 유리수와 무리수로 $1:1$ 대응한 경우이다(수직선상의 모든 점들이 빠짐없이 대응됨).

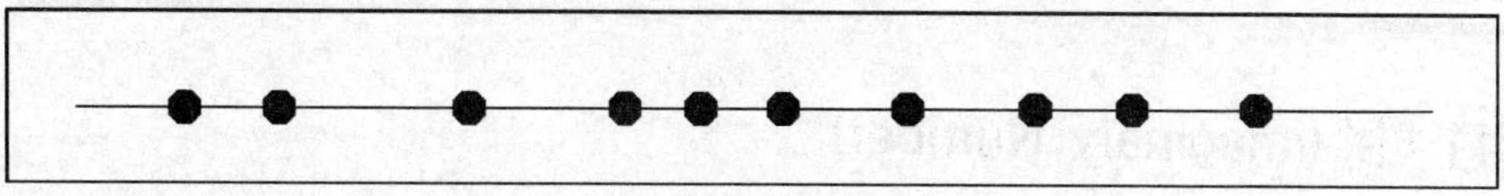

< 그림 1.3 >

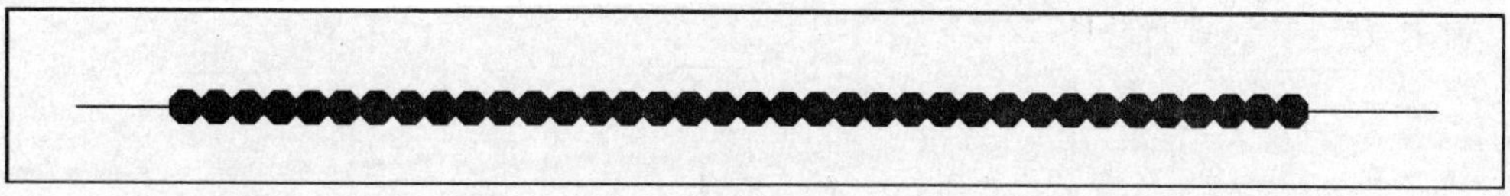

< 그림 1.4 >

■ **초월수(transcendental number):** 계수(coefficients)가 정수 또는 유리수인 다항방정식(polynomial equations)의 해를 대수적 수(algebraic numbers)라고 하는데, 예를 들면, 다항 방정식,

$$x^2 - 2 = 0$$

의 해(solution),

$$x = \sqrt{2}$$

는 대수적 수이다. 이런 대수적 수가 아닌 수를 초월수라고 한다. 초월수는 무리수이며, 그 개수는 무한히 많다. 대표적인 초월수로는 원주율 π와 자연로그의 밑(base)인 e가 있다. π가 초월수임을 증명한 사람은 Charles Hermite(1873년)이고, e가 초월수임을 증명한 사람은 Ferdinand von Lindemann(1882년)이다.

【3】 실수

자연수, 정수, 유리수, 그리고 무리수를 모두 합하여 실수라고 하며 수직선상의 모든 점들은 빠짐없이 실수와 1:1 대응시킬 수 있다. 실수는 오래 전부터 사용되어 왔지만 그 성질은 19세기 들어와서 Cauchy, Bolzano, Cantor, Dedekind 등의 수학자에 의해서 명확히 밝혀졌다.

1.3 복소수(Complex Number)

【1】 허수(Imaginary Number)

2차, 3차, 그리고 4차 방정식의 해를 구하는 과정에서 생겨났으며, Leonhard Euler에 의해서 수의 한 형태(허수, 기호 i)로 도입되었다.

허수 i는 다음과 같다:

$$i=\sqrt{-1},$$

$$i^2=-1$$

일반적인 허수는 이 허수 i에 실수를 곱한 것으로 다음과 같이 나타낼 수 있다:

$$iy,\ (y: \text{실수})$$

【2】 복소수

실수와 허수를 다음과 같이 결합한 수로서 모든 수를 표현할 수 있다:

$$x+iy,\ (x, y: \text{실수})$$

여기서 x를 실수부(real part), y를 허수부(imaginary part)라고 한다.

복소수는 (x,y) 좌표 평면상에서 x축을 실수부, y축을 허수부로 하면, 좌표 평면상의 모든 점들과 1:1 대응시킬 수 있다.

제 2 장

방정식과 부등식

2.1 방정식

【1】 1차 방정식

$ax+b=0$ ($a \neq 0$, a, b 는 상수)와 같이 미지수가 한 종류이고, 미지수 x 의 차수가 1차인 방정식을 1차 방정식이라 한다. 예를 들면, $3x+1=0$, $4x-2=0$, $6x+2=2x-2$ 등은 1차 방정식이다. 1차 방정식에서 방정식을 만족하는 x 의 값을 방정식의 근 또는 해라고 한다.

● 1차 방정식의 해법 ●

$ax=b$ 의 근

[Ⅰ] $a \neq 0$ 일 때 $x=\dfrac{b}{a}$

[Ⅱ] $a=0$, $b \neq 0$ 일 때 $x=\dfrac{b}{0}$ … 불능

[Ⅲ] $a=0$, $b=0$ 일 때 $x=\dfrac{0}{0}$ … 부정

예 제 2.1

다음 x 에 관한 1차 방정식을 풀어라.

(1) $3(x-6)=x-2$ (2) $x-2(2x+3)=0$

(3) $1.5x-3=1.2x-0.3$ (4) $|x-1|=2x+4$

풀 이

(1) $3x-18 = x-2$

$3x-x = -2+18 \rightarrow 2x = 16$

$\therefore \ x = 8$

(2) $x-4x-6=0$

$-3x = 6$

$\therefore \ x = -2$

(3) 양변에 10을 곱하면

$15x-30 = 12x-3$

$15x-12x = 30-3$

$\therefore \ x = 9$

(4) $x \geq 1$ 일 때

$x-1 = 2x+4$

$\therefore \ x=-5$, 이것은 $x \geq 1$에 모순이다.

$x < 1$ 일 때

$-x+1 = 2x+4$

$\therefore \ x = -1$, 이것은 $x < 1$ 에 적합하다.

【2】 2차 방정식

일반적으로 a, b, c가 상수이고, $a \neq 0$ 일 때 $ax^2+bx+c=0$과 같은 방정식을 x에 대한 2차 방정식이라 한다. 이런 방정식을 만족시키는 x의 값을 해 또는 근이라 한다.

2차 방정식의 근을 구하는데는 인수분해에 의한 방법과 근의 공식에 의한 방법의 두 가지 방법이 있다.

(1) 인수분해에 의한 해법

2차 방정식 $ax^2+bx+c=0(a\neq 0)$의 좌변이 인수분해가 되면 그 해를 간단히 구할 수 있다. 예를 들어, 2차 방정식 $x^2-x-2=0$에서 좌변을 인수분해하면,

$$(x+1)(x-2)=0 \quad \cdots\cdots ①$$

이므로, 실수의 곱의 성질에서 ①의 좌변의 두 인수 $x+1$, $x-2$ 중 적어도 한 수는 0이어야 한다. 따라서,

$$x + 1 = 0 \quad \text{또는} \quad x - 2 = 0$$

즉, $x = -1,\ x = 2$

이므로, 구하는 근은 $\{-1,\ 2\}$이다.

● 인수분해에 의한 해법 ●

2차 방정식 $ax^2 + bx + c = 0\,(a \neq 0)$의 좌변이 $a(x-m)(x-n)$로 인수분해될 때, 즉 $a(x-m)(x-n) = 0$으로 표시될 때, 두 근은

$$x = m, \quad x = n$$

(2) 근의 공식에 의한 해법

2차 방정식 $ax^2 + bx + c = 0\,(a \neq 0)$의 좌변이 간단히 인수분해가 되지 않을 경우에는 근의 공식을 사용해서 구할 수 있다.

2차 방정식 $ax^2 + bx + c = 0\,(a \neq 0)$을 완전제곱식으로 고쳐서 정리하면,

$$\left(x + \frac{b}{2a}\right)^2 = \frac{b^2 - 4ac}{4a^2}$$

이므로,

$$x + \frac{b}{2a} = \pm\frac{\sqrt{b^2 - 4ac}}{2a}$$

따라서,

$$x = \frac{-b \pm \sqrt{b^2 - 4ac}}{2a}$$

이것을 2차 방정식의 근의 공식이라 한다.

● 근의 공식에 의한 해법 ●

계수가 실수인 2차 방정식 $ax^2 + bx + c = 0\,(a \neq 0)$의 근은

$$x = \frac{-b \pm \sqrt{b^2 - 4ac}}{2a}$$

예 제 2.2

다음 2차 방정식의 근을 구하라.

(1) $x^2-5x+6=0$ (2) $3x^2-7x+2=0$

(3) $x^2-6x-1=0$ (4) $x^2+2\sqrt{2}x+1=0$

풀 이

(1) $x^2-5x+6=0$의 좌변을 인수분해하면

$(x-2)(x-3)=0$

$\therefore\ x=2,\ x=3$

(2) $3x^2-7x+2=0$의 좌변을 인수분해하면

$(3x-1)(x-2)=0$

$\therefore\ x=\frac{1}{3},\ x=2$

(3) $x^2-6x-1=0$에서 $a=1,\ b=-6,\ c=-1$이므로

$$x=\frac{-b\pm\sqrt{b^2-4ac}}{2a}$$

$$=\frac{-(-6)\pm\sqrt{(-6)^2-4\times1\times(-1)}}{2\times1}$$

$$=\frac{6\pm\sqrt{40}}{2}=\frac{6\pm2\sqrt{10}}{2}$$

$$=3\pm\sqrt{10}$$

(4) $x^2+2\sqrt{2}x+1=0$에서 $a=1,\ b=-5,\ c=2$이므로

$$x=\frac{-b\pm\sqrt{b^2-4ac}}{2a}$$

$$=\frac{-(2\sqrt{2})\pm\sqrt{(2\sqrt{2})^2-4\times1\times1}}{2\times1}$$

$$=\frac{-2\sqrt{2}\pm2}{2}$$

$$=-\sqrt{2}\pm1$$

(3) 판별식

방정식의 근이 실수이면 그 근을 실근, 허수이면 그 근을 허근이라고 한다.

계수가 실수인 2차 방정식 $ax^2+bx+c(a\neq0)$의 근은

$$x=\frac{-b\pm\sqrt{b^2-4ac}}{2a}$$

이므로, 이 2차 방정식이 실근인가 허근인가는 근호 안의 수 b^2-4ac의 부호에 따라 판별된다. 이와 같은 뜻에서, b^2-4ac를 2차 방정식 $ax^2+bx \quad c=0$의 판별식이라 하고, 기호로는 일반적으로 D로 나타낸다. 특히, $D=0$일 때 두 근은 모두 $x=-\dfrac{b}{2a}$가 되어 일치하므로 이때의 근을 중근이라 한다.

2차 방정식의 판별법은 다음과 같다.

● 2차 방정식의 근의 판별법 ●

계수가 실수인 2차 방정식 $ax^2+bx+c=0 \ (a\neq0)$은

[Ⅰ] $D=b^2-4ac>0$이면, 서로 다른 두 실근을 가진다.

[Ⅱ] $D=b^2-4ac=0$이면, 중근(실근)을 가진다.

[Ⅲ] $D=b^2-4ac<0$이면, 서로 다른 두 허근을 가진다.

따라서, 2차 방정식의 근이 위의 세 경우 중 어떤 경우인가를 알아보는 것을 그 방정식의 근을 판별한다고 한다.

예제 2.3

2차 방정식 $2x^2-5x+4=0$의 근을 판별하여라.

풀이

$D=(-5)^2-4\cdot2\cdot4=-7<0$

따라서, 주어진 방정식은 서로 다른 두 허근을 가진다.

【3】 고차방정식

x에 대한 n차의 다항식을 $P(x)$라 할 때, $P(x)=0$의 꼴을 x에 대한 n차 방정식이라고 한다. 특히, $n=3,\ 4\cdots$ 일 때, 이 방정식을 3차 방정식, 4차 방정식 …이라 하고, 이를 통틀어 고차방정식이라고 한다.

3차 방정식, 4차 방정식의 일반적인 해법은 정도를 벗어나는 것이므로, 여기서는 인수분해에 의해서 풀 수 있는 간단한 방정식을 다루기로 한다.

예 제 2.4

방정식 $x^3 - 3x^2 - x + 3 = 0$ 을 풀어라.

풀 이

방정식의 좌변을 $P(x)$라 하면

$$P(x) = x^3 - 3x^2 - x + 3$$

$P(-1) = 0$이므로 인수정리에 의해서 $P(x)$는 $x+1$을 인수로 갖는다.

그러므로 $P(x) = (x+1)(x^2 - 4x + 3)$

이므로, 주어진 방정식은

$$(x+1)(x-1)(x-3) = 0$$

$$\therefore \ x = -1, \ x = 1, \ x = 3$$

【4】 연립방정식

(1) 2원 1차 연립방정식

미지수의 종류가 2개이고 차수가 1차만으로 되어 있는 연립방정식을 2원 1차 연립방정식이라 한다. 2원 1차 연립방정식을 푸는데 있어서, 먼저 미지수를 소거하여 1원 1차 방정식을 만든다. 미지수를 소거하는 방법에는 가감법, 등치법 및 대입법의 3가지가 있다.

예 제 2.5

다음 2원 1차 연립방정식을 풀어라.

$$\begin{cases} 3x + 2y - 3 = 0 & \cdots\cdots ① \\ x - y - 1 = 0 & \cdots\cdots ② \end{cases}$$

풀 이

(1) 가감법에 의한 방법

①+②×2 하면

$5x - 5 = 0 \qquad \therefore \ x = 1$

$x = 1$을 식 ①에 대입하면, $y = 0$

(2) 등치법에 의한 방법

식 ①에서

$$y = \frac{-3x+3}{2} \quad \cdots\cdots ③$$

식 ②에서

$$y = x-1 \cdots\cdots ④$$

③=④로 놓으면

$$\frac{-3x+3}{2} = x-1$$

$$\therefore \ x = 1$$

$x = 1$ 을 ④에 대입하면,

$$y = 0$$

(3) 대입법에 의한 방법

식 ②에서

$$y = x-1$$

$y = x-1$ 을 식 ①에 대입하면,

$$3x + 2(x-1) - 3 = 0 \qquad \therefore \ x = 1$$

$x = 1$ 을 식 ②에 대입하면, $y = 0$

(2) 3원 1차 연립방정식

방정식 $x + y + 3z = 7$ 과 같이, 미지수가 3개인 1차 방정식을 3원 1차 방정식이라 한다. 그리고 몇 개의 3원 1차 방정식을 하나로 묶은 것을 3원 1차 연립방정식이라 한다.

3원 1차 연립 방정식을 풀 때에는 미지수를 하나 소거한 다음, 나머지 두 미지수에 대한 2원 1차 연립방정식을 풀어서 해를 구하는데, 주로 대입법으로 푼다.

예제 2.6

다음 3원 1차 연립방정식을 풀어라.

$$2x + 5y + 3z = 28 \quad \cdots\cdots ①$$

$$5x + 3y - 2z = 32 \quad \cdots\cdots ②$$

$$3x - 2y + 5z = 15 \quad \cdots\cdots ③$$

풀 이

식 ①, ②에서 z 를 소거하기 위해서 ①×2+②×3 를 하면,

①×2 $\qquad 4x + 10y + 6z = 56$

②×3 $\quad$ +) $\underline{15x + 9y - 6z = 96}$

$$19x + 19y \quad = 152$$

$$\therefore \ x + y = 8 \ \cdots\cdots ④$$

같은 방법으로, ②, ③에서 z 를 소거하기 위해서

②×5+③×2 하면,

$$31x + 11y = 188 \ \cdots\cdots ⑤$$

또, ④, ⑤에서 y 를 소거하기 위하여 ⑤-④×11하면,

$20x = 100$ 이므로 $\quad x=5 \ \cdots\cdots$ ⑥

⑥을 ④에 대입하면, $\quad y = 3 \ \cdots\cdots$ ⑦

⑥, ⑦을 ①에 대입하면, $\quad z = 1$

【5】 분수방정식

분모에 미지수를 포함하는 방정식을 분수방정식이라 하고, 이에 대하여 다항식만으로 된 방정식을 정방정식이라고 한다. 특히 정방정식과 분수방정식을 통틀어 유리방정식이라고 한다.

● 분수방정식의 해법 ●

[Ⅰ] 분수방정식의 분모에 최소공배수를 곱해서 정방정식으로 고친다.
[Ⅱ] 정방정식을 푼다.
[Ⅲ] 정방정식의 근 중에서 분수방정식의 분모를 0이 되게 하지 않는 것만을 근으로 택한다.

또한, 분수방정식의 분모를 0이 되게 하는 방정식의 근을 주어진 분수방정식의 무연근이라 한다.

예 제 2.7

분수 방정식 $\dfrac{x+1}{x} - \dfrac{6x}{x+1} = 1$을 풀어라.

풀 이

양변에 분모의 최소공배수 $x(x+1)$을 곱하면

$$(x+1)^2 - 6x^2 = x(x+1)$$

정리하여 인수분해하면

$$(2x-1)(3x+1) = 0$$

$$\therefore\ x = \frac{1}{2},\ x = -\frac{1}{3}$$

이 값들은 모두 주어진 분수방정식의 분모를 0으로 되게 하지 않으므로 구하는 모두 구하는 근이 된다.

【6】 무리방정식

방정식에서 미지수에 대한 무리수를 포함하는 방정식을 무리방정식이라 한다. 예를 들어,

$$\frac{x}{4} + \sqrt{x-2} = 8,\quad x^2 - 2x + \sqrt{x^2 - 4x + 2} = 0$$

등은 무리방정식이다.

● 무리방정식의 해법 ●

[Ⅰ] 양변을 제곱하여 정방정식으로 고친다.
[Ⅱ] 정방정식을 푼다.
[Ⅲ] 정방정식의 근 중에서 주어진 무리방정식을 만족시키는 것만을 근으로 택한다.

또한, 방정식의 근 중에서 무리방정식을 만족시키지 못하는 무리방정식의 근을 무연근이라고 한다.

예 제 2.8

무리방정식 $\sqrt{x-1} = x - 3$ 을 풀어라.

풀 이

등식의 양변을 제곱하여 정방정식으로 고치고 정리하면

$$x^2 - 7x + 10 = 0$$

인수분해해서 풀면

$$(x-2)(x-5)=0$$

$$\therefore\ x=2,\ x=5$$

(1) $x=2$ 일 때

좌변 $=\sqrt{2-1}=1$

우변 $=2-3=-1$

즉, 좌변 $\neq$ 우변이므로 $x=2$는 근이 아니다.

(2) $x=5$ 일 때

좌변 $=\sqrt{5-1}=2$

우변 $=5-3=2$

즉, 좌변 $=$ 우변이므로 $x=5$는 주어진 무리방정식의 근이다.

3.2 도형의 방정식

【1】 직선의 방정식

(1) 점 $A(x_1,\ y_1)$를 지나고, 기울기가 m인 직선

점 $A(x_1,\ y_1)$를 지나고, 기울기가 m인 직선을 l이라고 하자. 직선 l이 x축의 양의 방향과 이루는 각의 크기를 $\alpha(0° < \alpha < 180°,\ \alpha \neq 90°)$라 하면,

$$\tan\alpha = m$$

그림4.1과 같이 직선 l 위에 점 $A(x_1,\ y_1)$와 다른 임의의 점 $P(x,\ y)$를 잡아 두 점 A, P에서 x축에 수선 AA', PP'를 각각 긋고, 다시 A에서 선분 PP'에 수선 AH를 그으면, $\angle PAH=\alpha$이므로,

$$\frac{\overline{PH}}{\overline{AH}}=\frac{y-y_1}{x-x_1}=\tan\alpha=m$$

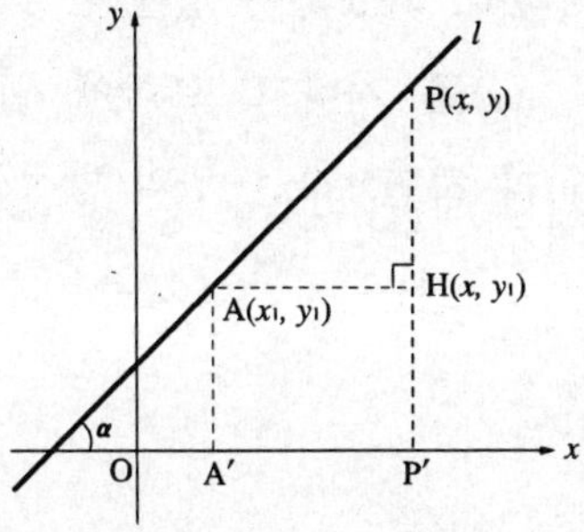

< 그림 2.1 >

이 식을 정리하면,

$$y - y_1 = m(x - x_1) \cdots\cdots ①$$

①은 점 A의 좌표 (x, y)을 비롯해서 모두 직선 l 위의 모든 점의 좌표에 대하여 성립한다. 역으로, ①을 만족하는 점 (x, y)는 모두 직선 l 위에 있음이 명백하다. 따라서, 직선 l 의 방정식은 ①이다.

그러므로, 점 $A(x_1, y_1)$를 지나고, 기울기 m 인 직선의 방정식은 다음과 같다.

● 직선의 방정식(1) ●

$$y - y_1 = m(x - x_1)$$

예제 2.9

점 (-1, 2)을 지나고, 기울기가 $\frac{2}{3}$ 인 직선의 방정식을 구하라.

풀이

$x_1 = -1,\ y_1 = 2,\ m = \frac{2}{3}$ 이므로,

직선의 방정식에 대입하면,

$$y - 2 = \frac{2}{3}\{x - (-1)\}$$

$$\therefore\ 2x - 3y + 8 = 0$$

(2) 점 A (x_1, y_1)를 지나고, 좌표축에 평행인 직선

그림4.2와 같이, 점 A(x_1, y_1)를 지나고, x 축에 평행인 직선을 l 이라 하고, l 위의 임의의 점을 P(x, y)라 하면, 직선 l 의 방정식은

$$y = y_1 \cdots\cdots ①$$

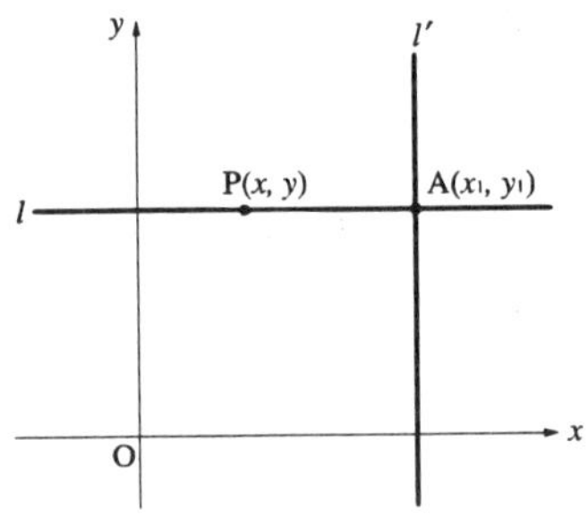

< 그림 2.2 >

또, 점 A(x_1, y_1)를 지나고, y축에 평행인 직선을 l'라 하면, 직선 l'의 방정식은

$$x = x_1 \cdots\cdots ②$$

(3) 두 점 A(x_1, y_1), B(x_2, y_2)를 지나는 직선

그림4.3과 같이, 두 점 A(x_1, y_1), B(x_2, y_2)를 지나는 직선을 l이라 학고, 이 직선의 기울기를 m이라 하면, 직선 l 의 방정식은

$$y - y_1 = m(x - x_1) \cdots\cdots ①$$

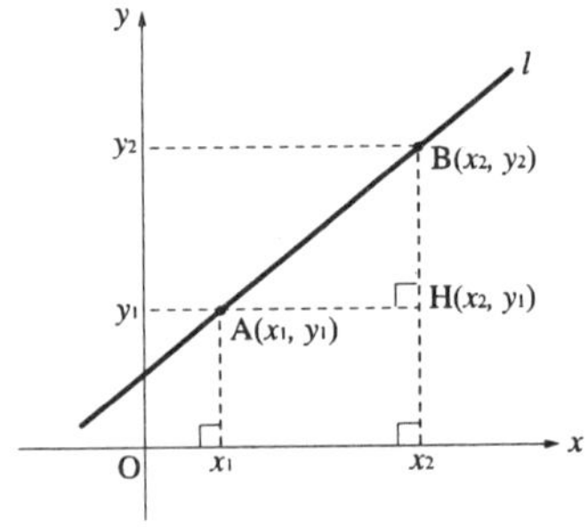

< 그림 2.3 >

①에서 $x_1 \neq x_2$ 일 때,

$$m = \frac{y_2 - y_1}{x_2 - x_1}$$

이므로, 직선 l 의 방정식은

$$y - y_1 = \frac{y_2 - y_1}{x_2 - x_1}(x - x_1)$$

특히, $x_1 = x_2$ 일 때의 직선 l 의 방정식은

$$x = x_1$$

따라서, 두 점 $A(x_1, y_1)$, $B(x_2, y_2)$를 지나는 직선의 방정식은 다음과 같다.

● 직선의 방정식 (2) ●

[Ⅰ] $x_1 \neq x_2$일 때, $y - y_1 = \frac{y_2 - y_1}{x_2 - x_1}(x - x_1)$

[Ⅱ] $x_1 = x_2$일 때, $x = x_1$

예 제 2.10

두 점 (-3, 2), (2, 5)를 지나는 직선의 방정식을 구하라.

풀 이

$$y - 2 = \frac{5 - 2}{2 - (-3)}\{x - (-3)\}$$

$$\therefore\ 3x - 5y + 19 = 0$$

【2】 원의 방정식

좌표평면 위에 점 $C(a, b)$를 중심으로 하고, 반지름의 길이가 r인 원이 있을 때, 이 원을 나타내는 방정식을 구하여 보자.

그림4.4와 같이, 원주 위의 임의의 점을 P $(x,\ y)$라 하면,

$$\overline{CP} = r$$

그런데,

$$\overline{CP} = \sqrt{(x-a)^2+(y-b)^2}$$

이므로,

$$(x-a)^2+(y-b)^2 = r^2 \cdots\cdots ①$$

역으로, C $(a,\ b)$를 중심으로 하고, 반지름의 길이가 r인 원의 방정식은 다음과 같다.

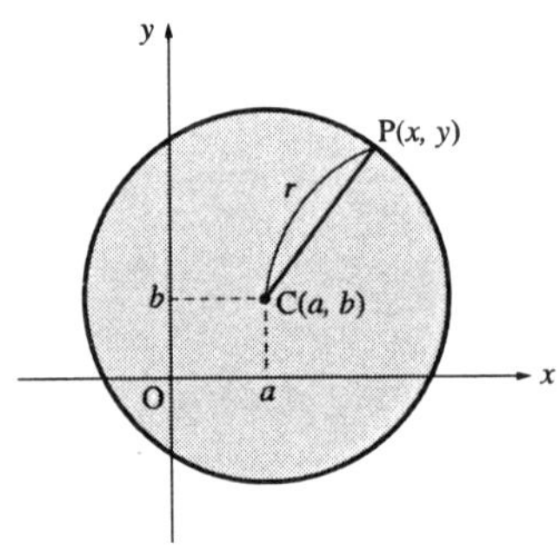

< 그림 2.4 >

● 원의 방정식 ●

$$(x-a)^2+(y-b)^2 = r^2$$

특히, 원점을 중심으로 하고, 반지름의 길이가 r인 원의 방정식은

$$x^2+y^2 = r^2$$

이다.

예 제 2.11

두 점 A(-1,-3), B(5,1)를 지름의 양끝으로 하는 원의 방정식을 구하라.

풀 이

선분 A, B의 중점을 C $(a,\ b)$라 하면,

$$a = \frac{-1+5}{2} = 2,\quad b = \frac{-3+1}{2} = -1$$

이고,

$$\overline{AB} = \sqrt{(5+1)^2+(1+3)^2} = 2\sqrt{13}$$

이므로, 구하는 원의 중심 좌표는
(2, -1)이고, 반지름의 길이는 $\sqrt{13}$ 이다.

$$\therefore\ (x-2)^2+(y+1)^2 = 13$$

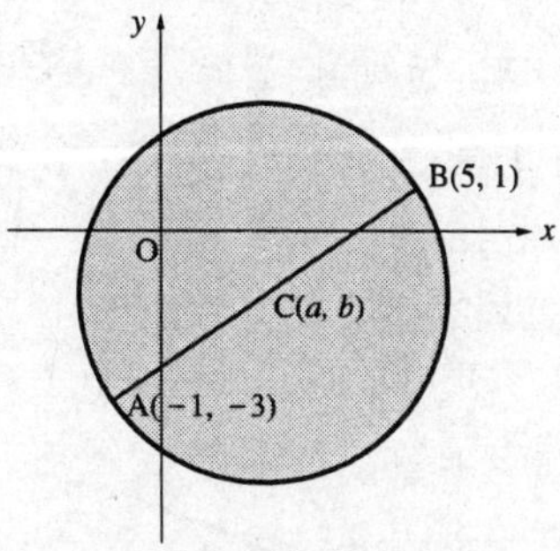

예 제 2.12

2차 방정식 $x^2+y^2-2x+6y=0$ 은 어떤 곡선을 나타내는가?

풀 이

$$(x^2-2x+1)+(y^2+6y+9) = 4$$
$$(x-1)^2+(y+3)^2 = 2^2$$

이므로, 다음 그림과 같이 중심이 점 (1, -3)이고, 반지름의 길이가 2인 원을 나타낸다.

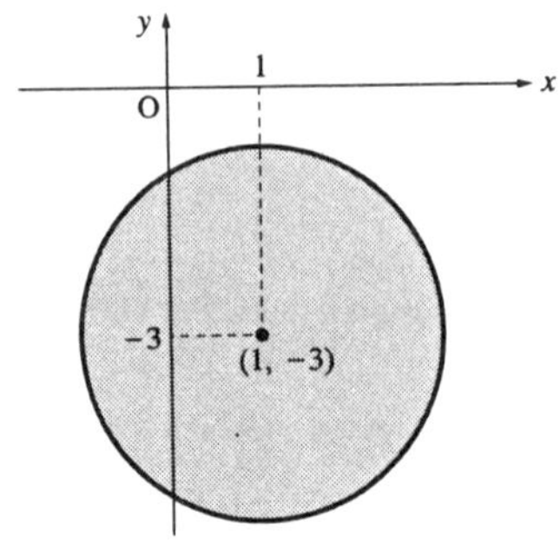

【3】 포물선의 방정식

그림 4.5와 같이 좌표평면 위에서, 한 정점 F와 그 정점을 지나지 않는 한 정지선 g에 이르는 거리가 같은 점 전체의 집합 $\{ P \mid \overline{PF} = \overline{PH},\ H \in g,\ PH \perp g \}$을 포물선이라 한다. 이때, 정점 F를 포물선의 초점, 정직선 g를 포물선의 준선이라 한다. 또, 포물선의 초점을 지나고, 준선에 수직인 직선을 포물선의 축, 포물선이 축과 만나는 점을 포물선의 꼭지점이라 한다.

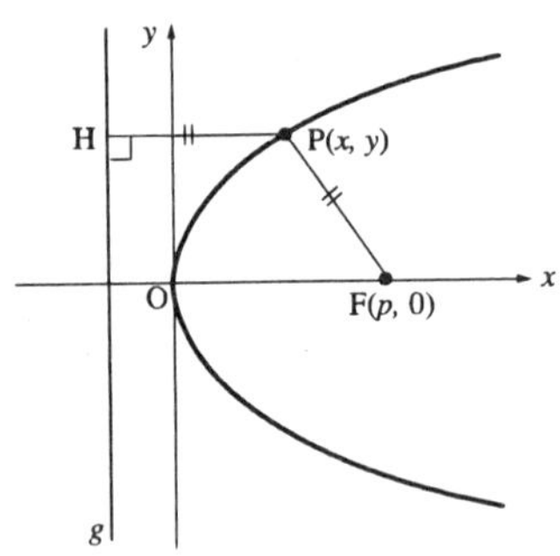

0이 아닌 실수 p에 대하여, 초점 F의 좌표를 $(x,\ y)$에서 준선 g에 내린 수선의 발를 H라 하면, 점 H의 좌표는 $(-p,\ y)$이다. 그런데 포물선의 정의에 의해서 $\overline{PF} = \overline{PH}$ 이므로,

$$\sqrt{(x-p)^2 + y^2} = |x+p|$$

양변을 제곱해서 정리하면,

$$y^2 = 4px$$

이다.

이것을 포물선 방정식의 표준형이라 한다. 이때, 포물선의 축은 x축과 일치하고, 원점이 이 포물선의 꼭지점이다. 초점이 F $(p, 0)$이고, 준선이 $x+p=0$ 인 포물선의 방정식은 다음과 같다.

● 포물선의 방정식 ●

$$y^2 = 4px \quad (p \neq 0) \quad (\text{표준형})$$

예 제 2.13

포물선 $y^2=-12x$ 의 초점의 좌표와 준선의 방정식을 구하라.

풀 이

포물선의 방정식 $y^2=-12x$ 를 변형하면 $y^2=4(-3)x$ 이므로, 표준형 $y=4px$ 와 비교하면 $p=-3$이다.
따라서, 초점은 F $(-3, 0)$이고, 준선의 방정식은 $x=3$ 이다.

2.3 부등식

【1】 부등식의 기본 성질

두 수나 식의 대소 관계를 부등호 ($<$, $\leq$, $>$, $\geq$)를 써서 나타낸 식을 부등식이라고 한다. 부등식에 포함된 문자는 모두 실수를 나타낸다.

두 실수 a, b 의 대소 관계는 다음과 같다.

$a-b \geq 0$ 일 때, $a \geq b$
$a-b \leq 0$일 때, $a \leq b$

부등식을 푸는데는 다음과 같은 성질이 이용된다.

● 부등식의 기본 성질 ●

[Ⅰ] $a > b,\ \ b > c \Rightarrow\ a > c$

[Ⅱ] $a > b \Rightarrow\ a + c > b + c,\ \ a - c > b - c$

[Ⅲ] $a > b,\ \ c > 0 \Rightarrow\ ac > bc,\ \ \frac{a}{c} > \frac{b}{c}$

[Ⅳ] $a > b,\ \ c < 0 \Rightarrow\ ac < bc,\ \ \frac{a}{c} > \frac{b}{c}$

【2】 1차 부등식

부등식의 모든 항을 좌변으로 이항하였을 때,

$$ax + b > 0, \quad ax + b < 0$$
$$ax + b \geq 0, \quad ax + b \leq 0 \ \ (\text{단},\ a \neq 0)$$

와 같은 꼴이 되는 부등식을 x 에 대한 1차 부등식이라 한다.

x에 대한 부등식에서 그 부등식을 만족시키는 x의 값을 부등식의 해라고 한다. 또한, 부등식의 해를 구하는 것을 부등식을 푼다고 한다.

● 1차 부등식의 해 ●

부등식 $ax > b$의 해는

[Ⅰ] $a > 0$ 일 때, $x > \frac{b}{a}$ (부등호의 방향은 그대로 된다.)

[Ⅱ] $a < 0$ 일 때, $x < \frac{b}{a}$ (부등호의 방향은 반대로 된다.)

[Ⅲ] $a = 0$ 일 때, $b \geq 0$ 이면 해는 없다.

[Ⅳ] $a = 0$ 일 때, $b < 0$ 이면 x 는 모든 실수값

예 제 2.14

$\frac{x+2}{3} > x-4$ 의 1차 부등식을 풀어라.

풀 이

양변에 3을 곱하면 $x+2>3x-12$

이항하면 $x-3x>-12-2$

$\therefore\ x<4$

【3】 연립부등식

연립부등식을 풀 때에는 각각의 부등식을 푼 다음 그들의 공통 범위를 구하면 된다. 그리고 공통범위를 구할 때에는 수직선을 이용하면 편리하다.

예 제 2.15

다음 부등식을 동시에 만족하는 x 의 범위를 구하라.

$$\begin{cases} x-2 \le 5 & \cdots\cdots ① \\ 2x+7>3 & \cdots\cdots ② \end{cases}$$

풀 이

①을 풀면, $x \le 7$ ······③

②를 풀면, $2x > -4$ $\therefore\ x > -2$ ······④

따라서 구하는 해는 ③,④를 동시에 만족시키는 실수의 집합이므로

③

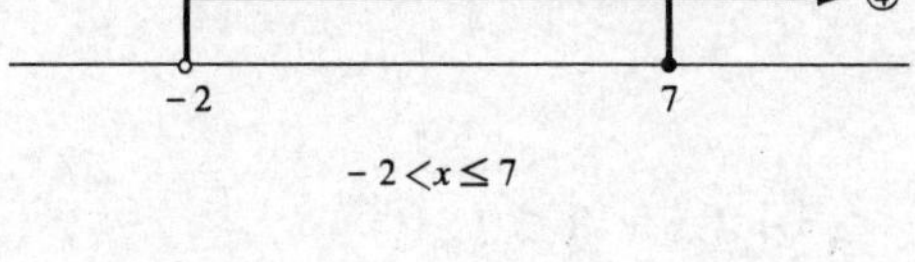

$-2<x\le 7$

【4】 2차 부등식

부등식에서 모든 항을 좌변으로 이항하였을 때, 그 부등식이

$$ax^2+bx+c>0, \quad ax^2+bx+c<0$$
$$ax^2+bx+c\geq 0, \quad ax^2+bx+c\leq 0 \quad (\text{단}, a\neq 0)$$

와 같은 형태로 되는 부등식을 2차 부등식이라고 한다.

2차 부등식

$$x^2+2x-8>0 \quad \cdots\cdots ①$$

의 좌변을 인수분해하여

$$(x+4)(x-2)>0$$

으로 나타낼 수 있으며, 좌변식의 값의 부호는 다음 표와 같이 두 인수 $x+4$, $x-2$ 의 부호로서 정해진다.

표에서 부등식 ①이 성립하는 것은 $x<-4$인 범위의 값이거나, $x>2$인 범위의 값이다. 이것을 수직선 위에 나타내면, 굵은 선으로 나타난 부분이다.

따라서, 구하는 x 의 값의 범위는

x	$x<-4$	$x=-4$	$-4<x<2$	$x=2$	$x>2$
$x+4$	-	0	+	+	+
$x-2$	-	-	-	0	+
$(x+4)(x-2)$	+	0	-	0	+

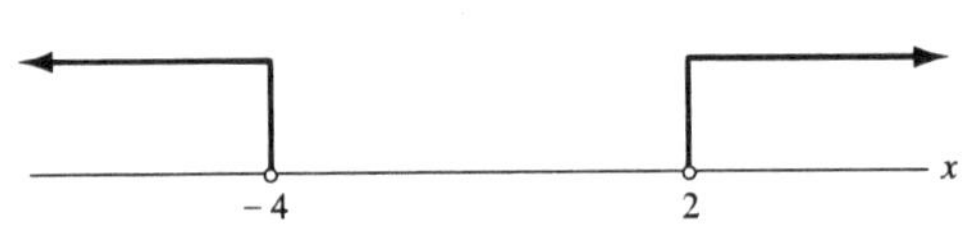

$$x<-4 \quad \text{또는} \quad x>2$$

또한, 위의 표에서

$$x^2+2x-8<0$$

을 만족시키는 x 의 값의 범위는

$$-4<x<2$$

임을 알 수 있다.

2차 방정식

$$ax^2 + bx + c = 0 \ (a, \ b, \ c \text{ 는 실수 } a \neq 0)$$

이 서로 다른 두 실근 α, $\beta\,(\alpha < \beta)$를 가지면,

$$ax^2 + bx + c = a(x - \alpha)(x - \beta)$$

이다.

따라서 2차 방정식의 근과 2차 방정식의 해 사이에는 다음과 같은 관계가 있다.

● 2차 부등식의 해 ●

2차 방정식 $ax^2+bx+c=0$(a, b, c는 실수, $a\neq0$)의 두 근을 α, β ($\alpha<\beta$)라 하면,

[I] $a>0$인 경우

(1) $ax^2+bx+c>0$, 즉 $a(x-\alpha)(x-\beta)>0$의 해는

$x<\alpha$ 또는 $x>\beta$

(2) $ax^2+bx+c<0$, 즉 $a(x-\alpha)(x-\beta)<0$의 해는

$\alpha<x<\beta$

[II] $a<0$인 경우

(1) $ax^2+bx+c>0$, 즉 $a(x-\alpha)(x-\beta)>0$의 해는

$\alpha<x<\beta$

(2) $ax^2+bx+c<0$, 즉 $a(x-\alpha)(x-\beta)<0$의 해는

$x<\alpha$ 또는 $x>\beta$

예 제 2.16

부등식 $6x - 1 \geq 2x^2$을 풀어라.

풀 이

이항하면, $2x^2-6x+1\leq0$

$2x^2-6x+1=0$의 해는

$$x=\frac{3\pm\sqrt{7}}{2}$$

그러므로, 주어진 부등식은

$$2\left(x-\frac{3-\sqrt{7}}{2}\right)\left(x-\frac{3+\sqrt{7}}{2}\right)\leq 0$$

따라서, 구하는 x 의 값의 범위는

$$\frac{3-\sqrt{7}}{2}\leq x\leq\frac{3+\sqrt{7}}{2}$$

【5】 절대부등식

등식을 항등식과 방정식으로 나눈 것과 같이, 부등식도 절대부등식과 조건부등식으로 나눌 수 있다.

부등식

$$x+2>x,\quad (x-1)^2\geq 0$$

과 같이, 문자에 어떠한 실수값을 대입하여도 성립하는 부등식을 절대부등식이라 하고,

$$x-1>0,\quad (x-1)(x+2)<0$$

과 같이, 문자에 어떤 범위 안의 수를 대입할 때에만 성립하는 부등식을 조건부등식이라 한다.

따라서 절대부등식에서는 그 부등식이 성립하는 이유를 분명히 하는 증명을 필요로 한다. 그리고, 절대부등식의 증명에는 다음과 같은 성질을 이용한다.

● 부등식의 동치관계 ●

임의의 실수 a, b 에 대하여

[Ⅰ] $a^2\geq 0$, $|a^2|=a^2$

[Ⅱ] $a^2+b^2=0 \Leftrightarrow a=b=0$

[Ⅲ] $a\geq 0$, $b\geq 0$ 일 때, $a>b \Leftrightarrow a^2>b^2$

예 제 2.17

부등식 $a^2+b^2 \geq ab$가 임의의 실수 a, b에 대하여 항상 성립함을 증명하여라.

풀 이

$a^2-ab+b^2=\left(a-\frac{b}{2}\right)^2+\frac{3}{4}b^2$이고

$\left(a-\frac{b}{2}\right)^2 \geq 0$, $\frac{3}{4}b^2 \geq 0$ 이므로

$$a^2-ab+b^2 \geq 0$$

따라서, $a^2+b^2 \geq ab$

또한, 이 부등식에서 등호가 성립하는 것은 $a-\frac{b}{2}=0$, $b=0$일 때

즉, $a=b=0$인 경우이다.

연 습 문 제

1. 다음 x에 관한 1차 방정식을 풀어라.

(1) $3(x-7)=2x-1$ (2) $x-3(2x+5)=0$

(3) $\dfrac{3x+4}{2}-\dfrac{x-1}{3}=7$ (4) $|x-1|=2x+4$

2. 다음 2차 방정식의 근을 구하라.

(1) $x^2+5x-150=0$ (2) $x(2x+4)=7-x$

(3) $(x+2)^2-3(x+2)-4=0$ (4) $\dfrac{1}{2}(x^2+1)=\dfrac{1}{3}(x+2)$

3. 다음 방정식의 근을 판별하고 그 방정식을 풀어라.

(1) $x^2-5x+2=0$ (2) $3x^2-4x+2=0$

(3) $2x^2+x+1=0$ (4) $2x^2-\sqrt{6}x+\dfrac{3}{4}=0$

4. 다음 연립방정식을 풀어라.

(1) $\begin{cases} y=x+1 \\ x^2+y^2=25 \end{cases}$ (2) $\begin{cases} -3x+y=5 \\ 6x^2+y^2=25 \end{cases}$ (3) $\begin{cases} x+y=6 \\ xy=8 \end{cases}$

5. 다음 분수방정식을 풀어라.

(1) $\dfrac{1}{x+1}-\dfrac{2}{x^2+4x+3}=\dfrac{1}{3}$

(2) $\dfrac{1}{x+2}-\dfrac{1}{x+4}=\dfrac{1}{x-6}-\dfrac{1}{x-4}$

(3) $\dfrac{x-1}{x-4}+\dfrac{x+1}{x+2}+\dfrac{x+1}{x+4}=3$

6. 다음 무리방정식을 풀어라.

(1) $\sqrt{x-1} = x-3$ (2) $3\sqrt{x-5} = \sqrt{x+3}$

(3) $\sqrt{3x-10} - \sqrt{x+2} = \sqrt{2x-3} - \sqrt{2x-5}$ (4) $\sqrt{x+5} - 2 = 3x$

7. 다음 부등식을 풀어라.

(1) $x-3 < \frac{1}{2}x-1$ (2) $\frac{x}{2} \leq \frac{2(x+5)}{3} - 2$

(3) $|x+3| < 4$ (4) $6x-1 > 2x^2$

8. 다음 두 직선이 평행이 되도록 상수 k 의 값을 정하라.

$$\begin{cases} 2x + y = 4 \cdots ① \\ x - ky = 5 \cdots ② \end{cases}$$

9. 세 점 (0, 0), (2, -1), (4, 3)을 지나는 원의 방정식을 구하라.

제 3 장 함수와 그래프

3.1 함 수

일정한 수 또한 양을 나타내는 것을 정수라 하고, 변하는 수 또는 양을 나타내는 것을 변수라고 한다.

두 개의 변수 x 와 y 가 있어 값이 정해질 때, 이에 따라서 y 의 값이 정해지면 y를 x의 함수라고 한다. y 가 x 의 함수인 경우에는 x 의 값이 정해질 때 y 의 값이 정해지므로 x 와 y 사이에는 어떤 관계가 성립한다. 이 관계를 x 와 y 사이의 함수관계라 한다. x 의 함수를 나타내면,

$$f(x),\quad F(x)\cdots$$

등과 같은 기호로 표시하며, y 가 x 의 함수로 나타내면,

$$y=f(x),\quad y=F(x)\cdots$$

등과 같은 등식을 나타낸다.

한편, 함수 $y=f(x)$에서 정의구역 안의 x 의 값에 따라 y 의 값이 정해지므로 x 를 독립변수, y 를 종속변수라고 한다.

함수 $y=f(x)$에서 x 의 모든 원소가 오직 y 의 한 원소에만 대응할 때, 이 함수를 상수함수라 한다.

【1】 역함수

y가 x의 함수이면, x도 역시 y의 함수가 된다. 예를 들면, $y=2x+1$인 경우에 대해서 이것을 x 에 관해서 풀면, $x=\frac{y-1}{2}$가 되고 x는 y의 함수가 된다.

이 경우에 두 개의 함수 $2x+1$, $\frac{y-1}{2}$를 서로 역함수라 한다.

일반적으로 $y=f(x)$일 때 x를 y의 함수로서 $x=g(y)$를 얻었다면 여기서 x와 y를 교환해서 $y=g(x)$가 나온다. 이 때 $g(x)$를 $f(x)$의 역함수라 한다. 기호로는 $f^{-1}(x)$와 같이 나타낸다.

예 제 3.1

다음 함수의 역함수를 구하라.

(1) $y=3x+1$ (2) $y=\sqrt{a^2-x^2}$

풀 이

(1) $y=3x+1$을 x에 대해서 풀면,

$$x=\frac{y-1}{3}$$ 이므로

따라서, 문자 x와 y를 바꾸어 놓으면, 구하는 역함수는

$$f^{-1}(x)=\frac{x-1}{3}$$

(2) $y=\sqrt{a^2-x^2}$에서 양변에 제곱을 해서 정리하면

$$y^2=a^2-x^2 \Rightarrow x^2=a^2-y^2$$ 되고

$$x=\pm\sqrt{a^2-y^2}$$

여기서 x와 y를 바꾸어서 정리하면,

$$y=\pm\sqrt{a^2-x^2}$$

구하는 역함수는

$$f^{-1}(x)=\pm\sqrt{a^2-x^2}$$

【2】 함수의 그래프

x의 함수 $f(x)$가 주어졌다고 할때, 이것을 y라 놓으면 x와 y 사이의 함수관계

$$y=f(x)$$

를 얻는다.

이 관계식을 만족시키는 x, y의 한 쌍의 값은 무한히 많고, 또한 이 x, y의 한 쌍의 값을 좌표로 하는 점도 무한히 많게 된다. 이들 점은 전체로서 하나의 곡선을 만든다. 이 곡선을 함수 $f(x)$의 그래프라고 한다. 그리고 $y=f(x)$를

그 곡선의 방정식이라 한다.

실제로 함수 $f(x)$를 주고 곡선을 그리려면 x에 값에 대한 $f(x)$의 값을 많이 구해서 x 값을 x 좌표, $f(x)$의 값을 y 좌표로 하는 점을 찍고, 이 점을 부드러운 선으로 이으면 된다. 또한, 곡선을 주는 방정식을 구하려면 곡선상의 임의의 점을 잡고, 이 점의 좌표 사이의 관계식을 구하면 된다.

함수 $y = f(x)$가

$$f(-x) = f(x)$$

인 관계를 만족시키는 경우에는, $f(x)$을 우함수라 한다.

또한, 함수 $f(x)$가

$$f(-x) = -f(x)$$

인 관계를 만족하는 경우에는, $f(x)$을 기함수라 한다.

예를 들면, x^2, $x^2+\dfrac{1}{x^4}$ 등은 우함수 이고, x, $x^3-\dfrac{1}{x}$ 등은 기함수이다.

$f(x)$가 우함수인 경우에는 $f(-a)=f(a)$이므로, 점 $(a,\ b)$가 곡선 $y=f(x)$ 위에 있으므로 점 $(-a,\ b)$도 또한 이 곡선 위에 있게 된다. 그런데 점 $(a,\ b)$와 점 $(-a,\ b)$는 y축에 관해서 대칭이므로 $f(x)$가 우함수인 경우에는 $f(x)$의 그래프는 y축에 관해서 대칭이 된다. 또한, x^2, x^4-x^2 등의 그래프는 y축에 관해서 대칭이 된다.

$f(x)$가 기함수인 경우에는 $f(-a)=-f(a)$이므로, 점 $(a,\ b)$가 곡선상의 점이면 점 $(-a,\ b)$도 그 곡선상의 점이 된다. 그런데 점 $(a,\ b)$와 점 $(-a,\ -b)$는 x 축에 관해서 대칭이므로, $f(x)$가 기함수인 경우에는 $f(x)$의 그래프는 x축에 관해서 대칭이 된다.

3.2 1차 함수

【1】 1차함수의 그래프

함수 $y = f(x)$가 x에 대한 1차의 다항식일 때, 함수

$$y = ax + b \quad (a \neq 0,\ a,\ b는\ 상수)$$

를 1차 함수라 한다. 1차 함수 $y = ax + b$의 그래프는 직선이다.

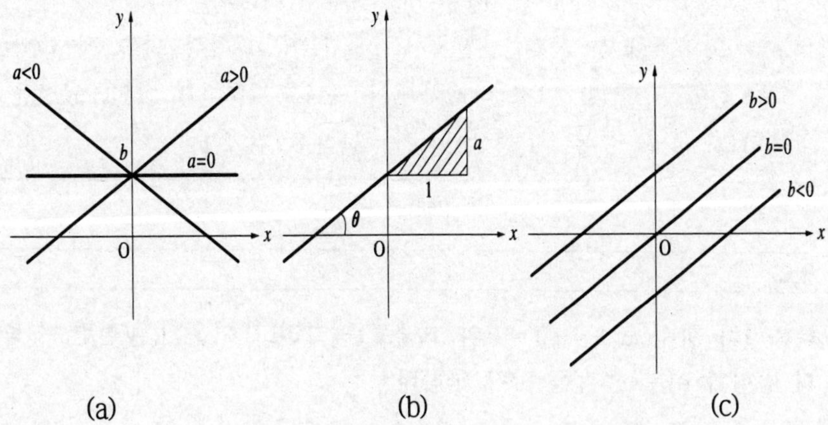

< 그림 3.1 >

1차 함수는 다음과 같은 특징을 가진다.

● $y=ax+b$ 의 1차 함수 ●

[Ⅰ] $y=ax+b$에서 a의 성질

$a>0$일 때, x가 점점 커지면 y도 점점 커지고, 오른쪽 위로 올라가는 직선

$a<0$일 때, x가 점점 커지면 y는 점점 작아지고, 오른쪽 아래로 내려가는 직선

$a=0$이면 x축에 평행한 직선(그림 2.1a)

[Ⅱ] $y=ax+b$가 x축의 양의 방향과 이루는 각을 θ라 하면,

$a=\tan\theta$이며, 이 때 a를 기울기라 한다.(그림 2.1b)

[Ⅲ] $y=ax+b$에서 b의 성질에서 $b>0$이면, 원점 윗쪽 에서 만나고, $b<0$이면, 원점 아래쪽에서 만나고, $b=0$이면, 원점을 지난다. 이때 b를 y의 절편이라 한다.(그림 2.1c)

예제 3.2

다음 1차 함수 $x+y-1=0$의 그래프를 그리고 기울기, y절편, x축의 양의 방향과 이루는 각을 각각 구하라.

풀이

$y=ax+b$의 형태로 변형하면,

$y=-x+1$ 이므로

따라서 기울기 : -1

절 편 : 1

x축의 양의 방향과 이루는 각 θ는

$$\tan\theta=-1 \qquad \therefore\ \theta=135°$$

【2】 절대값 기호가 있는 1차 함수

양수나 음수를 막론하고 그 수가 항상 양의 값을 나타내는 것을 절대값이라 한다. 절대값을 표시하는 기호로는 $|\quad|$를 쓰고, $|a|$를 절대값 a라 한다.

절대값 안에 들어 있는 수가 양이든 음이든 절대값은 항상 양수이다. 즉, $a \geq 0$ 일 때, $|a| = a$ 이고, $a < 0$ 일 때, $|a| = -a$ 이다.

예를 들면, 절대값을 가진 1차 함수 $y = |x+1| - 1$ 의 그래프를 그려보자.

(1) $x \geq -1$ 일 때, $|x+1| = x+1$

$\therefore \ y = (x+1) - 1 = x$

(2) $x \leq -1$ 일 때, $|x+1| = -(x+1)$

$\therefore \ y = -(x+1) - 1 = -x-2$

따라서, 그래프는 그림5.2와 같다. 이 그래프에서 보면, 점 $(-1, -1)$에서 그래프가 꺾였다. 일반적으로 x 에 절대값 기호가 붙은 식에서 꺾인 점의 좌표를 구하려면,

첫째, 절대값 기호 안을 0으로 하는 x 값을 구한다. (이것이 x 좌표이다.)

둘째, 이 x 값을 준식에 대입하여 y 를 구한다. (이것이 y 좌표이다.)

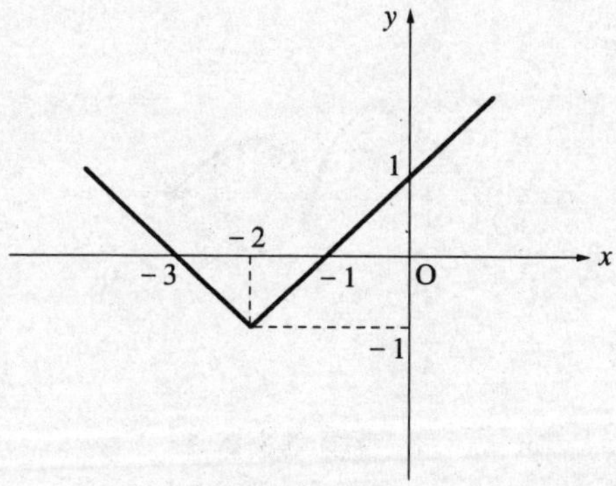

< 그림 3.2 >

● 절대값을 가진 1차 함수의 성질 ●

[Ⅰ] 절대값 기호를 없앤 $y=f(x)$의 그래프를 그린다.

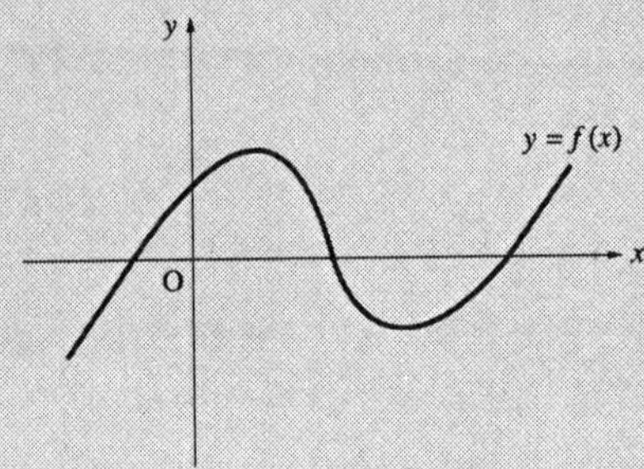

< 그림 3.3 a >

[Ⅱ] $y=f(x)$의 그래프에서 x 축 윗 부분은 그대로 살리고, x 축 아래 부분은 x 축을 대칭으로 하여 위로 꺾어 올린다.

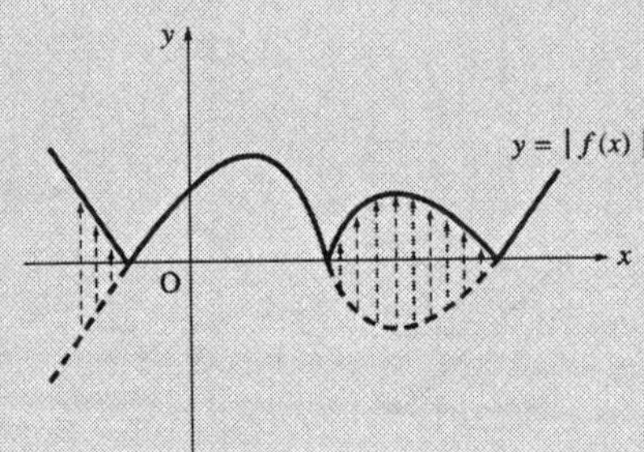

< 그림 3.3 b >

예 제 3.3

다음함수의 그래프를 그려라.

(1) $y=|x+2|+|x-1|$　　(2) $|x|+|y|=2$

풀 이

(1) $y=|x+2|+|x-1|$ 에서

① $x<-2$ 일 때, $y=|x+2|+|x-1|=-x-2-x+1=-2x-1$

② $-2\le x<1$ 일 때, $y=|x+2|+|x-1|=x+2-x+1=3$

③ $x \geq 1$ 일 때, $y = |x+2| + |x-1| = x+2+x-1 = 2x+1$

따라서 그래프는 다음와 같다.

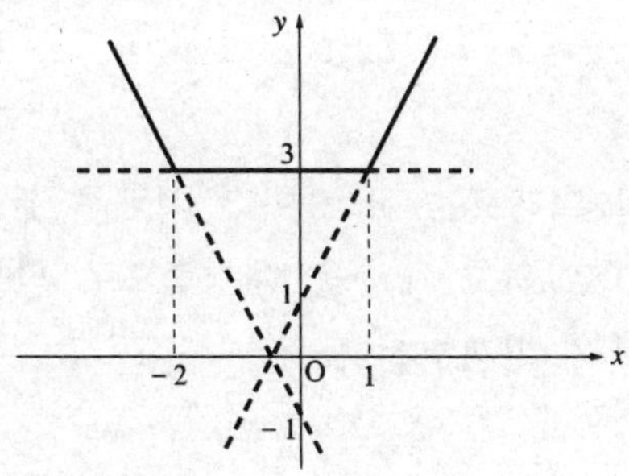

(2) x, y에 다 같이 절대값 부호가 있을 때에는 다음 네 가지 경우로 나누어서 나타낸다.

① $x \geq 0$, $y \geq 0$ 일 때

$x + y = 2 \quad \therefore\ y = -x + 2$

② $x \geq 0$, $y < 0$ 일 때

$x - y = 2 \quad \therefore\ y = x - 2$

③ $x < 0$, $y \geq 0$ 일 때

$-x + y = 2 \quad \therefore\ y = x + 2$

④ $x < 0$, $y < 0$ 일 때

$-x - y = 2 \quad \therefore\ y = -x - 2$

따라서 그래프는 그림과 같다.

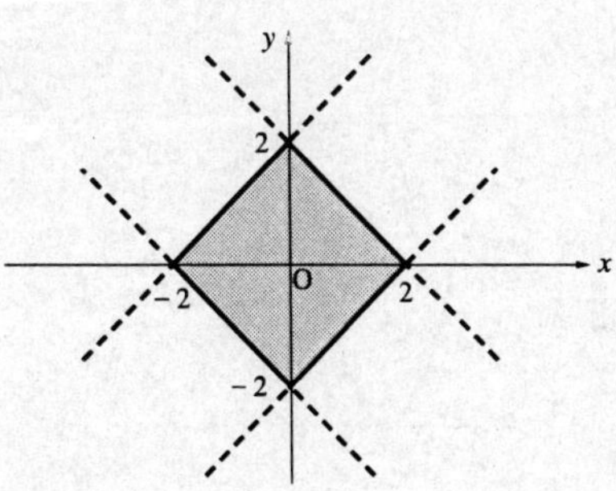

3.3 2차 함수

함수 $y = f(x)$가 x 에 대한 2차의 다항식일 때, 함수

$$y = ax^2 + bx + c \quad (a \neq 0,\ a,\ b,\ c \text{ 는 상수})$$

를 2차 함수라 한다.

2차 함수 $y = ax^2$의 그래프는 $a>0$ 이면 아래로 볼록하고, $a<0$ 이면 위로 볼록하고 원점을 꼭지점으로 하고 y축을 대칭축으로 하는 포물선이다. 또한, $|a|$ 가 커질수록 곡선은 y축에 가까워진다.

● 2차 함수 $y=ax^2$의 성질 ●

[Ⅰ] $a>0$ 이면 아래로 볼록하고, $a<0$ 이면 위로 볼록하다.
[Ⅱ] 원점을 꼭지점으로 하고 y 축을 대칭축으로 하는 포물선이다.
[Ⅲ] $|a|$ 의 값이 커질수록 y 축에 가까워진다.

2차 함수 $y = a(x-m)^2 + n$은 $y = ax^2$에서 x 대신에 $x-m$, y 대신에 $y-n$을 대입한 것인데 다음과 같은 성질을 갖는다.

● 2차 함수 $y=a(x-m)^2+n$ 의 성질 ●

$y = ax^2$의 그래프를 x축에 따라 m만큼 y축에 따라 n만큼 평행이동한 것이다. 따라서 $y = ax^2$의 그래프와 합동인 포물선이고,

꼭지점 : $(m,\ n)$

대칭축 : $x = m$

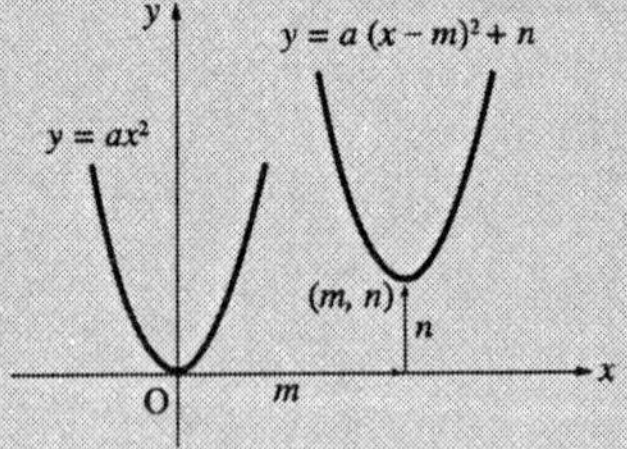

< 그림 3.4 >

2차 함수 $y = ax^2 + bx + c\,(a \neq 0)$ 에 있어서

$$\begin{aligned} y &= ax^2 + bx + c \\ &= a\left\{x - \left(-\frac{b}{2a}\right)\right\}^2 - \frac{b^2 - 4ac}{4a} \cdots\cdots ① \end{aligned}$$

이므로, ①의 그래프는 $y = ax^2$을 x 축의 양의 방향으로 $-\frac{b}{2a}$, y 축의 양의 방향으로 $-\frac{b^2-4ac}{4a}$ 만큼 평행 이동한 것이다. 이때, 대칭축의 방정식은 $x = -\frac{b}{2a}$, 꼭지점의 좌표는 $\left(-\frac{b}{2a}, -\frac{b^2-4ac}{4a}\right)$이다.

2차 함수 $y = ax^2 + bx + c\,(a \neq 0)$에는 다음과 같은 성질이 있다.

● 2차 함수 $y=ax^2+bx+c$ 의 성질 ●

2차 함수 $y = ax^2 + bx + c\,(a \neq 0)$ 에 있어서

[Ⅰ] $a>0$일 때, 아래로 볼록하고, 최소값은

$$y = -\frac{(b^2 - 4ac)}{4a}$$

[Ⅱ] $a<0$일 때, 위로 볼록하고, 최대값은

$$y = -\frac{(b^2 - 4ac)}{4a}$$

$(a>0)$ $(a<0)$

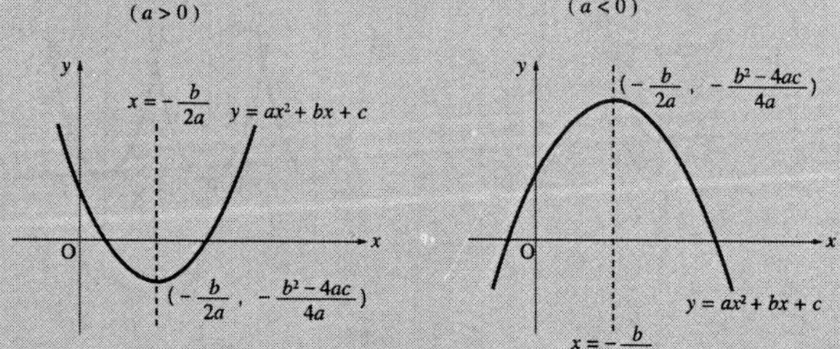

< 그림 3.5 >

꼭지점 : $\left(-\frac{b}{2a},\ -\frac{b^2-4ac}{4a}\right)$

대칭축 : $x = -\frac{b}{2a}$

y 절편 : c

예제 3.4

다음 함수의 그래프를 그려라.

(1) $y = 2x^2 + 1$ (2) $y = 2x^2 - 1$

(3) $y = x^2 - 4x + 3$ (4) $y = -2x^2 - 3x$

풀이

(1)은 $y = 2x^2$의 그래프를 y축에 따라 1 만큼 평행이동 한 것이다.

(2)는 $y = 2x^2$의 그래프를 y축에 따라 -1만큼 평행이동 한 것이다.

따라서 그래프는 아래와 같다.

(3) $y = x^2 - 4x + 3 = x^2 - 4x + 2^2 + 3 = (x-2)^2 - 1$

꼭지점 : (2, -1), 대칭축 : $x = 2$

x 절편 : $x = 1, 3$, y 절편 : $y = 3$

(4) $y = -2x^2 - 3x$

$$= -2\left\{x^2 + \frac{3}{2}x + \left(\frac{3}{4}\right)^2 - \left(\frac{3}{4}\right)^2\right\}$$

$$= -2\left(x + \frac{3}{4}\right)^2 + \frac{9}{8}$$

꼭지점 : $\left(-\frac{3}{4}, \frac{9}{8}\right)$, 대칭축 : $x = -\frac{3}{4}$

x 절편 : $x = 0, -\frac{3}{2}$, y 절편 : $y = 0$

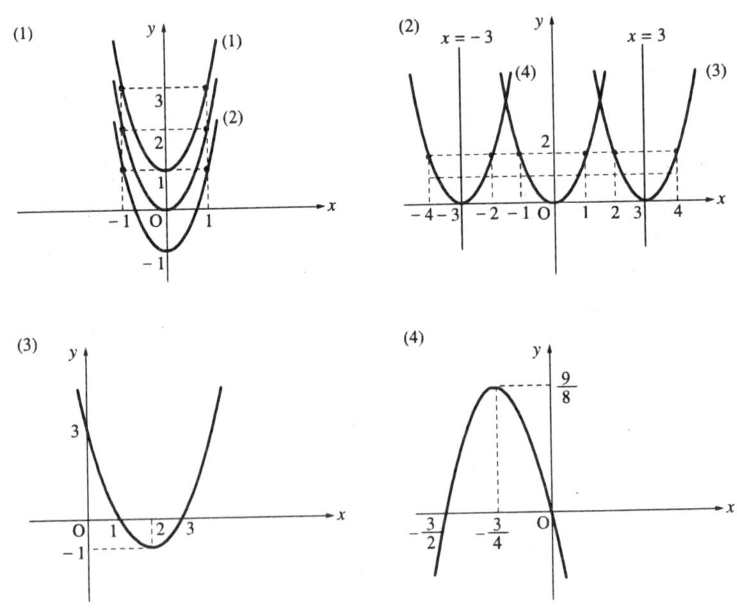

3.4 3차 함수

함수 $y = f(x)$에서 $f(x)$가 x에 대한 3차의 다항식 일 때, 함수

$$y = ax^3 + bx^2 + cx + d(a \neq 0,\ a,\ b,\ c,\ d \text{ 는 상수})$$

을 3차 함수라 한다.

여기서는 3차 함수 중에서 간단한 것만 다루기로 한다.

3차 함수 $f(x) = x^3$에서 $f(-x) = -x^3 = -f(x)$이므로, $f(x) = x^3$의 그래프는 원점에 대해 대칭이다. 그러므로, 이 함수의 그래프를 그리려면 $x \geq 0$ 일 때의 그래프와 $x \leq 0$일 때의 그래프는 원점에 대칭임을 이용하여 그리는 것이 편리하다.

$x \leq 0$인 x의 여러 값에 대한 y의 값을 구하면 다음 표와 같다.

x	0	1	2	3	…
y	0	1	8	27	…

위의 표에 의하여 $y = x^3$의 그래프를 그리면 그림5.6과 같다.

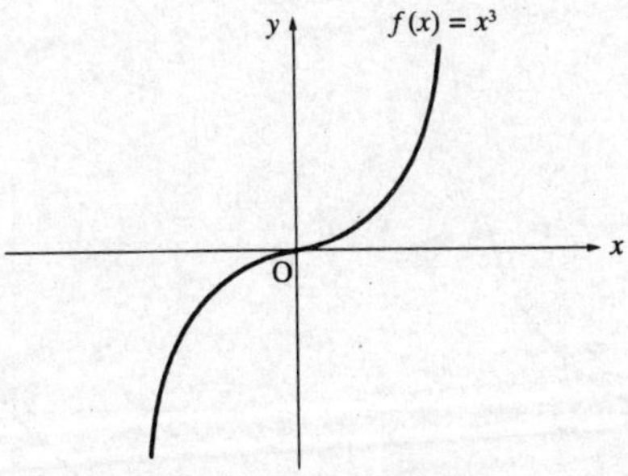

< 그림 3.6 >

● 3차 함수 $y = ax^3$ 의 성질 ●

[Ⅰ] $a > 0$ 이면, x 가 증가할 때, y 의 값은 증가한다.

[Ⅱ] $a < 0$ 이면, x 가 증가할 때, y 의 값은 감소한다.

[Ⅲ] 원점에 대하여 대칭이다.

● 3차 함수 $y=a(x-p)^3+q$ 의 성질 ●

> $y=ax^3$의 그래프를 x축 방향으로 p만큼 평행이동한 식 $y=a(x-p)^3$의 그래프를 다시 y축 방향으로 q 만큼 평행 이동한 그래프이다.

예제 3.5

다음 함수의 그래프를 그려라.

(1) $y = \frac{1}{2}x^3$　　　　(2) $y = x^3 + 3x^2 + 3x$

풀이

(1) $y=\frac{1}{2}x^3$의 그래프는 $y=x^3$의 그래프에 비해 x축에 더 접근한 그래프로그림 (1)과 같다.

(2) $y=x^3+3x^2+3x$ 를 변형하면

$y=x^3+3x^2+3x+1-1=(x+1)^3-1$이므로, 그래프는 다음 그림(2)와 같다.

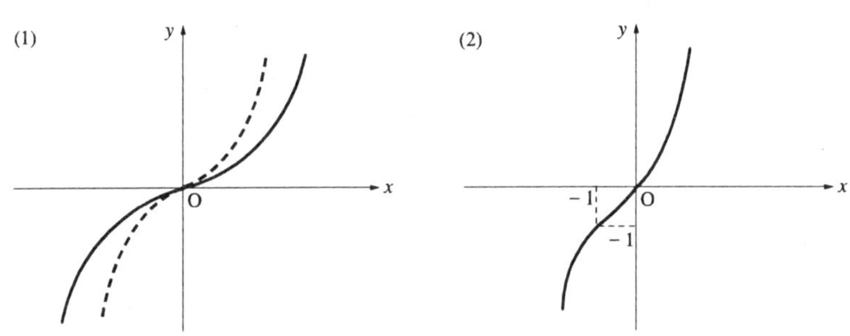

예제 3.6

3차 함수 $y = x^3$의 역함수의 그래프를 그려라.

풀이

함수 $y=x^3$에서 x 와 y를 바꾸어 놓으면

$x = y^3$

그런데, 역함수의 그래프는 $y = x^3$의 그래프와 $y = x$에 대해서 대칭이므로, 다음 그림과 같다.

함수 $y = x^3$의 역함수는 $y = x^{\frac{1}{3}}$이다.

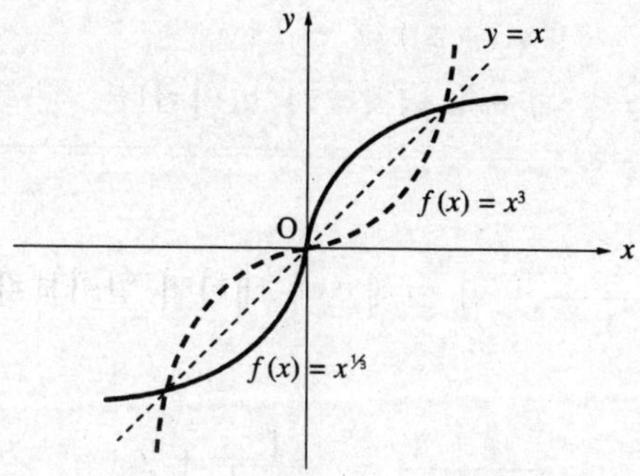

3.5 분수함수

함수 $y = f(x)$가 x에 대한 유리수일 때, 이 함수를 유리함수라 하고, 분모가 상수가 아닌 유리함수 예를 들어,

$$\frac{1}{2x}, \quad \frac{1}{x-3}, \quad \frac{x-1}{2x+1}$$

을 분수함수라고 한다.

분수함수 $y = \frac{a}{x}$ $(a \neq 0)$에 있어서, a의 값을 $a = \cdots, -2, -1, -\frac{1}{2}, \frac{1}{2}, 1, 2, \cdots$와 같이 여러 가지로 변화시켜서 그래프를 그리면 쌍곡선이 된다.

쌍곡선 $y = \frac{a}{x}$의 그래프는 x의 절대값이 커짐에 따라 점점 x축에 접근하고, x의 값이 0에 가까워지면 점점 y축에 접근한다. 따라서, 이 쌍곡선의 접근선은 x축, y축이다. 특히, 점근선이 수직인 쌍곡선을 직각쌍곡선이라 한다.

● 분수함수 $y=\frac{a}{x}(a\neq 0)$ 의 성질 ●

[Ⅰ] 원점에 대하여 대칭이다.
[Ⅱ] 점근선은 x 축, y 축이다.
[Ⅲ] $a>0$ 이면, 그래프는 제 1, 3 사분면에 있고, $a<0$ 이면, 그래프는 제 2, 4 사분면에 있다.
[Ⅳ] $|a|$ 가 클수록 곡선은 원점에서 멀어진다.

이제 유리함수 $y=\frac{2x+3}{x+1}$ 의 그래프에 대하여 알아보자.

이 식을 변형하면,

$$y=\frac{2x+3}{x+1}=\frac{1}{x+1}+2$$

그러므로, $y=\frac{2x+3}{x+1}$ 의 그래프는 $y=\frac{1}{x}$ 의 그래프를 x 축의 양의 방향으로 -1, y 축의 양의 방향으로 2만큼 평행 이동한 것이다. 따라서 $x=-1$, $y=2$가 점근선이 된다.

일반적으로, 유리함수

$$y=\frac{ax+b}{cx+d}\quad(ad\neq bc,\quad c\neq 0)\text{는}$$

$$y=\frac{k}{x-p}+q\cdots\cdots ①$$

와 같이 변형할 수 있다.

①의 그래프는 $y=\frac{k}{x}$의 그래프를 x축의 양의 방향으로 p, y축의 양의 방향으로 q만큼 평행 이동한 것이다. 이때, 두 직선 $x=p$, $y=q$는 이 쌍곡선의 점근선이다.

● 유리함수 $y=\frac{k}{x-p}+q(k\neq 0)$의 성질 ●

[Ⅰ] $y=\frac{k}{x}\ (k\neq 0)$의 그래프를 x축에 따라 p만큼, y축에 따라 q만큼 평행 이동한 것이다.
[Ⅱ] 점 $(p,\ q)$에 대하여 대칭인 직각쌍곡선이다.
[Ⅲ] 점근선은 $x=p,\ y=q$이다.

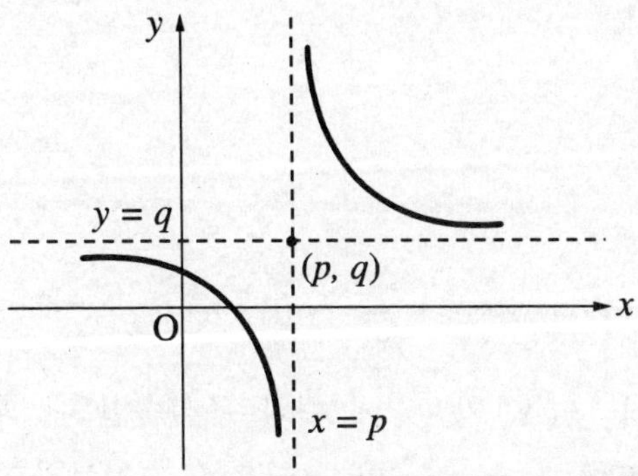

< 그림 3.7 >

예제 3.7

다음 각 함수의 그래프를 그려라.

(1) $y=\frac{1}{x}$　　　　(2) $y=\frac{1}{x+3}+2$

풀이

(1) $y=\frac{1}{x}$은 $(x\neq 0)$인 범위에서 그래프를 그리면 아래와 같다.

(2) $y=\frac{1}{x+3}+2$의 그래프는 $y=\frac{1}{x}$의 그래프를 x축에 따라 -3, y축에 따라 2 만큼 평행 이동한 것이다.

점근선 : $x=-3$, $y=2$

x 절편 : $y=0$ 으로부터 $x=-\frac{7}{3}$

$$y \text{ 절편 : } x=0 \text{ 으로부터 } y=\frac{7}{3}$$

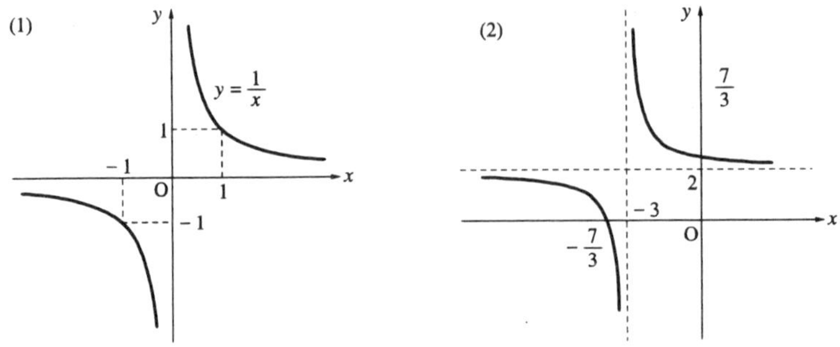

3.6 무리함수

함수 $y=f(x)$에서 $f(x)$가 x에 대한 무리수일 때, 함수 $y=f(x)$를 무리함수라 한다. 예를 들어, $y=\sqrt{x}$의 그래프를 그려보자. x에 $x \geq 0$인 여러 가지 값들을 대입하고, 이에 대응하는 y 값을 얻어 그 x 값을 x 좌표, y 값을 y 좌표로 하는 점들의 집합을 생각하면, 아래와 같은 그래프를 얻는다.

무리함수 $y=\sqrt{ax+b}+c\,(a \neq 0)$의 그래프를 알아보자.

이 식을 변형하면,

$$y=\sqrt{a\left(x+\frac{b}{a}\right)}+c$$

그러므로, 무리함수 $y=\sqrt{ax+b}+c$의 그래프는 $y=\sqrt{ax}$의 그래프를 x 축의 양의 방향으로 $-\frac{b}{a}$, y 축의 양의 방향으로 c 만큼 평행이동한 것이다.

무리함수는 다음과 같은 성질을 갖는다.

● 무리함수의 성질 ●

[Ⅰ] 무리함수 $y=\sqrt{ax}$의 그래프는

$a>0$ 일 때, $x\geq 0$ 이고

$a<0$ 일 때, $x\leq 0$ 이고 그래프는 아래와 같다.

[Ⅱ] $y=\sqrt{x}$, $y=-\sqrt{-x}$의 그래프는 x 축에 대칭이다.

[Ⅲ] $y=\sqrt{-x}$, $y=-\sqrt{-x}$의 그래프는 x 축에 대칭이다.

[Ⅳ] $y=\sqrt{x}$의 역함수는 $y=x^2(x\geq 0)$이다.

[Ⅴ] $y=\sqrt{ax+b}+c\ (a\neq 0)$

$$=\sqrt{a\left(x+\frac{b}{a}\right)}+c$$

의 그래프는 $y=\sqrt{ax}$의 그래프를 x 축의 양의 방향으로 $-\frac{b}{a}$, y 축의 양의 방향으로 c 만큼 평행 이동한 것이다.

예제 3.8

다음 무리함수의 그래프를 그려라.

(1) $y=\sqrt{x-2}-1$

(2) $y=\sqrt{4x-1}+1$

풀이

(1) $y=\sqrt{x-2}-1$의 그래프는 $y=\sqrt{x}$의 그래프를 x 축으로 2 만큼, y 축으로 -1 만큼 평행 이동한 것이다.

(2) $y=\sqrt{4x-1}+1=\sqrt{4\left(x-\frac{1}{4}\right)}+1$ 이므로

$y=\sqrt{4x-1}+1$의 그래프는 $y=\sqrt{4x}$의 그래프를 x축의 양의 방향으로 $\frac{1}{4}$, y축의 양의 방향으로 1 만큼 평행 이동한 것이다.

연 습 문 제

1. 다음 함수의 역함수를 구하라.
   (1) $y = -2x + 5$ (2) $y = 3x - 5$

2. 다음 함수의 그래프를 그리고 기울기, y절편, x축의 양의 방향과 이루는 각을 구하라.
   (1) $y = 3x + 2$ (2) $2x + y - 1 = 0$

3. 다음 1차 함수의 그래프를 그려라.
   (1) $y = |x+1| - 1$ (2) $y = -2x + 3$

4. 다음 2차 함수의 그래프를 그려라.
   (1) $y = x^2 - 4x + 3$ (2) $y = -2x^2 - 3x$

5. 다음 각 함수의 최대값과 최소값을 구하라.
   (1) $y = 2x^2 - 5x + 4$ (2) $y = 4x - 5x^2$

6. 다음 분수 함수의 그래프를 그려라.
   (1) $y = \frac{2}{x} + 1$ (2) $y = \frac{x+1}{2x-1}$

7. 다음 무리 함수의 그래프를 그려라.
   (1) $y = -\sqrt{x}$ (2) $\sqrt{-2x + 4}$

제 4 장 벡 터

4.1 벡터의 정의

스칼라(scalar)는 선분의 길이, 물체의 무게, 도형의 면적 등과 같이 크기만으로 나타낼 수 있는 양이다. 그림 5.1과 같이 점 A 를 B 까지 이동할 때 이동한 거리 이외에 A 에서 B 로의 방향을 함께 생각해야 하므로, 크기와 방향을 가진 양(量)을 벡터라고 하며, 힘이나 속도 등이 이에 해당한다. 벡터는 그림 5.1과 같이 방향을 가진 유향선분(有向線分)이며, 유향선분의 방향이 벡터의 방향이 되고 그 선분의 길이가 벡터의 크기가 된다.

벡터 $\overrightarrow{AB}$에 있어서 점 A 를 이 벡터의 시점, 점 B 를 종점이라고 한다.

그림 5.1과 같이 벡터가 한 평면 위에 있을 때 그 벡터를 평면벡터라 하고, 벡터가 어떤 공간 위에 있을 때 그 벡터를 공간 벡터라고 한다.

벡터는

$$\vec{a},\quad \vec{b},\quad \vec{c},\quad \overrightarrow{AB},\quad \overrightarrow{CD},\quad \cdots\cdots$$

등과 같이 나타낸다. 벡터의 크기는 기호

$$|\vec{a}|,\quad |\overrightarrow{AB}|,\quad \cdots\cdots$$

등으로 나타내며, 벡터 선분의 길이를 말한다.

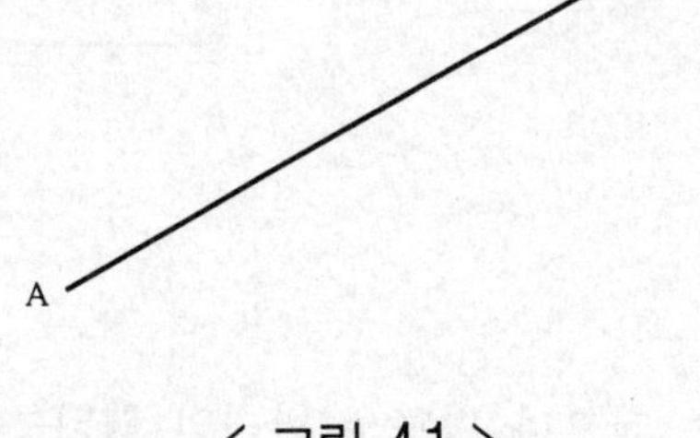

< 그림 4.1 >

【1】 벡터의 상등

두 벡터 $\vec{a}$와 $\vec{b}$의 크기와 방향이 같을 때 두 벡터 $\vec{a}$와 $\vec{b}$는 같다 또는 상등하다고 하며 $\vec{a}=\vec{b}$로 표시한다. 그림 5.2에서 $\overrightarrow{AB}$ 와 $\overrightarrow{CD}$ 는 크기와 방향이 같다. 이렇게 $\overrightarrow{AB}=\overrightarrow{CD}$이면 두 선분 $\overrightarrow{AB}$, $\overrightarrow{CD}$ 는 평행이동으로 겹쳐질 수 있다.

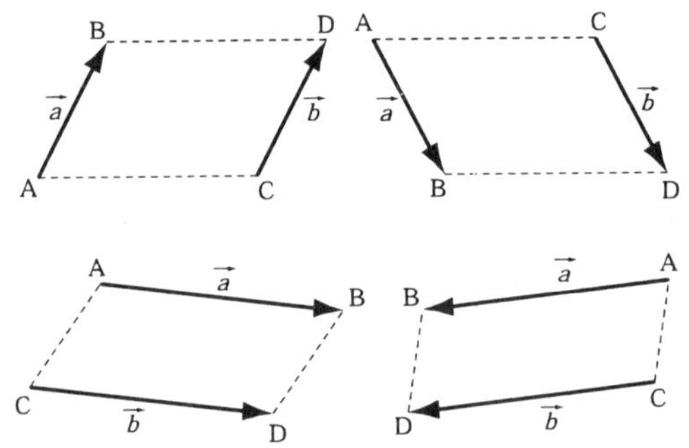

< 그림 4.2 >

예 제 4.1

그림과 같은 직육면체가 있다. 다음 벡터와 같은 벡터를 모두 구하라.

(1) $\overrightarrow{AB}$ (2) $\overrightarrow{BF}$ (3) $\overrightarrow{BC}$

풀 이

(1) $\overrightarrow{AB}=\overrightarrow{HG}$

(2) $\overrightarrow{BF}=\overrightarrow{AE}=\overrightarrow{DH}$

(3) $\overrightarrow{BC}=\overrightarrow{EH}=\overrightarrow{FG}$

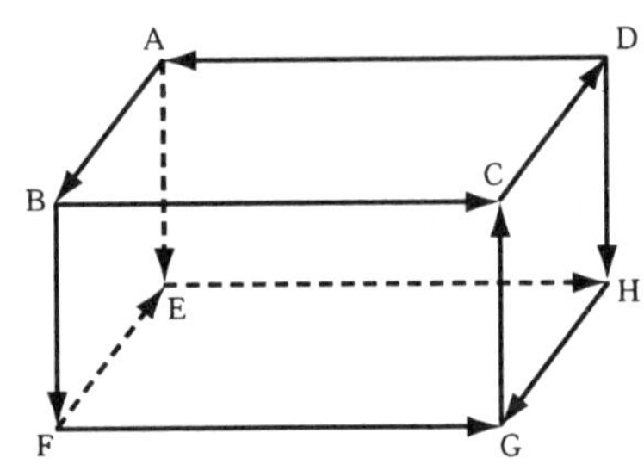

【2】 역 벡터

그림 5.3과 같이 크기는 같으나 방향은 반대인 벡터를 $\vec{a}$의 역 벡터라 하며 기호로는 $-\vec{a}$로 나타낸다. 이 경우 $\overrightarrow{BA}=-\overrightarrow{AB}$ 가 된다.

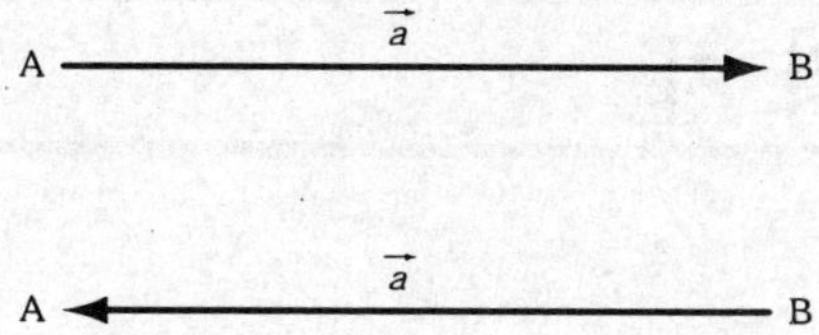

< 그림 4.3 >

예 제 4.2

그림과 같은 평행사변형에서 $\overrightarrow{OA} = \vec{a}$, $\overrightarrow{OB} = \vec{b}$, $\overrightarrow{OC} = \vec{c}$라 하면 $\overrightarrow{CB}$, $\overrightarrow{BC}$, $\overrightarrow{AB}$, $\overrightarrow{BA}$, $\overrightarrow{BO}$를 $\vec{a}$, $\vec{b}$, $\vec{c}$를 써서 나타내어라.

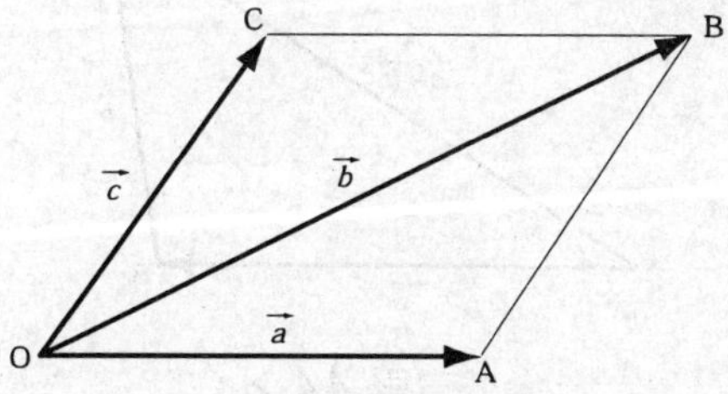

풀 이

그림에서 $\overrightarrow{CB} = \overrightarrow{OA} = \vec{a}$

$\overrightarrow{BC} = \overrightarrow{AO} = -\overrightarrow{OA} = -\vec{a}$

$\overrightarrow{AB} = \overrightarrow{OC} = \vec{c}$

$\overrightarrow{BA} = \overrightarrow{CO} = -\overrightarrow{OC} = -\vec{c}$

$\overrightarrow{BO} = -\overrightarrow{OB} = -\vec{b}$

4.2 벡터의 합과 차

【1】 벡터와 합(合)

그림 2.4와 같이 벡터 $\vec{a}$를 A를 시점으로 하는 벡터 $\overrightarrow{AB}$, 벡터 $\vec{b}$를 B를 시점으로 하는 벡터 $\overrightarrow{BC}$라 하자. 이때 벡터 $\vec{c}$를 $\overrightarrow{AC}$라 나타내고, 두 벡터 $\vec{a}$, $\vec{b}$의 합이라 표시하여

$$\vec{c}=\vec{a}+\vec{b} \quad \text{또는} \quad \overrightarrow{AC}=\overrightarrow{AB}+\overrightarrow{BC}$$

로 나타낸다.

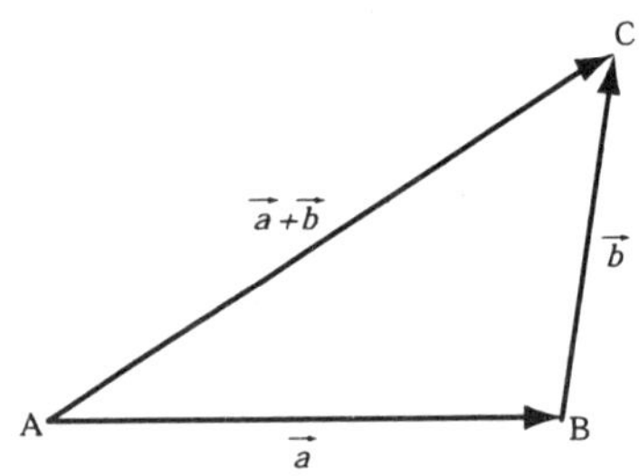

< 그림 4.4 >

또한 그림 2.5와 같이 벡터 $\vec{a}$를 $\overrightarrow{AB}$, $\vec{b}$를 $\overrightarrow{AD}$로 나타낼 때 평행사변형 ABCD에서 $\overrightarrow{AC}$는 $\vec{a}+\vec{b}$를 나타낸다. 즉,

$$\overrightarrow{AC}=\overrightarrow{AB}+\overrightarrow{AD}=\overrightarrow{AB}+\overrightarrow{BC} \quad \text{또는} \quad \vec{c}=\vec{a}+\vec{b}$$

로 된다.

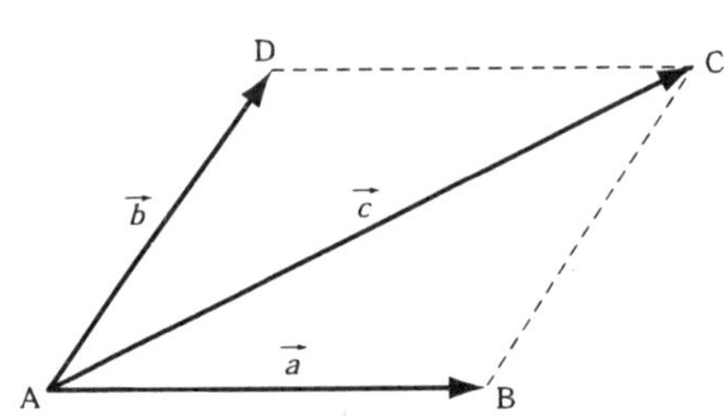

< 그림 4.5 >

예 제 4.3

두 벡터 $\vec{a}$, $\vec{b}$가 아래와 같을 때 $\vec{a}+\vec{b}$를 도시(圖示)하라.

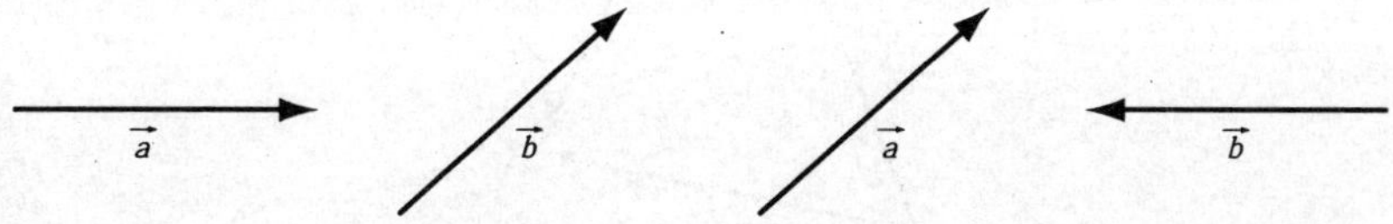

풀 이

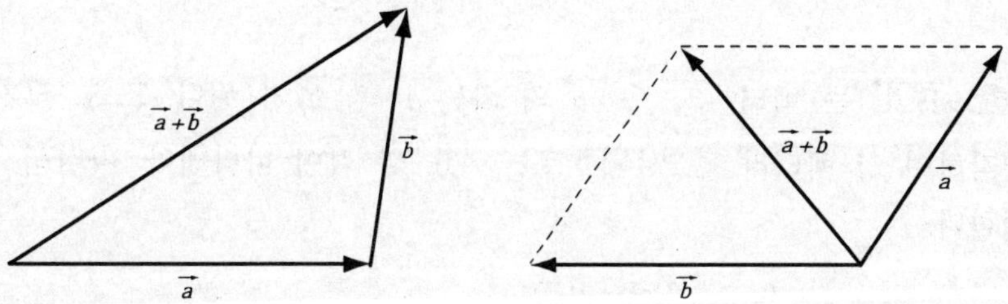

【2】 벡터의 차(差)

두 벡터 $\vec{a}$, $\vec{b}$ 가 다음의 관계가 있을 때

$$\vec{b}+\vec{x}=\vec{a}$$

벡터 $\vec{x}$ 를 $\vec{a}$ 에서 $\vec{b}$ 를 뺀 차라 하며,

$$\vec{x}=\vec{a}-\vec{b}$$

와 같이 나타낸다. 그림 4.6 에서

$$\vec{a}=\overrightarrow{OA}, \qquad \vec{b}=\overrightarrow{OB}$$

이면

$$\vec{b}+\overrightarrow{BA}=\vec{a}$$

가 되므로

$$\overrightarrow{BA}=\vec{a}-\vec{b}$$

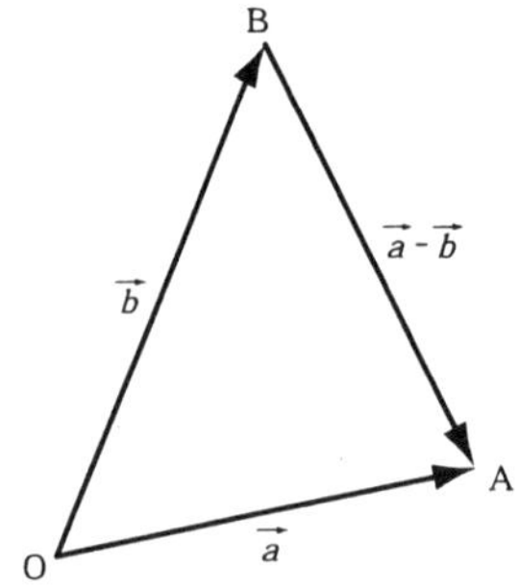

< 그림 4.6 >

그러므로, $\overrightarrow{BA}$ 는 벡터 $\vec{a}$, $\vec{b}$ 의 차 $\vec{a}-\vec{b}$ 가 된다. 또한, 크기가 0인 벡터를 생각하여 영 벡터라 하고, 기호로는 $\vec{0}$ 과 같이 나타낸다. 따라서 다음 등식이 성립한다.

$$\vec{a}-\vec{a}=\vec{0}$$
$$\vec{a}+\vec{0}=\vec{a}$$
$$\vec{0}-\vec{a}=-\vec{a}$$

예 제 4.4

평행사변형 ABCD에서 대각선의 교점을 O 라 하고
$\overrightarrow{OA}=\vec{a}$, $\overrightarrow{OB}=\vec{b}$ 라 하면, 다음 벡터를 $\vec{a}$, $\vec{b}$ 로 나타내어라.

(1) $\overrightarrow{BA}$ (2) $\overrightarrow{DA}$

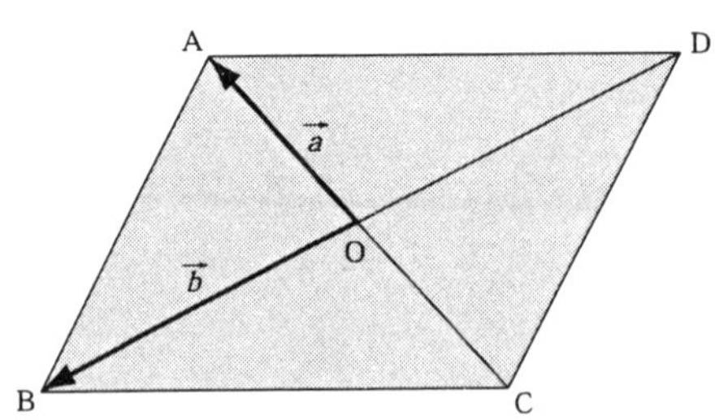

풀 이

(1) $\vec{b}+\overrightarrow{BA}=\vec{a}$, $\overrightarrow{BA}=\vec{a}-\vec{b}$

(2) $\overrightarrow{OD}+\overrightarrow{DA}=\overrightarrow{OA}=\vec{a}$, $\overrightarrow{DA}=\vec{a}-\overrightarrow{OD}=\vec{a}-(-\vec{b})=\vec{a}+\vec{b}$

【3】 벡터와 실수와의 곱

같은 두 벡터 $\vec{a}$와 $\vec{a}$의 합 $\vec{a}+\vec{a}$는 $\vec{a}$와 방향은 같고 크기는 2배인 벡터이므로 $2\vec{a}$와 같이 나타낸다.

$\vec{a} \neq \vec{0}$일 때 실수 k에 대하여 $k\vec{a}$는 크기가 $\vec{a}$의 $|k|$배이고 방향은 $k>0$이면 $\vec{a}$와 같은 방향, $k<0$이면 $\vec{a}$와 반대 방향인 벡터, $k=0$이면 $k\vec{a}=\vec{0}$이다.

0 벡터가 아닌 두 벡터 $\vec{a}$, $\vec{b}$의 방향이 같거나 또는 반대일 때 $\vec{a}$와 $\vec{b}$는 평행이라 하며, 기호

$$\vec{a} /\!/ \vec{b}$$

로 표시한다.

$\vec{a} /\!/ \vec{b}$이면 $\vec{b}-k\vec{a}$(단, k는 0이 아닌 실수)이고 그 역도 성립한다.

4.3 벡터의 성분

그림 4.7과 같이 벡터 $\overrightarrow{AB}$를 x, y 직교좌표계에서 각 축과 평행한 방향으로 분해하면

$$\overrightarrow{AB}=\overrightarrow{AC}+\overrightarrow{AD}$$

가 되고, 이때 $\overrightarrow{AC}$를 벡터 $\overrightarrow{AB}$의 x 성분, $\overrightarrow{AD}$를 $\overrightarrow{AB}$의 y 성분이라 한다.

$\overrightarrow{AB}$의 크기가 R이면

$$\overrightarrow{AC}\text{의 크기 : } R\cos\Theta = x$$

$$\overrightarrow{AD}\text{의 크기 : } R\sin\Theta = y$$

라고 하자.

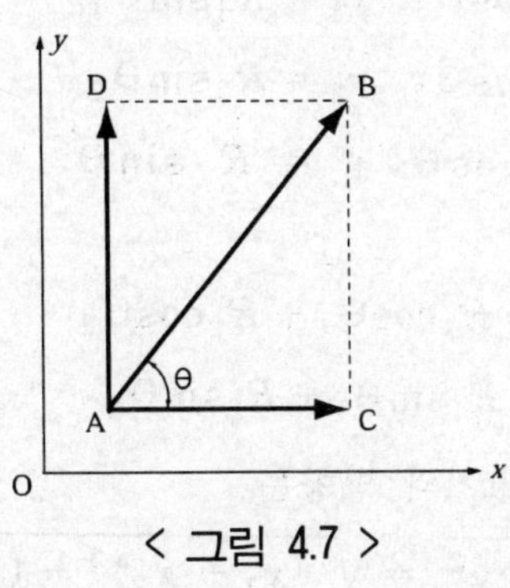

< 그림 4.7 >

역(逆)으로 어떤 벡터의 성분 x, y가 주어지면 그 벡터의 크기와 방향은 각각

$$R = \sqrt{x^2 + y^2}, \qquad \tan\theta = \frac{y}{x}$$

이 된다.

그림 2.8에서 벡터 $\overrightarrow{OB}$의 시점을 좌표계의 원점으로 하고 $\overrightarrow{OB}$의 크기를 r, x축과 이루는 각을 θ라 하면 점 B의 좌표는

$$x = r\cos\theta, \qquad y = r\sin\theta$$

가 되어 x는 $\overrightarrow{OB}$의 x성분, y는 $\overrightarrow{OB}$의 y성분이다.

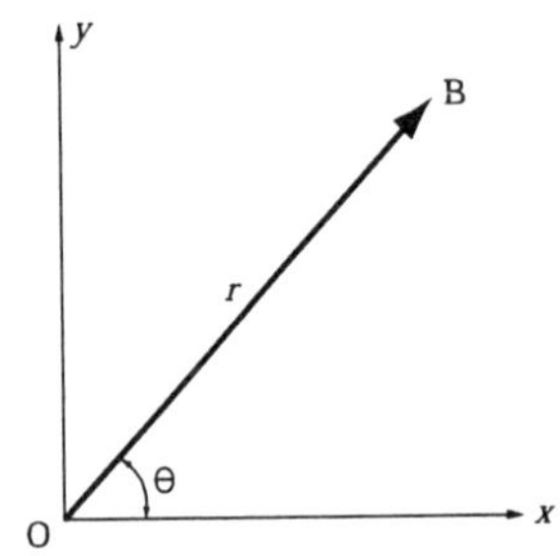

< 그림 4.8 >

그림 2.9에서 $\overrightarrow{OC}$, $\overrightarrow{OD}$의 합 벡터를 $\overrightarrow{OB}$라 하고, $\overrightarrow{OB}$, $\overrightarrow{OC}$, $\overrightarrow{OD}$의 크기를 각각 R, R_1, R_2, x축과 이루는 각을 각각 θ, θ_1, θ_2라 하며, x 성분을 각각 x, x_1, x_2라 하고 y 성분을 y, y_1, y_2라 가정하면

$$x = x_1 + x_2, \qquad y = y_1 + y_2 \qquad (1)$$

여기서 x, y를 R, θ로서 나타내면

$$x_1 = R_1\cos\theta_1,\ y_1 = R_1\sin\theta_1$$

$$x_2 = R_2\cos\theta_2,\ y_2 = R_2\sin\theta_2$$

$$x = R\cos\theta,\ y = R\sin\theta$$

이들을 식 (1)에 대입하여

$$R\cos\theta = R_1\cos\theta_1 + R_2\cos\theta_2$$

$$R\sin\theta = R_1\sin\theta_1 + R_2\sin\theta_2$$

가 되며, 합 벡터 $\overrightarrow{OB}$의 크기와 방향은

크기 : $R = \sqrt{x^2 + y^2} = \sqrt{(x_1 + x_2)^2 + (y_1 + y_2)^2}$

방향 : $\tan\Theta = \dfrac{y}{x} = \dfrac{y_1 + y_2}{x_1 + x_2}$

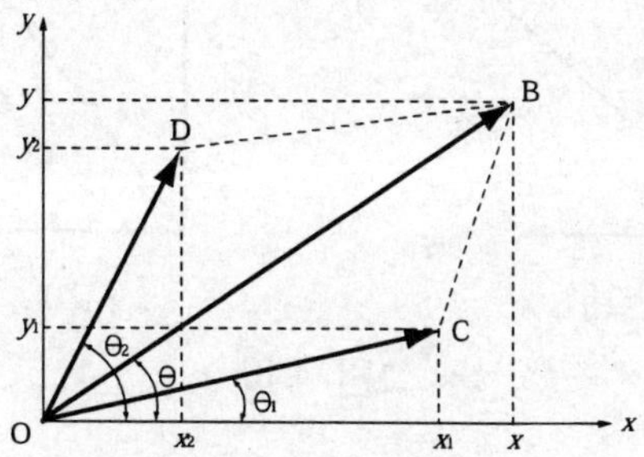

< 그림 4.9 >

4.4 벡터의 응용

【1】 힘의 합성과 분해

그림 4.10 에서 두 힘 F_1과 F_2가 이루는 각을 α, F_1과 F_2의 합력 R과 F_1이 이루는 각을 Θ 라 하면,

$$R^2 = F_1^2 + F_2^2 - 2F_1F_2\cos(180° - \alpha)$$

$$= F_1^2 + F_2^2 + 2F_1F_2\cos\alpha$$

$$R = \sqrt{F_1^2 + F_2^2 + 2F_1F_2\cos\alpha}$$

$$F_2 \sin\alpha = R\sin\Theta$$

$$\Theta = \sin^{-1}\left(\frac{F_2}{R}\sin\alpha\right)$$

로 R과 Θ 를 구할 수 있다. 그림 4.10(b)의 경우처럼 α 가 직각이면 다음과 같이 간단하게 된다.

$$R = \sqrt{F_1^2 + F_2^2}$$

$$\Theta = \tan^{-1}\frac{F_2}{F_1}$$

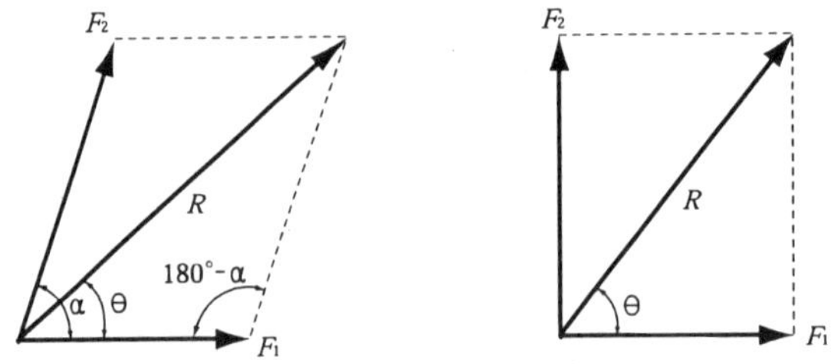

(a) (b)

< 그림 4.10 >

그림 2.11과 같이 셋 이상의 평면력이 한 점에 작용할 경우 합력 R의 x, y 축 방향의 성분 R_x, R_y는

$$R_x = F_1\cos\alpha_1 + F_2\cos\alpha_2 + F_3\cos\alpha_3 + \cdots\cdots$$

$$R_y = F_1\sin\alpha_1 + F_2\sin\alpha_2 + F_3\sin\alpha_3 + \cdots\cdots$$

이고, 합력 R의 크기 및 방향은

$$R = \sqrt{(R_x)^2 + (R_y)^2}$$

$$\theta = \tan^{-1}\frac{R_y}{R_x}$$

가 된다.

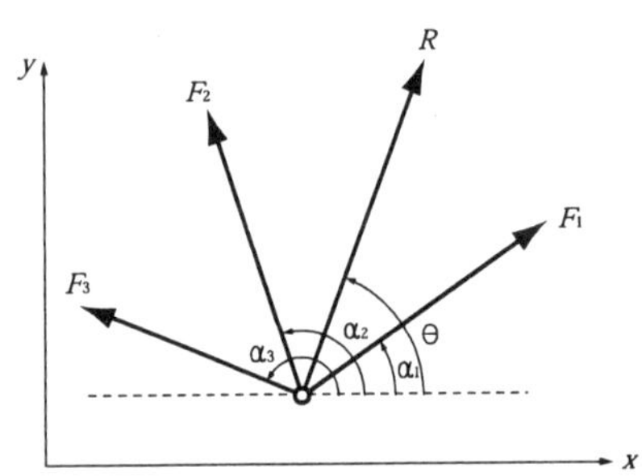

< 그림 4.11 >

【2】 힘의 평형

그림 4.12처럼 한 물체가 같은 평면 내에서 여러 개의 힘을 받을 때, 이 힘들은 두개의 힘으로 줄일 수가 있다. 물체가 평형상태에 있다라고 하는 것은, 이 힘들은

(1) 크기가 같고 방향이 반대이며

(2) 같은 작용선을 가진다.

라는 것을 의미하며, 두 가지 조건 중 필요조건 (1)은 평형 제 1 조건이라고 말한다. 즉

$$\sum F_x = 0, \qquad \sum F_y = 0$$

이 만족되는 것을 의미한다.

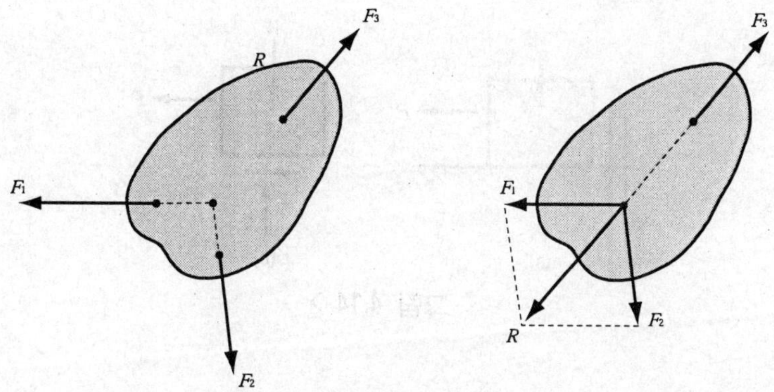

< 그림 4.12 >

필요조건 (2)는 평형 제 2 조건이라고 하며, 힘의 모멘트(moment)를 써서 나타낸다. 그림 4. 13 에서 두 힘 F_1, F_2가 평형상태에 있으면 F_1과 F_2는 크기가 같고 같은 작용선상에 있게 된다. 물체 내의 임의의 점 O 에서 작용선상에 내린 수선의 발을 A 라 하면 점 O 에 관한 두 힘의 모멘트의 크기는 같고 부호가 다르므로 모멘트의 대수합(代數合)은 영(0)이다. 그러므로 제 2 평형조건은

$$\sum M = 0$$

과 같이 나타낼 수 있다.

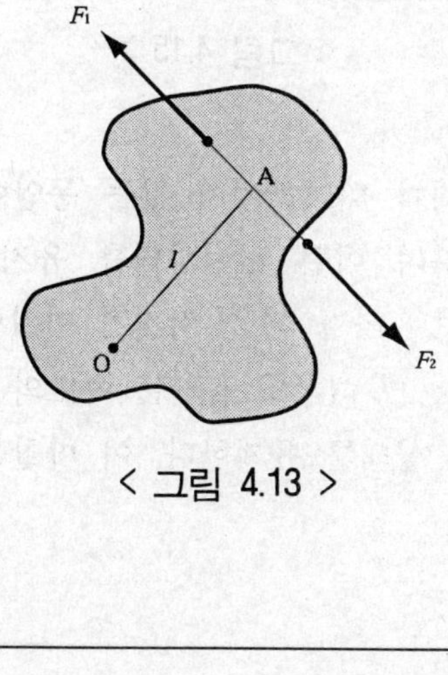

< 그림 4.13 >

【3】 마찰

그림 4. 14(a)와 같이 중량 W 인 물체가 어느 정도 거칠기를 갖는 평면에서 수평력 P 를 받는 경우를 생각한다.

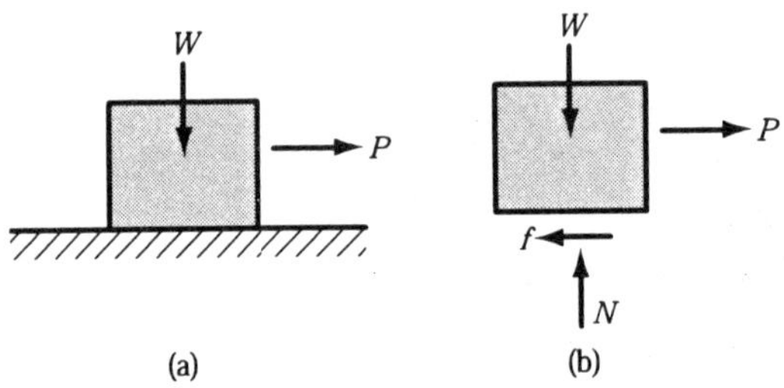

< 그림 4.14 >

P 가 작다면 물체는 움직이지 않을 것이므로 P 와 평형을 이루는 수평력이 반드시 존재하며 이 수평력을 정지 마찰력 f 라 한다. 수평력 P 를 0에서부터 물체가 움직일 수 있는 크기까지 증가시키면서 물체가 적당한 속도를 갖는 실험을 수행하여 마찰력 f 를 P 의 함수로 기록하면 그림 2. 15 와 같이 나타낼 수 있다.

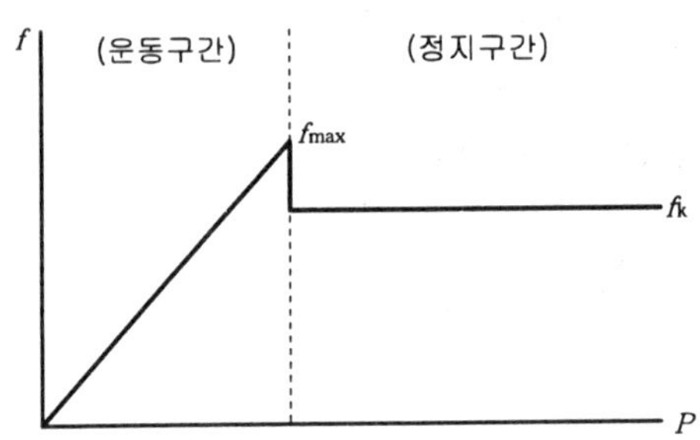

< 그림 4.15 >

P 가 증가함에 따라 물체가 미끄러지지 않는 동안에는 마찰력은 P 와 크기가 같고 방향이 반대이어야 하며 이런 평형상태를 유지하는 구간은 마찰력 f 가 f_{max} 에 도달할 때까지이며, P 가 더욱 커지면 마찰력은 평형을 이루지 못하고 물체가 미끄러지기 시작한다. 그 때부터 물체는 속도의 증가와 함께 계속 미끄러지지만 마찰력은 거의 일정한 상태를 유지한다. 이 마찰을 동마찰력이라 하며 f_k 로 표시한다.

정지 마찰의 최대값 f_{max} 는 수직력 N 에 비례한다.

$$f_k = \mu_s N$$

여기서 μ_s는 정지마찰계수라 하며, 이 식은 최대 마찰력과 운동이 시작되려는 경우에만 적용된다. 운동이 시작되기 전의 평형상태에서의 정지 마찰력은

$$f < \mu_s N$$

이 된다.

미끄럼이 발생한 후에 적용되는 동마찰력도 또한 수직력에 비례한다.

$$f_k = \mu_k N$$

여기서 μ_k는 동마찰계수이고 일반적으로 μ_k는 μ_s보다 작으며 이를 μ_s, μ_k의 값은 접촉면적과는 무관하다. 접촉면의 성질에 따라 결정되는 값이다.

연 습 문 제

1. 직사각형 ABCD에서 다음 벡터와 상등인 것을 찾아라.

(1) $\overrightarrow{AD}$　　(5) $\overrightarrow{AO}$

(2) $\overrightarrow{CB}$　　(6) $\overrightarrow{OD}$

(3) $\overrightarrow{AB}$　　(7) $\overrightarrow{AD}+\overrightarrow{DC}$

(4) $\overrightarrow{CD}$　　(8) $\overrightarrow{AB}-\overrightarrow{OB}$

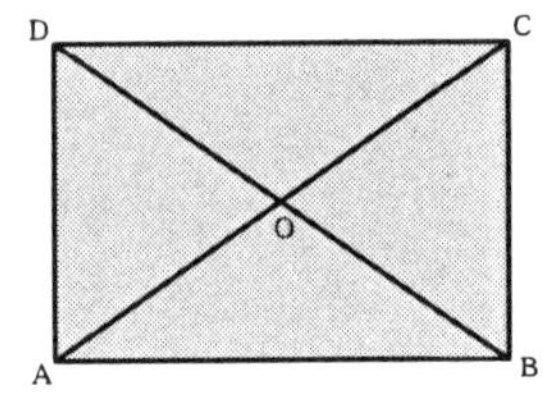

2. 평면 벡터 $\overrightarrow{F}$ 의 크기는 10이고 x 축의 양의 방향과 이루는 각이 (1) 20° 일 때와 (2) $\frac{\pi}{5}$ 일 때의 벡터 $\overrightarrow{F}$ 의 x 성분 및 y 성분을 각각 구하라.

3. 다음과 같은 두 벡터 $\overrightarrow{F_1}$, $\overrightarrow{F_2}$에 대하여

$\overrightarrow{F_1}+\overrightarrow{F_2}$, $\overrightarrow{F_1}-\overrightarrow{F_2}$, $2\overrightarrow{F_1}$, $-\overrightarrow{F_2}$를 작도하라.

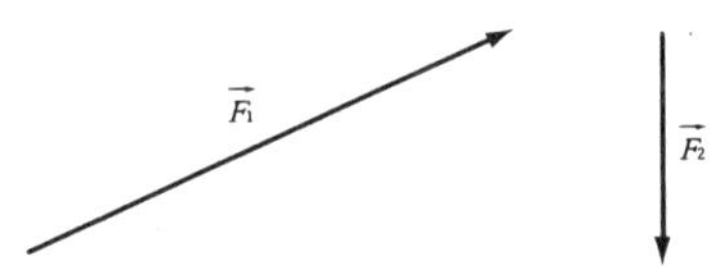

4. 다음과 같은 두 힘의 합력 R 을 구하라.

(1)

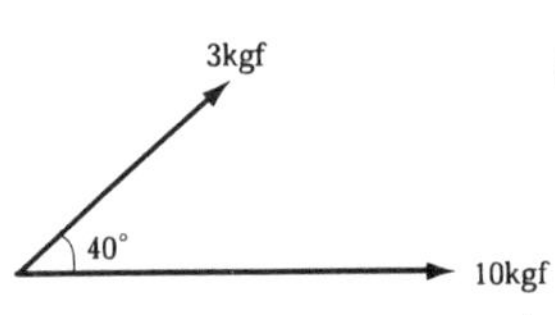

(2)

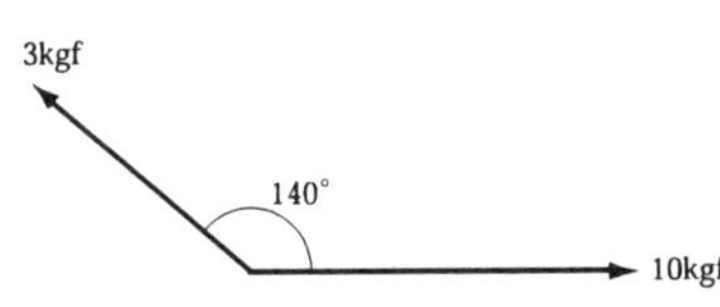

5. 다음과 같은 힘들의 합력의 크기와 합력이 x 축과 이루는 각을 구하라.

(1)

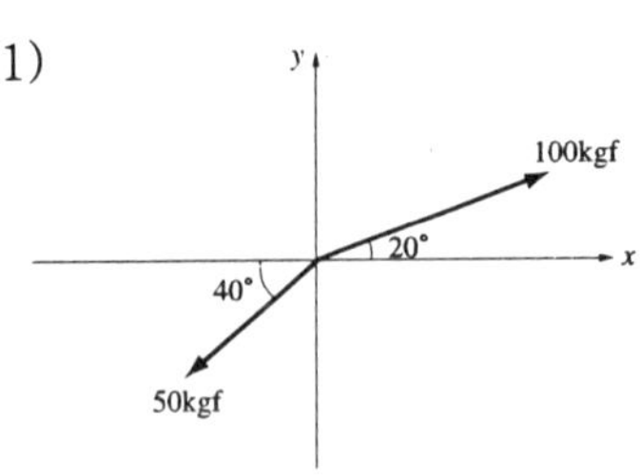

(2)

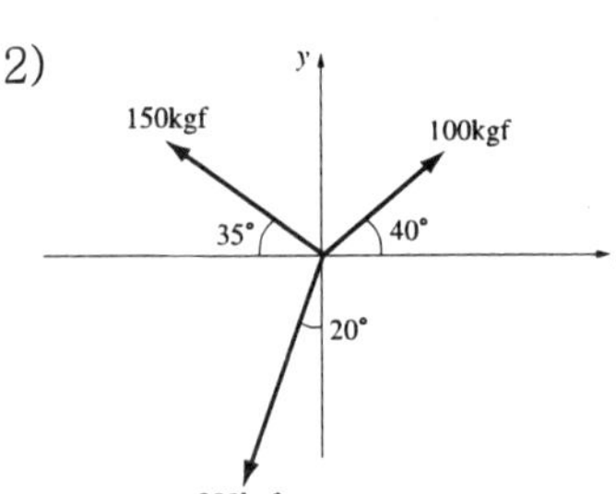

6. 다음 그림과 같이 1000 kgf의 물체가 케이블로 현 위치에 정지하고 있을 때 케이블에 걸리는 장력 F_{BA}와 F_{BC}를 구하라.

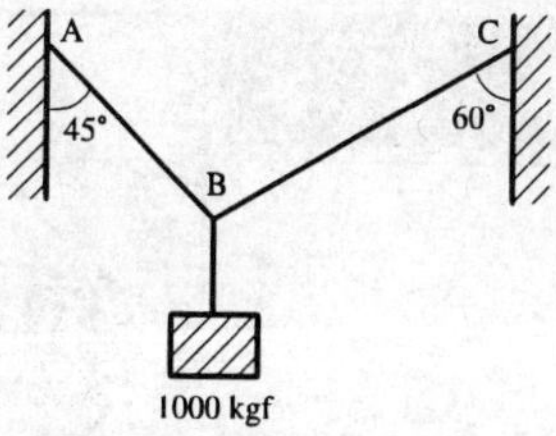

7. 다음 그림의 보에서 지지점 B 에서의 반력 R_B를 구하라.

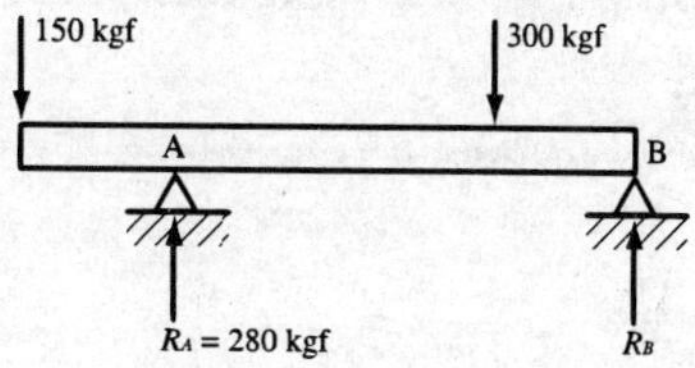

8. 그림과 같은 경사면에서 무게가 40 kgf인 물체 A 가 미끄러지기 시작하는 경사각 θ 를 구하라. 접촉면에서의 마찰계수는 0.3 이다.

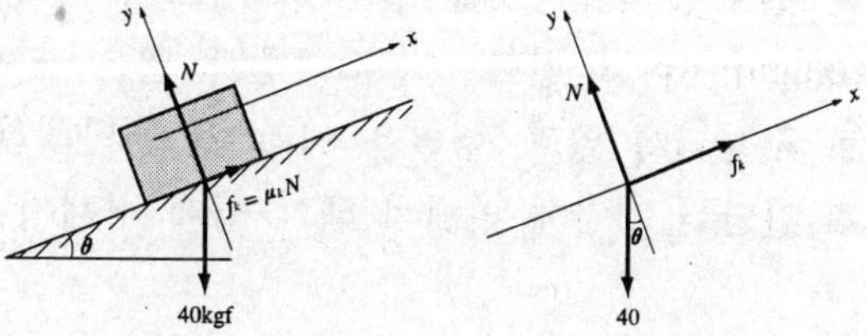

제 5 장 행렬과 행렬식

5.1 행렬

【1】 행렬의 뜻

행렬(matrix)이란 숫자나 문자를 정사각형 또는 직사각형으로 배열하여 그 양끝을 괄호로 묶은 것을 말하며, 가로의 배열을 행(行 : row), 세로의 배열을 열(列 : column)이라고 한다. 그리고 행과 열은 숫자 또는 문자로 된 원소(元素 : element)로 구성되어 있다. 행렬은 여러 가지 난해한 공학적 문제에서 많이 응용되며 행렬의 간단한 조작에 의해서 해가 쉽게 구해지는 경우가 많다.

(1) 행렬 적용의 예 1

집단 A, B, C의 남녀 구성이 표 5.1과 같다고 하자.

표 5.1

집단	A	B	C
남성	50	60	40
여성	45	55	65

남성 및 여성의 구성을 집단 A, B, C의 순서로 나열하면 각각

$$\begin{matrix}(50 \quad 60 \quad 40) \\ \\ (45 \quad 55 \quad 65)\end{matrix} \tag{5.1}$$

와 같이 된다. 이를 1개의 괄호로 묶어서

$$\begin{pmatrix} 50 & 60 & 40 \\ 45 & 55 & 65 \end{pmatrix} \tag{5.2}$$

와 같이 함께 나타낼 수 있다. 위와 같이 행렬로 나타낸 수의 모임에서 각 위치에

있는 수의 뜻은 정해져 있다. 식 (5. 2)의 행렬을 이용하여 여러 가지 정보를 구하는 데 사용할 수 있다.

(2) 행렬 적용의 예 2

3차원 공간상에 다음과 같이 세 점이 있다고 하자.

$$(1\ \ 2\ \ 2)$$
$$(2\ \ 3\ \ 2) \tag{5.3}$$
$$(3\ \ 5\ \ 4)$$

이를 1개의 행렬로 표현하면

$$\begin{pmatrix} 1 & 2 & 2 \\ 2 & 3 & 2 \\ 3 & 5 & 4 \end{pmatrix} \tag{5.4}$$

와 같이 나타낼 수 있다. 이 행렬을 이용하여 세 점이 원점과 동일 평면상에 있는지 어떤지를 판별하는 데 사용할 수 있다.

【2】 행렬의 표시

일반적으로 m 행과 n 열로 이루어진 행렬($m \times n$ 행렬 또는 mn 행렬)을

● 행렬의 표시 ●

$$A = \begin{pmatrix} a_{11} & a_{12} & \cdots\cdots & a_{1n} \\ a_{21} & a_{22} & \cdots\cdots & a_{2n} \\ \cdots & \cdots & \cdots\cdots & \cdots\cdots \\ a_{m1} & a_{m2} & \cdots\cdots & a_{mn} \end{pmatrix} \tag{5.5}$$

여기서, A 행렬의 차원은 $m \times n$ 이라고 한다.

으로 쓸 수 있다. 이를 간단히 $A = (a_{ij})$로 표현하기도 한다. 행렬을 나타낼 때는 영문자의 대문자를 사용하고, 그 원소는 소문자로 나타낸다.

예 제 5.1

다음 각 행렬의 크기는 얼마인가?

(1) $\begin{pmatrix} 1 & 2 & 2 \\ 2 & 3 & 2 \\ 3 & 5 & 4 \end{pmatrix}$ (2) $\begin{pmatrix} 1 & 2 \\ 2 & 3 \\ 3 & 5 \end{pmatrix}$ (3) $\begin{pmatrix} 1 \\ 2 \\ 3 \end{pmatrix}$

(4) $(1 \quad 2 \quad 2)$ (5) (2)

풀 이

(1) 3×3 (2) 3×2 (3) 3×1

(4) 1×3 (5) 1×1

예 제 5.2

다음 행렬 A, B 에서 a_{21}, a_{13}, b_{22}, b_{43} 의 값은 얼마인가?

$$A=\begin{pmatrix} 1 & 2 & 3 \\ -5 & -3 & -1 \end{pmatrix}, \qquad B=\begin{pmatrix} 2 & 4 & 6 \\ -1 & -3 & -5 \\ 2 & 6 & 9 \\ 2 & 3 & 5 \end{pmatrix}$$

풀 이

$a_{21}=-5$, $a_{13}=3$, $b_{22}=-3$, $b_{43}=5$

【3】 행렬의 종류

여러 가지 다양한 형태의 행렬이 공학문제를 풀기 위해 사용된다. 그 중 중요한 행렬을 나열하면 다음과 같다.

(1) 정방행렬(square matrix)

$m\times n$ 행렬에서 $m=n$ 일 때, 즉 m 행의 개수와 n 열의 개수가 모두 n 인 행렬을 n 차의 정방행렬이라고 한다.

예 $\begin{pmatrix} 1 & 2 & 2 \\ 2 & 3 & 2 \\ 3 & 5 & 4 \end{pmatrix}$: 3×3정방행렬 $\begin{pmatrix} 1 & 2 \\ 2 & 3 \end{pmatrix}$: 2×2정방행렬

(2) 상등행렬(equal matrix)

크기가 같은 행렬 A, B 의 각 원소가 일치할 때, 즉

$$a_{ij} = b_{ij}(i = 1, 2, \cdots, m\ ;\ j = 1, 2, \cdots, n) \tag{5.6}$$

일 때 두 행렬을 서로 상등행렬이라고 한다.

예 $A = \begin{pmatrix} 1 & 2 \\ 2 & 3 \end{pmatrix}$, $B = \begin{pmatrix} 1 & 2 \\ 2 & 3 \end{pmatrix}$에서 A 와 B 는 상등행렬이다.

(3) 영행렬(zero matrix)

행렬의 모든 원소가 0 일 때 그 행렬을 영행렬이라고 한다. 만약 행렬 A 가 영행렬이고 문맥상 크기에 혼돈이 없으면 0의 원소를 갖는 $m \times n$ 행렬이라고 하지 않고 간단히 $A = 0$ 으로 표시한다.

예 $\begin{pmatrix} 0 & 0 & 0 \\ 0 & 0 & 0 \\ 0 & 0 & 0 \end{pmatrix}$ $\begin{pmatrix} 0 & 0 \\ 0 & 0 \end{pmatrix}$

(4) 삼각행렬(triangular matrix)

주대각선 원소(diagonal element) 위쪽에 있는 모든 성분이 0 인 정방행렬을 하삼각행렬(lower triangular matrix)이라고 하고, 주대각선 아래쪽에 있는 모든 성분이 0 인 정방행렬을 상삼각행렬(upper triangular matrix)이라고 하며, 다음과 같은 모양을 갖는 행렬을 말한다.

① 하삼각행렬

$$A = \begin{pmatrix} a_{11} & 0 & \cdots\cdots & 0 \\ a_{21} & a_{22} & \cdots\cdots & 0 \\ \cdots & \cdots & \cdots\cdots & \cdots\cdots \\ a_{m1} & a_{m2} & \cdots\cdots & a_{mn} \end{pmatrix} \tag{5.7}$$

② 상삼각행렬

$$A = \begin{pmatrix} a_{11} & a_{12} & \cdots\cdots & a_{1n} \\ 0 & a_{22} & \cdots\cdots & a_{2n} \\ \cdots & \cdots & \cdots\cdots & \cdots\cdots \\ 0 & 0 & \cdots\cdots & a_{mn} \end{pmatrix} \tag{5.8}$$

예 $\begin{pmatrix} 1 & 0 & 0 \\ 2 & 3 & 0 \\ 3 & 5 & 4 \end{pmatrix}$: 하삼각행렬, $\begin{pmatrix} 1 & 2 & 2 \\ 0 & 3 & 2 \\ 0 & 0 & 4 \end{pmatrix}$: 상삼각행렬

(5) 대각행렬(diagonal matrix)

상삼각행렬이면서 동시에 하삼각행렬인 행렬을 대각행렬이라고 하며, 다음과 같은 모양을 갖는다.

$$D = \begin{pmatrix} a_{11} & 0 & \cdots\cdots & 0 \\ 0 & a_{22} & \cdots\cdots & 0 \\ \cdots & \cdots & \cdots\cdots & \cdots\cdots \\ 0 & 0 & \cdots\cdots & a_{mn} \end{pmatrix} \tag{5.9}$$

대각행렬은 자주 $D = \text{diag}(a_{11},\ a_{22},\ a_{33},\ \cdots,\ a_{mn})$으로도 쓰인다.

예 $\begin{pmatrix} 1 & 0 & 0 \\ 0 & 3 & 0 \\ 0 & 0 & 4 \end{pmatrix}$

(6) 단위행렬(identity matrix)

주대각선 원소는 1이고 그 외의 원소가 0일 때 그 행렬을 단위행렬이라고 한다. 즉, 대각행렬에서 $a_{11} = a_{22} = a_{33} = \cdots = a_{mn} = 1$의 경우를 말한다. 즉,

$$I_n = \begin{pmatrix} 1 & 0 & \cdots\cdots & 0 \\ 0 & 1 & \cdots\cdots & 0 \\ \cdots & \cdots & \cdots\cdots & \cdots\cdots \\ 0 & 0 & \cdots\cdots & 1 \end{pmatrix} \tag{5.10}$$

예 $I_3 = \begin{pmatrix} 1 & 0 & 0 \\ 0 & 1 & 0 \\ 0 & 0 & 1 \end{pmatrix},\ I_2 = \begin{pmatrix} 1 & 0 \\ 0 & 1 \end{pmatrix}$

(7) 열벡터(column matrix)

단지 열로만 이루어진 행렬을 열벡터라고 한다. 이때 $m \times 1$ 행렬을 m차원 열벡터라고 한다.

예 $\begin{pmatrix} 2 \\ 3 \end{pmatrix},\qquad \begin{pmatrix} 1 \\ -2 \\ a \end{pmatrix}$

(8) 행벡터(row matrix)

단지 행으로만 이루어진 행렬을 행벡터라고 한다. 이때 $1 \times n$ 행렬을 n차원 행벡터라고 한다.

예 $(a,\ B)$, $(2\ 1\ 0)$

(9) 대칭행렬(symmetric matrix)

정방행렬 $A = (a_{ij})$의 각 원소간에 모든 i, j에 대하여 $a_{ij} = a_{ji}$의 조건을 만족할 때 그 행렬을 대칭행렬이라고 한다. 주대각선상의 성분은 임의이나 주대각선을 지르는 거울상의 성분이 같게 된다.

예 $\begin{pmatrix} 1 & -2 & -3 \\ 2 & 0 & 5 \\ 3 & -5 & 0 \end{pmatrix}$

(10) 반대칭행렬(anti-symmetric matrix 또는 skew-symmetric matrix)

정방행렬 $A = (a_{ij})$의 각 원소간에 모든 i, j에 대하여 $a_{ij} = a_{ji}$의 조건을 만족할 때 그 행렬을 반대칭행렬이라고 한다. 특히 $a_{ii} = -a_{ii}$ 여야 하기 때문에 $a_{ii} = 0$, 즉 반대칭행렬의 주대각선상의 모든 원소는 0이다.

예 $\begin{pmatrix} 0 & -2 & -3 \\ 2 & 0 & 5 \\ 3 & -5 & 0 \end{pmatrix}$

예제 5.3

다음 등식을 만족시키는 상수 a, b, c, d를 구하라.

(1) $(a+b \;\; 2) = (3 \;\; b)$ (2) $\begin{pmatrix} 4a-2b \\ 2a+b \end{pmatrix} = \begin{pmatrix} -4 \\ 4 \end{pmatrix}$

(3) $\begin{pmatrix} 2a & b \\ 3c & d \end{pmatrix} = \begin{pmatrix} 2b & c \\ 9 & 2 \end{pmatrix}$ (4) $\begin{pmatrix} 3a+2 & -1 \\ -4 & d-3 \end{pmatrix} = \begin{pmatrix} 5 & 2c-1 \\ 3b-1 & -1 \end{pmatrix}$

풀이

(1) $a + b = 3$

$b = 2$

이를 연립하여 풀면

$a = 1$, $b = 2$

(2) $4a - 2b = -4$

$2a + b = 4$

이를 연립해서 풀면

$a = \frac{1}{2}$, $b = 3$

(3) $2a = 2b$

$b = c$

$3c = 9$

$d = 2$

이를 연립해서 풀면

$a = b = c = 3,\ d = 2$

(4) $3a + 2 = 5$

$2c - 1 = -1$

$3b - 1 = -4$

$d - 3 = -1$

이를 연립해서 풀면

$a = 1,\ b = -1,\ c = 0,\ d = 2$

5.2 행렬의 기본연산

【1】 행렬의 합

$A = (a_{ij})$와 $B = (b_{ij})$가 같은 크기일 때 두 행렬의 대응하는 원소의 합인 원소들로 이루어진 $C = (c_{ij})$ 행렬을 두 행렬의 합이라고 정의하고

● 행렬의 합 ●

$$C = A + B \quad \text{즉} \quad c_{ij} = a_{ij} + b_{ij} \tag{5.11}$$

여기서, $A = (a_{ij})$, $B = (b_{ij})$, $C = (c_{ij})$

로 나타낸다. 그리고 크기가 다른 두 행렬에서는 그 합이 정의되지 않는다. 즉, $A = \begin{pmatrix} 1 & 2 \\ 6 & 3 \end{pmatrix}$, $B = \begin{pmatrix} 1 \\ 2 \end{pmatrix}$일 때 A와 B는 서로 크기가 다르므로 합을 구할 수 없다.

예 $A=\begin{pmatrix} 1 & 2 & 2 \\ 0 & 1 & 5 \end{pmatrix}$, $B=\begin{pmatrix} 0 & -1 & 3 \\ 2 & 2 & 0 \end{pmatrix}$일 때, 두 행렬 A, B의 합 C는

$$C=A+B=\begin{pmatrix} 1+0 & 2-1 & 2+3 \\ 0+2 & 1+2 & 5+0 \end{pmatrix}=\begin{pmatrix} 1 & 1 & 5 \\ 2 & 3 & 5 \end{pmatrix}$$

으로 나타내어진다.

예제 5.4

다음 두 행렬의 합을 구하라.

(1) $A=\begin{pmatrix} 1 & 2 \\ 4 & 0 \end{pmatrix}$, $B=\begin{pmatrix} 3 & -4 \\ 1 & 5 \end{pmatrix}$

(2) $A=\begin{pmatrix} 1 & 2 & -1 \\ 4 & 0 & 2 \end{pmatrix}$, $B=\begin{pmatrix} 2 & -1 & 1 \\ 0 & 2 & 7 \end{pmatrix}$

풀이

(1) $A+B=\begin{pmatrix} 1+3 & 2+(-4) \\ 4+1 & 0+5 \end{pmatrix}=\begin{pmatrix} 4 & -2 \\ 5 & 5 \end{pmatrix}$

(2) $A+B=\begin{pmatrix} 1+2 & 2-1 & -1+1 \\ 4+0 & 0+2 & 2+7 \end{pmatrix}=\begin{pmatrix} 3 & 1 & 0 \\ 4 & 2 & 9 \end{pmatrix}$

【2】 행렬의 차

$A=(a_{ij})$와 $B=(b_{ij})$가 같은 크기일 때 두 행렬의 대응하는 원소의 차인 원소들로 이루어진 $C=(c_{ij})$행렬을 두 행렬의 차라고 정의하고

● 행렬의 차 ●

$$C=A-B \text{ 즉 } c_{ij}=a_{ij}-b_{ij} \tag{5.12}$$

여기서 $A=(a_{ij})$, $B=(b_{ij})$, $C=(c_{ij})$

로 나타낸다. 그리고 크기가 다른 두 행렬에서는 그 차가 정의되지 않는다. 즉, $A=\begin{pmatrix} 1 & 2 \\ 6 & 3 \end{pmatrix}$, $B=\begin{pmatrix} 1 \\ 2 \end{pmatrix}$일 때 A와 B는 서로 크기가 다르기 때문에 차를 구할 수 없다.

예제 5.5

$A = \begin{pmatrix} 1 & 2 \\ 4 & 0 \end{pmatrix}$, $B = \begin{pmatrix} 3 & -4 \\ 1 & 5 \end{pmatrix}$일 때 다음을 계산하라.

(1) $A - B$ (2) $3B$ (3) $-A$

풀이

(1) $A - B = \begin{pmatrix} 1-3 & 2-(-4) \\ 4-1 & 0-5 \end{pmatrix} = \begin{pmatrix} -2 & 6 \\ 3 & -5 \end{pmatrix}$

(2) $3B = B + B + B = \begin{pmatrix} 3 & -4 \\ 1 & 5 \end{pmatrix} + \begin{pmatrix} 3 & -4 \\ 1 & 5 \end{pmatrix} + \begin{pmatrix} 3 & -4 \\ 1 & 5 \end{pmatrix}$

$= \begin{pmatrix} 3+3+3 & -4-4-4 \\ 1+1+1 & 5+5+5 \end{pmatrix}$

$= \begin{pmatrix} 3\times3 & 3\times(-4) \\ 3\times1 & 3\times5 \end{pmatrix}$

$= \begin{pmatrix} 9 & -12 \\ 3 & 15 \end{pmatrix}$

(3) $-A = \begin{pmatrix} -1 & -2 \\ -4 & 0 \end{pmatrix}$

예제 5.6

$A = \begin{pmatrix} 1 & 2 \\ 4 & 0 \end{pmatrix}$, $B = \begin{pmatrix} 3 & -4 \\ 1 & 5 \end{pmatrix}$일때

$A + B - 2D = 0$을 만족하는 $D = \begin{pmatrix} a & c \\ b & d \end{pmatrix}$를 구하라.

풀이

$A + B - 2D = \begin{pmatrix} 1+3-2a & 2-4-2c \\ 4+1-2b & 0+5-2d \end{pmatrix} = \begin{pmatrix} 0 & 0 \\ 0 & 0 \end{pmatrix}$

$4-2a = 0$, $5-2b = 0$, $-2-2c = 0$, $5-2d = 0$

$\therefore\ a = 2$, $b = \frac{5}{2}$, $c = -1$, $d = \frac{5}{2}$

【3】 행렬의 곱

(1) 실수와 행렬의 곱

2×2 크기의 행렬 $A = \begin{pmatrix} a & b \\ c & d \end{pmatrix}$에 2를 곱하면

$$2A = A + A = \begin{pmatrix} a & b \\ c & d \end{pmatrix} + \begin{pmatrix} a & b \\ c & d \end{pmatrix} = \begin{pmatrix} a+a & b+b \\ c+c & d+d \end{pmatrix} = \begin{pmatrix} 2a & 2b \\ 2c & 2d \end{pmatrix}$$

마찬가지로 A 에 3 을 곱하면

$$3A = \begin{pmatrix} 3a & 3b \\ 3c & 3d \end{pmatrix}$$

가 된다. 따라서 k 를 임의의 실수라 하고, $A = \begin{pmatrix} a & b \\ c & d \end{pmatrix}$일 때 행렬 A 를 k 배한 행렬은 다음과 같다.

$$kA = k\begin{pmatrix} a & b \\ c & d \end{pmatrix} = \begin{pmatrix} ka & kb \\ kc & kd \end{pmatrix} \quad \text{(단, } k \text{ 는 실수)}$$

일반적으로 행렬 A에 임의의 스칼라 k 를 곱해서 얻어진 행렬 kA 는 A 의 각 성분에 k 를 곱하여 얻어진 행렬이다.

● 실수와 행렬의 곱 ●

$$A = (a_{ij})\text{일 때, } (kA)_{ij} = k(A)_{ij} = (A)_{ij} = ka_{ij} \qquad (7.13)$$

예 제 5.7

두 행렬 $A = \begin{pmatrix} 1 & 3 \\ 2 & 4 \end{pmatrix}$, $B = \begin{pmatrix} -1 & 1 \\ 0 & 2 \end{pmatrix}$에 대하여

$2A + X = 3(A+B) - 2X$를 만족시키는 행렬 X 를 구하라.

풀 이

주어진 식을 이항하여 정리하면

$$X = \frac{1}{3}A + B$$

이므로

$$X = \frac{1}{3}\begin{pmatrix} 1 & 3 \\ 2 & 4 \end{pmatrix} + \begin{pmatrix} -1 & 1 \\ 0 & 2 \end{pmatrix}$$

$$= \begin{pmatrix} -\frac{2}{3} & 2 \\ \frac{2}{3} & \frac{10}{3} \end{pmatrix}$$

(2) 행벡터와 열벡터의 곱

크기가 $1 \times m$ 인 A 행렬과 크기가 $m \times 1$ 인 B 행렬의 곱은 크기가 1×1 인 C 행렬이 된다. 즉,

$$A \cdot B = (a_{11} \ \ a_{12} \ \ a_{13} \cdots a_{1m}) \cdot \begin{Bmatrix} b_{11} \\ b_{21} \\ b_{31} \\ \cdot \\ \cdot \\ \cdot \\ b_{m1} \end{Bmatrix}$$

$$= a_{11}b_{11} + a_{12}b_{21} + a_{13}b_{31} + \cdots + a_{1m}b_{m1}$$

$$= \sum_{k=1}^{m} a_{1k}b_{k1}$$

● **행벡터와 열벡터의 곱** ●

$$A \cdot B = A_{11}b_{11} + a_{12}b_{21} + a_{13}b_{31} + \cdots + a_{1m}b_{m1}$$

$$= \sum_{k=1}^{m} a_{1k}b_{k1} \qquad (5.14)$$

여기서, $A = (a_{ij})$, $B = (b_{ij})$

위에서 보인 바와 같이 곱은 한 행렬의 행과 다른 행렬의 열로써 계산됨을 알 수 있다. 한 행렬의 각 행요소를 다른 행렬의 대응하는 각 열요소에 곱해서 전체의 합을 구함으로써 두 행렬의 곱의 결과를 얻게 된다.

예 행렬의 적용의 예 3

아래의 표 5.2, 5.3과 같이 연필 1개는 100원, 볼펜 1개는 200원이라 할 때 연필 7개 볼펜 5개의 값은?

$$100 \times 7 + 200 \times 5 = 1700(\text{원})$$

표 5.2

항목	연필	볼펜
단가(원)	100	200

표 5.3

항목	개수
연필	7
볼펜	5

이것은 행렬을 써서 다음과 같이 계산할 수 있다.

표 5.2 에서

$$A = (100 \ \ 200)$$

표 5.3 에서

$$B = \begin{pmatrix} 7 \\ 5 \end{pmatrix}$$

$$AB = (100 \ \ 200)\begin{pmatrix} 7 \\ 5 \end{pmatrix} = 100 \times 7 + 200 \times 5 = 1700(\text{원})$$

예제 5.8

다음 행렬의 곱을 구하라.

(1) $(1 \ \ 3 \ \ 4)\begin{pmatrix} 2 \\ -1 \\ 2 \end{pmatrix}$ (2) $(1 \ \ 0 \ \ 3 \ \ 1)\begin{pmatrix} 0 \\ -1 \\ 2 \\ 2 \end{pmatrix}$

풀이

(1) $1 \times 2 + 3 \times (-1) + 4 \times 2 = 7$

(2) $1 \times 0 + 0 \times (-1) + 3 \times 2 + 1 \times 2 = 8$

(3) 행렬과 행렬의 곱

행렬 $A = (a_{ij})$ 및 $B = (b_{ij})$의 크기가 각각 $m \times p$, $p \times m$ 이라고 하면 두 행렬의 곱은 $m \times n$ 인 행렬 $C = (c_{ij})$가 된다. 행렬 A 와 행렬 B 를 곱할 때에는 A 열의 수와 B 의 행의 수가 반드시 같아야 한다.

● 행렬과 행렬의 곱 ●

$$c_{ij} = a_{i1}b_{1j} + a_{i2}b_{2j} + \cdots + a_{ip}b_{pj} = \sum_{k=1}^{p} a_{ik}b_{kj}$$
$$(i = 1,\ 2,\ 3,\ \cdots,\ n;\ j = 1,\ 2,\ 3,\ \cdots,\ n) \qquad (5.15)$$

예 행렬의 적용의 예 4(2×2 행렬과 2×1 행렬의 곱)

연필과 볼펜의 단가 및 무게는 표 5.4와 같다고 하자. 이때 연필 7개, 볼펜 5개의 값은 앞에서 구한 것과 같이 1700원이고 그 무게는

$$6 \times 7 + 4 \times 5 = 62(g)$$

이다.

표 5.4

	연필	볼펜
단가(원)	100	200
무게(g)	6	4

이들 필기구의 값과 무게를 행렬을 써서 다음과 같이 구할 수 있다.

$$A = \begin{pmatrix} 100 & 200 \\ 6 & 4 \end{pmatrix},\quad B = \begin{pmatrix} 7 \\ 5 \end{pmatrix}$$
$$AB = \begin{pmatrix} 100 & 200 \\ 6 & 4 \end{pmatrix}\begin{pmatrix} 7 \\ 5 \end{pmatrix} = \begin{pmatrix} 100\times7 + 200\times5 \\ 6\times7 + 4\times5 \end{pmatrix} = \begin{pmatrix} 1700 \\ 62 \end{pmatrix}$$

행렬의 적용의 예 5(2×2 행렬과 2×2 행렬의 곱)

연필과 볼펜의 단가 및 무게가 표 5.4와 같을 때, 표 5.5와 같이 연필 7개, 볼펜 5개를 넣은 상자를 A 라 하고 연필 12개, 볼펜 7개를 넣은 상자를 B 라 하면

표 5.5

	A	B
연필	7	12
볼펜	5	7

A 상자의 필기구 값과 무게는

$$\begin{pmatrix} 100 & 200 \\ 6 & 4 \end{pmatrix}\begin{pmatrix} 7 \\ 5 \end{pmatrix} = \begin{pmatrix} 100\times7+200\times5 \\ 6\times7+4\times5 \end{pmatrix} = \begin{pmatrix} 1700 \\ 62 \end{pmatrix}$$

에 의하여 각각 1700원, 62g이다(상자의 값과 무게는 무시한다).

같은 방법으로 B 상자의 필기구 값과 무게는

$$\begin{pmatrix} 100 & 200 \\ 6 & 4 \end{pmatrix}\begin{pmatrix} 12 \\ 7 \end{pmatrix} = \begin{pmatrix} 100\times12+200\times7 \\ 6\times12+4\times7 \end{pmatrix} = \begin{pmatrix} 2600 \\ 100 \end{pmatrix}$$

에 의하여 각각 2600원, 100g이다.

위의 두 경우를 함께 나타내면

$$\begin{aligned} \begin{pmatrix} 100 & 200 \\ 6 & 4 \end{pmatrix}\begin{pmatrix} 7 & 12 \\ 5 & 7 \end{pmatrix} &= \begin{pmatrix} 100\times7+200\times5 & 100\times12+200\times7 \\ 6\times7+4\times5 & 6\times12+4\times7 \end{pmatrix} \\ &= \begin{pmatrix} 1700 & 2600 \\ 62 & 100 \end{pmatrix} \end{aligned}$$

이와 같이 행렬을 이용하면 여러 가지 계산이 함께 처리되어 편리하다.

예제 5.9

다음 행렬의 곱을 구하라.

(1) $\begin{pmatrix} 1 & 2 & 3 \end{pmatrix}\begin{pmatrix} 1 & 3 & 1 \\ 2 & 4 & 2 \\ 2 & 2 & 1 \end{pmatrix}$ (2) $\begin{pmatrix} 1 & 3 & 1 \\ 2 & 4 & 2 \\ 2 & 2 & 1 \end{pmatrix}\begin{pmatrix} 1 \\ 2 \\ 3 \end{pmatrix}$

풀이

(1) $(1\times1+2\times2+3\times2 \quad 1\times3+2\times4+3\times2 \quad 1\times1+2\times2+3\times1) = (11 \quad 17 \quad 8)$

(2) $\begin{pmatrix} 1\times1+3\times2+1\times3 \\ 2\times1+4\times2+2\times3 \\ 2\times1+2\times2+1\times3 \end{pmatrix} = \begin{pmatrix} 10 \\ 16 \\ 9 \end{pmatrix}$

예제 5.10

$A = \begin{pmatrix} 1 & 3 \\ 2 & 2 \\ 2 & 4 \end{pmatrix}$, $B = \begin{pmatrix} 1 & 3 & 1 \\ 0 & -1 & 1 \end{pmatrix}$일 때 AB 및 BA를 구하라.

풀이

$$AB = \begin{pmatrix} 1 & 3 \\ 2 & 2 \\ 2 & 4 \end{pmatrix}\begin{pmatrix} 1 & 3 & 1 \\ 0 & -1 & 2 \end{pmatrix} = \begin{pmatrix} 1 & 0 & 7 \\ 2 & 4 & 6 \\ 2 & 2 & 10 \end{pmatrix}$$

$$BA = \begin{pmatrix} 1 & 3 & 1 \\ 0 & -1 & 2 \end{pmatrix}\begin{pmatrix} 1 & 3 \\ 2 & 2 \\ 2 & 4 \end{pmatrix} = \begin{pmatrix} 9 & 13 \\ 2 & 6 \end{pmatrix}$$

위의 예제 5.10에서 알 수 있는 바와 같이 일반적으로 $AB \neq BA$ 이다. 행렬의 곱셈에서는 교환법칙이 성립하지 않음을 알 수 있다.

예 제 5.11

행렬 $A = \begin{pmatrix} 1 & 0 \\ 0 & 0 \end{pmatrix}$, $B = \begin{pmatrix} 0 & 0 \\ 0 & 1 \end{pmatrix}$일 때 AB를 구하라.

풀 이

$$A \cdot B = \begin{pmatrix} 1 & 0 \\ 0 & 0 \end{pmatrix}\begin{pmatrix} 0 & 0 \\ 0 & 1 \end{pmatrix} = \begin{pmatrix} 1\times0+0\times0 & 1\times0+0\times1 \\ 0\times0+0\times0 & 0\times0+0\times1 \end{pmatrix}$$

$$= \begin{pmatrix} 0 & 0 \\ 0 & 0 \end{pmatrix} = 0 \text{ (영행렬)}$$

위의 예제 7.11에서 알 수 있듯이 $A \neq 0$, $B \neq 0$일 때도 $AB = 0$인 경우가 있다. 이와 같은 경우는 우리들이 알고 있는 실수계에서는 생각할 수 없는 것이다. 일반적으로 두 수 a, b가 있어 $a \neq 0$, $b \neq 0$일 때 $ab = 0$이 되면 이와 같은 a, b를 비영인자(非零因子)라고 말한다.

예 제 5.12

$A = \begin{pmatrix} a & b \\ c & d \end{pmatrix}$, $I = \begin{pmatrix} 1 & 0 \\ 0 & 1 \end{pmatrix}$이라 하면, $AI = IA = A$ 임을 밝혀라.

풀 이

$$AI = \begin{pmatrix} a & b \\ c & d \end{pmatrix}\begin{pmatrix} 1 & 0 \\ 0 & 1 \end{pmatrix} = \begin{pmatrix} a & b \\ c & d \end{pmatrix} = A$$

$$IA = \begin{pmatrix} 1 & 0 \\ 0 & 1 \end{pmatrix}\begin{pmatrix} a & b \\ c & d \end{pmatrix} = \begin{pmatrix} a & b \\ c & d \end{pmatrix} = A$$

$$\therefore\ AI = IA = A$$

위의 예제 5.12에서 알 수 있듯이 어떤 행렬과 단위행렬 사이에는 교환법칙이 성립하고 곱의 결과는 행렬 그 자체가 된다.

【4】 행렬의 전치

$n \times m$ 의 행렬의 열과 행을 서로 바꾸어 구한 $m \times n$ 차의 행렬을 A 행렬의 전치(transpose)라고 하고 A' 또는 A^T로 나타낸다.

예를 들면 $A = \begin{pmatrix} a & b \\ c & d \\ e & f \end{pmatrix}$ 의 전치는 $A' = A^T = \begin{pmatrix} a & c & e \\ b & d & f \end{pmatrix}$가 된다. A 행렬의 i 행과 j 열의 원소 a_{ij}가 A^T행렬에서는 j 행과 i 열의 원소로 바뀌게 된다. 만약 A^T와 B^T가 A 와 B 의 전치이고 k 가 스칼라이면 다음을 만족한다.

(1) $(A^T)^T = A$ (2) $(kA)^T = kA^T$ (3) $(AB)^T = B^T A^T$

7.3 행렬식

【1】 행렬식의 정의

$n \times n$ 행렬 A 를 정방행렬이라고 할 때, A 의 부호붙인 기본곱(signed elementary production)의 합으로 표시한 것을 n 차 행렬식(determinant of order n)이라고 하고 $det(A)$로 표시한다. 여기서 기본곱이란 어떤 원소를 행이나 열에서 중복되지 않게 하나씩 택해 곱한 n 개의 성분으로 이루어진 곱을 말한다. 따라서 $n \times n$ 행렬은 $n!(1 \times 2 \times 3 \times 4 \times \cdots \times n)$개의 기본곱을 갖게 된다. 그리고 기본곱에 붙이는 기호는 열번호의 순열(permutation)이 우순(even)일 때는 양(+)이 되고 기순(odd)일 때는 음(-)이 된다. 여기서 주어진 순열에서 역순의 수가 짝수일 때는 그 순열을 우순이라고 하고 홀수일 때는 기순이라고 한다.

● 행렬식의 정의 1 ●

$$A = \begin{pmatrix} a_{11} & a_{12} & \cdots\cdots & a_{1n} \\ a_{21} & a_{22} & \cdots\cdots & a_{2n} \\ \cdots & \cdots & \cdots\cdots & \cdots\cdots \\ a_{n1} & a_{n2} & \cdots\cdots & a_{nn} \end{pmatrix}$$ 에서 A 의 행렬식은

$det(A) = |A| = \sum_{p} \varepsilon_{j_1 j_2 \cdots j_n} a_{1j_1} a_{2j_2} \cdots a_{nj_n}$ 이다.

여기서, p : $n!$ 개의 순열

$\varepsilon_{j_1 j_2 \cdots j_n}$: 열번호의 순열이 우순일 때는 양(+), 기순일 때는 음(-)이 되는 부호

예 수열 123 : 역순이 없으므로 우순열

수열 132 : 3이 2의 앞에 있어 역순이 1개이므로 기순열

수열 312 : 3이 1, 2의 앞에 있어 역순이 2개이므로 우순열

수열 4213 : 4가 2, 1, 3의 앞에 있고 2가 1앞에 있어 역순이 4개이므로 우순열

예 다음 2×2행렬 A의 행렬식을 구해보자.

$$A = \begin{pmatrix} a_{11} & a_{12} \\ a_{21} & a_{22} \end{pmatrix}$$

행이나 열에서 중복되지 않게 요소를 하나씩 택해 곱하면 $a_{11}a_{22}$ 및 $a_{12}a_{21}$ 의 총 2개(2!)의 기본곱을 얻을 수 있다. 다음 기본곱에 붙일 부호를 정해보자. 열번호의 순열이 우순일 때는 양의 부호(+)가 되고 기순일 때는 음의 부호(-)가 되므로 기본곱의 부호는 표 5.6과 같다.

표 5.6

기본곱	열번호의 순열	우, 기	부호
$a_{11}a_{22}$	12	우	+
$a_{12}a_{21}$	21	기	−

따라서 $|A| = \begin{vmatrix} a_{11} & a_{12} \\ a_{21} & a_{22} \end{vmatrix} = a_{11}a_{22} - a_{12}a_{21}$

예 다음 3×3 행렬 B 의 행렬식을 구해보자.

$$B = \begin{pmatrix} a_{11} & a_{12} & a_{13} \\ a_{21} & a_{22} & a_{23} \\ a_{31} & a_{32} & a_{33} \end{pmatrix}$$

행이나 열에서 중복되지 않게 요소를 하나씩 택해 곱하면 $a_{11}a_{22}a_{33}$ $a_{11}a_{23}a_{32}$ $a_{12}a_{21}a_{33}$ $a_{12}a_{23}a_{31}$ $a_{13}a_{21}a_{32}$ 및 $a_{13}a_{22}a_{31}$ 의 총 6개(3!)의 기본곱을 얻을 수 있다. 다음 기본곱에 붙일 부호를 정해보자. 열번호의 순열이 우순일 때는 양의 부호(+)가 되고 기순일 때는 음의 부호(-)가 되므로 기본곱의 부호는 표 5.7과 같다.

표 5.7

기본곱	열번호의 순열	우, 기	부호
$a_{11}a_{22}a_{33}$	123	우	+
$a_{12}a_{23}a_{32}$	132	기	−
$a_{12}a_{21}a_{33}$	213	기	−
$a_{12}a_{23}a_{31}$	231	우	+
$a_{13}a_{21}a_{32}$	312	우	+
$a_{13}a_{22}a_{31}$	321	기	−

따라서

$$|B| = \begin{vmatrix} a_{11} & a_{12} & a_{13} \\ a_{21} & a_{22} & a_{23} \\ a_{31} & a_{32} & a_{33} \end{vmatrix}$$

$$= a_{11}a_{22}a_{33} - a_{11}a_{23}a_{32} - a_{12}a_{21}a_{33} + a_{12}a_{23}a_{31} + a_{13}a_{21}a_{32} - a_{13}a_{22}a_{31}$$

예 제 5.13

다음 2차 및 3차 행렬식의 값을 구하라.

(1) $\begin{vmatrix} 1 & 2 \\ 3 & 4 \end{vmatrix}$ (2) $\begin{vmatrix} 1 & 2 & 1 \\ 3 & 0 & 2 \\ 0 & 3 & 3 \end{vmatrix}$

풀이

(1) $\begin{vmatrix} 1 & 2 \\ 3 & 4 \end{vmatrix} = 1\times4 - 2\times3 = -2$

(2) $\begin{vmatrix} 1 & 2 & 1 \\ 3 & 0 & 2 \\ 0 & 3 & 3 \end{vmatrix}$

$= 1\times0\times3 - 1\times2\times3 - 2\times3\times3 + 2\times2\times0 + 1\times3\times3 - 1\times0\times0 = -15$

【2】 행렬식의 전개

A가 $n\times n$ 행렬이고 행렬식이 식 (5. 16)으로 정의되었다고 하자. 이때 A의 원소 중 i번째 행과 j열을 제거하고 남은 $(n-1)\times(n-1)$ 행렬식을 A 또는 $|A|$의 소행렬식(小行列式 : minor)이라 하고 $|M_{ij}|$로 표기한다. 또는 a_{ij}의 소행렬식이라고 하고 부른다. 소행렬식에 $(-1)^{i+j}$을 곱한 행렬식 $(-1)^{i+j}|M_{ij}|$을 a_{ij}의 여인자(餘因子 : cofactor)라고 부르고 α_{ij}로 표기한다. 어떤 행렬식의 값은 행렬식의 한 행(열)의 각 원소와 그 것의 여인자와의 곱을 합한 것과 같다.

● 행렬식의 정의 2 (Laplacian 전개) ●

$$A = \begin{pmatrix} a_{11} & a_{12} & \cdots\cdots & a_{1n} \\ a_{21} & a_{22} & \cdots\cdots & a_{2n} \\ \cdots & \cdots & \cdots\cdots & \cdots\cdots \\ a_{n1} & a_{n2} & \cdots\cdots & a_{nn} \end{pmatrix}$$ 에서 A의 행렬식은

$$|A| = a_{i1}\alpha_{i1} + a_{i2}\alpha_{i2} + a_{i3}\alpha_{i3} + \cdots a_{in}\alpha_{in}$$

$$= \sum_{k=0}^{n} a_{ik}\alpha_{ik}(i,\ j,\ = 1,\ 2,\ \cdots,\ n)$$

또는

$$|A| = a_{1j}\alpha_{1j} + a_{2j}\alpha_{2j} + a_{3j}\alpha_{3j} + \cdots a_{nj}\alpha_{nj} = \sum_{k=0}^{n} a_{kj}\alpha_{kj} \quad (5.\ 17)$$

여기서, $|M_{ij}| = a_{ij}$의 소행렬식

$$\alpha_{ij} = (-1)^{i+j}|M_{ij}|$$

【3】 행렬식의 값

1차 행렬식의 값은 바로 그 원소이다. 예컨데

$$|a_{11}| = a_{11}$$

2차 행렬식의 값은 식(5. 17)에 의해 1차 행렬식의 값을 알고 있으니 바로 계산할 수 있고, 또한 2차 행렬식의 값을 이용해 3차 행렬식의 값도 구할 수 있다. 마찬가지로 순차로 4차, 5차 및 n 차의 행렬식의 값도 구할 수 있다.

이를테면

$$\begin{vmatrix} a_{11} & a_{12} \\ a_{21} & a_{22} \end{vmatrix}$$

에서 a_1, a_2의 여인자는 각각

$$(-1)^{1+1} \times a_{22}, \quad (-1)^{2+1} \times a_{21}$$

이므로 $$\begin{vmatrix} a_{11} & a_{12} \\ a_{21} & a_{22} \end{vmatrix} = a_{11}a_{22} - a_{12}a_{21} \qquad (5.\ 18)$$

3차 행렬식의 경우에는

$$|A| = \begin{vmatrix} a_{11} & a_{12} & a_{13} \\ a_{21} & a_{22} & a_{23} \\ a_{31} & a_{32} & a_{33} \end{vmatrix} \text{ 에서}$$

$$|M_{11}| = \begin{vmatrix} a_{22} & a_{23} \\ a_{32} & a_{33} \end{vmatrix}, \quad |M_{12}| = \begin{vmatrix} a_{21} & a_{23} \\ a_{31} & a_{33} \end{vmatrix}, \quad |M_{13}| = \begin{vmatrix} a_{21} & a_{22} \\ a_{31} & a_{32} \end{vmatrix}$$

$$\alpha_{11} = (-1)^{1+1}|M_{11}|, \quad \alpha_{12} = (-1)^{1+2}|M_{12}|, \quad \alpha_{13} = (-1)^{1+3}|M_{13}|$$

$$\begin{aligned} |A| &= a_{11}|M_{11}| - a_{12}|M_{12}| + a_{13}|M_{13}| \\ &= a_{11}(a_{22}a_{33} - a_{23}a_{32}) - a_{12}(a_{21}a_{33} - a_{23}a_{31}) + a_{13}(a_{21}a_{32} - a_{22}a_{3}) \\ &= a_{11}a_{22}a_{33} - a_{11}a_{23}a_{32} - a_{12}a_{21}a_{33} + a_{12}a_{23}a_{31} + a_{13}a_{21}a_{32} - a_{13}a_{22}a_{31} \end{aligned}$$

예 제 5.14

다음 행렬식의 값을 구하라.

(1) $\begin{vmatrix} 3 & -1 \\ 2 & 4 \end{vmatrix}$ (2) $\begin{vmatrix} \cos\Theta & \sin\Theta \\ -\sin\Theta & \cos\Theta \end{vmatrix}$ (3) $\begin{vmatrix} 1 & 0 & 2 \\ 3 & 4 & 5 \\ 5 & 6 & 7 \end{vmatrix}$

풀이

(1) $3\times4-(-1)\times2=14$

(2) $\cos\theta\times\cos\theta-\sin\theta\times(-\sin\theta)=\cos^2\theta+\sin^2\theta=1$

(3) $\begin{vmatrix}1&0&2\\3&4&5\\5&6&7\end{vmatrix}=(1)\begin{vmatrix}4&5\\6&7\end{vmatrix}-0\begin{vmatrix}3&5\\5&7\end{vmatrix}+2\begin{vmatrix}3&5\\4&6\end{vmatrix}$

$=1(4\times7-5\times6)-0+2(3\times6-5\times4)=-2-4=6$

【4】 행렬식의 성질

행렬식 사이에 여러 가지 주목할 만한 성질이 있는데, 그 성질을 이용하여 행렬식의 계산을 간단히 할 수 있는 경우가 많다. 다음에 Laplacian 전개로부터 얻어는 행렬식의 중요한 특성을 정리하면 다음과 같다.

(Ⅰ) 행렬식에서 행과 열을 바꾸어 놓아도 그 값은 변하지 않는다.
(Ⅱ) 행렬식의 2개의 행(또는 열)을 바꿔 놓으면 그 부호가 변한다.
(Ⅲ) 행렬식의 1행(또는 열)의 모든 원소를 k 배 하면 행렬식의 값은 k 배가 된다.
(Ⅳ) 행렬식의 1행(또는 열)의 모든 원소가 0이면 그 행렬식의 값은 0이다.
(Ⅴ) 행렬식의 2행(또는 열)의 원소가 같으면 행렬식의 값은 0이다.
(Ⅵ) 어떤 행(또는 열)에 딴 행(또는 열)의 여인자를 곱하여 합하면 0이 된다.
(Ⅶ) 행렬식의 1행(또는 열)을 k 배 해서 다른 행에 더해도 그값은 변하지 않는다.

예제 5.15

다음 행렬식의 값을 구하라.

(1) $\begin{vmatrix}-2&1&1\\1&-2&1\\1&1&-2\end{vmatrix}$　　(2) $\begin{vmatrix}1&a&b+c\\1&b&a+c\\1&c&a+b\end{vmatrix}$

(3) $\begin{vmatrix}1&-2&2\\1&0&2\\1&-2&1\end{vmatrix}$　　(4) $\begin{vmatrix}1&2&3\\3&9&6\\2&7&4\end{vmatrix}$

(5) $\begin{vmatrix}b+c&a&a\\b&c+a&b\\c&c&a+b\end{vmatrix}$

풀 이

(1) 행렬식의 성질 (VII)을 이용하여 두번째 열과 세번째 열을 첫번째 열에 합하고 행렬식의 성질 (IV)에 의해,

$$\begin{vmatrix} -2 & 1 & 1 \\ 1 & -2 & 1 \\ 1 & 1 & -2 \end{vmatrix} = \begin{vmatrix} 0 & 1 & 1 \\ 0 & -2 & 1 \\ 0 & 1 & -2 \end{vmatrix} = 0$$

(2) 두번째 열을 세번째 열에 더하고, 세번째 열에서 공통인수 $(a+b+c)$를 뽑아내면 행렬식의 성질 (V)에 의해,

$$\begin{vmatrix} 1 & a & b+c \\ 1 & b & a+c \\ 1 & c & a+b \end{vmatrix} = \begin{vmatrix} 1 & a & a+b+c \\ 1 & b & a+b+c \\ 1 & c & a+b+c \end{vmatrix}$$

$$= (a+b+c)\begin{vmatrix} 1 & a & 1 \\ 1 & b & 1 \\ 1 & c & 1 \end{vmatrix} = 0$$

(3) 행렬식의 성질 (VII)에 의해 첫번째 열에 2를 곱해 두 번째 열에 더하고 Laplacian전개에 의해서,

$$\begin{vmatrix} 1 & -2 & 3 \\ 1 & 0 & 2 \\ 1 & -2 & 1 \end{vmatrix} = \begin{vmatrix} 1 & 0 & 3 \\ 1 & 2 & 2 \\ 1 & 0 & 1 \end{vmatrix}$$

$$= +2(1\times1 - 3\times1) = -4$$

(4) 행렬식의 성질 (III)에 의해 3열의 공통배수 2로 뽑아내면 1열과 3열이 같으므로 행렬식의 성질 (V)에 의해,

$$\begin{vmatrix} 1 & 2 & 2 \\ 3 & 9 & 6 \\ 2 & 7 & 4 \end{vmatrix} = 2\begin{vmatrix} 1 & 2 & 1 \\ 3 & 9 & 3 \\ 2 & 7 & 2 \end{vmatrix} = 0$$

(5) 제2행에서부터 제1행과 제3행을 빼면

$$\begin{vmatrix} b+c & a & a \\ -2c & 0 & -2a \\ c & c & a+b \end{vmatrix} = 2\begin{vmatrix} b+c & a & a \\ -c & 0 & -2 \\ c & c & a+b \end{vmatrix}$$

제1행에 제2행을 더하고, 또 제3행에 제2행을 더하면

$$2\begin{vmatrix} b & a & 0 \\ -c & 0 & -a \\ 0 & c & b \end{vmatrix} = 2(abc+abc) = 4abc$$

예 제 5.16

다음 식을 만족하는 x 값을 구하라.

$$\begin{vmatrix} x & 1 & 1 \\ 1 & x & 1 \\ 1 & 1 & x \end{vmatrix} = 0$$

풀 이

제2열과 제3열을 제1열에 더하면

$$\begin{vmatrix} x & 1 & 1 \\ 1 & x & 1 \\ 1 & 1 & x \end{vmatrix} = \begin{vmatrix} x+2 & 1 & 1 \\ x+2 & x & 1 \\ x+2 & 1 & x \end{vmatrix} = (x+2)\begin{vmatrix} 1 & 1 & 1 \\ 1 & x & 1 \\ 1 & 1 & x \end{vmatrix}$$

$$= (x+2)\begin{vmatrix} 1 & 0 & 0 \\ 1 & x-1 & 0 \\ 1 & 0 & x-1 \end{vmatrix} = (x+2)(x-1)^2$$

$(x+2)(x-1)^2 = 0 \qquad \therefore\ x = -2,\ x = 1$(2중근)

7.4 역행렬

n-정방행렬인 A 및 B 행렬이 $AB = BA = I$인 관계식을 만족할 때, B를 A의, 그리고 A를 B의 역행렬(inverse matrix)이라고 하며, $B = A^{-1}$ 및 $A = B^{-1}$로 표시한다. 본 절에서는 기본행렬 및 adjoint 행렬을 이용한 역행렬을 구하는 방법을 제시한다.

예 행렬 $A = \begin{pmatrix} 3 & 1 \\ 2 & 4 \end{pmatrix}$, $B = \frac{1}{10}\begin{pmatrix} 4 & -1 \\ -2 & 3 \end{pmatrix}$에서 $AB = I$이므로 A 및 B는 각각 B 및 A의 역행렬이다.

【1】 adjoint 행렬

$A = (a_{ij})$를 n-정방행렬 그리고 a_{ij}를 a_{ij}의 여인자라고 하면 adjoint 행렬은 다음과 같이 정의된다.

● adjoint 행렬 ●

$$\text{adjoint } A = adj(A) = \begin{pmatrix} \alpha_{11} & \alpha_{21} & \cdots\cdots & \alpha_{n1} \\ \alpha_{12} & \alpha_{22} & \cdots\cdots & \alpha_{n2} \\ \cdots & \cdots & \cdots\cdots & \cdots\cdots \\ \alpha_{1n} & \alpha_{2n} & \cdots\cdots & \alpha_{nn} \end{pmatrix} \qquad (5.19)$$

여기서, $A = (a_{ij})$: $n-$ 정방행렬

α_{ij} : a_{ij}의 여인자

예 제 5.17

$A = \begin{pmatrix} 1 & 2 & 3 \\ 1 & 3 & 4 \\ 1 & 4 & 3 \end{pmatrix}$ 에서 여인자는

$\alpha_{11} = -7 \quad \alpha_{12} = 1 \quad \alpha_{13} = 1 \quad \alpha_{21} = 6 \quad \alpha_{22} = 0$

$\alpha_{23} = -2 \quad \alpha_{31} = -1 \quad \alpha_{32} = 1 \quad \alpha_{33} = 1$ 이므로

$$adj(A)\begin{pmatrix} -7 & 6 & -1 \\ 1 & 0 & -1 \\ 1 & -2 & 1 \end{pmatrix}$$

예 제 5.18

$A = \begin{pmatrix} a_{11} & a_{12} \\ a_{21} & a_{22} \end{pmatrix}$ 에서 여인자는

$\alpha_{11} = a_{22} \quad \alpha_{12} = -a_{21} \quad \alpha_{21} = -a_{12} \quad \alpha_{22} = a_{11}$ 이므로

$$adj(A) = \begin{pmatrix} a_{22} & -a_{12} \\ -a_{21} & a_{11} \end{pmatrix} \qquad (5.20)$$

【2】 기본행렬과 역행렬

$n \times n$ 단위행렬 I_n 에서 1회의 기본행 연산을 실시하여 얻어지는 행렬 E 를 기본행렬(elementary matrix)라고 하는데, EA 는 A 에 같은 기본행 연산을 실시하여 얻어진 행렬과 같다.

예 제 5.19

행렬 $A=\begin{pmatrix}1&2&3\\2&4&5\\3&5&6\end{pmatrix}$ 과 I_3 의 제 3 행을 -2 배 해서 1 행에 더한

행렬 EA 를 구하라.

풀 이

$$I_3=\begin{pmatrix}1&0&0\\0&1&0\\0&0&1\end{pmatrix},\qquad E=\begin{pmatrix}1&0&-2\\0&1&0\\0&0&1\end{pmatrix}$$

$$EA=\begin{pmatrix}1&0&-2\\0&1&0\\0&0&1\end{pmatrix}\begin{pmatrix}1&2&3\\2&4&5\\3&5&6\end{pmatrix}=\begin{pmatrix}-5&-8&-9\\2&4&5\\3&5&6\end{pmatrix}$$

EA는 행렬 A 의 제 3 행을 -2배해서 1행에 더한 결과와 같다.

그러면 기본행렬을 이용해 역행렬을 구해보자.
$E_k\cdots E_2E_1A=I_n$을 만족하는 기본행렬 E_1, $E_2\cdots E_k$를 구할 수 있다. 이때 $A^{-1}=E_k\cdots E_2E_1$ 즉 $A^{-1}=E_k\cdots E_2E_1I_n$가 되므로 기본행렬을 이용하여 A^{-1}을 구할 수 있다.

● 역행렬 1 ●

$$A^{-1}=E_k\cdots E_2E_1I_n \tag{5.21}$$

E_1, $E_2\cdots E_k$: 기본행렬

즉, A 에서 I_n 으로 변형하는 행연산열을 그대로 I_n 에 실시하면 A^{-1}이 얻어진다고 결론지을 수 있다.

예 제 5.20

행렬 $A=\begin{pmatrix}1&2&3\\2&4&5\\3&5&6\end{pmatrix}$ 의 역행렬을 구하라.

풀 이

$$\left(\begin{array}{ccc|ccc} 1 & 2 & 3 & 1 & 0 & 0 \\ 2 & 4 & 5 & 0 & 1 & 0 \\ 3 & 5 & 6 & 0 & 0 & 1 \end{array}\right)$$

① ↓ 제1행을 2배해서 제2행에 빼주고
제1행을 3배하여 제3행에 빼준다.

$$\left(\begin{array}{ccc|ccc} 1 & 2 & 3 & 1 & 0 & 0 \\ 0 & 0 & -1 & -2 & 1 & 0 \\ 0 & -1 & -3 & -3 & 0 & 0 \end{array}\right)$$

② ↓ 제2행 및 3행을 -1곱하여 서로 교환한다.

$$\left(\begin{array}{ccc|ccc} 1 & 2 & 3 & 1 & 0 & 0 \\ 0 & 1 & 3 & 3 & 0 & -1 \\ 0 & 0 & 1 & 2 & -1 & 0 \end{array}\right)$$

③ ↓ 제3행을 3배해서 제2행에 빼준다.

$$\left(\begin{array}{ccc|ccc} 1 & 2 & 3 & 1 & 0 & 0 \\ 0 & 1 & 0 & -3 & 3 & -1 \\ 0 & 0 & 1 & 2 & -1 & 0 \end{array}\right)$$

④ ↓ 제2행 및 3행을 각각 2배 및 3배 하여 제1행에 빼준다.

⑤ $$\left(\begin{array}{ccc|ccc} 1 & 0 & 0 & 1 & -3 & 2 \\ 0 & 1 & 0 & -3 & 3 & -1 \\ 0 & 0 & 1 & 2 & -1 & 0 \end{array}\right)$$

따라서 $A^{-1} = \begin{pmatrix} 1 & -3 & 2 \\ -3 & 3 & -1 \\ 2 & -1 & 0 \end{pmatrix}$

【3】 adjoint 행렬과 역행렬

2차 정방행렬의 역행렬이 존재한다고 가정하고, 그 역행렬을 구해보자.

$$A = \begin{pmatrix} a_{11} & a_{12} \\ a_{21} & a_{22} \end{pmatrix}$$

구하는 역행렬을

$$A^{-1} = \begin{pmatrix} x & y \\ z & u \end{pmatrix}$$

라 하면, $A A^{-1} = I$ 이다. 즉

$$\begin{pmatrix} a_{11} & a_{12} \\ a_{21} & a_{22} \end{pmatrix}\begin{pmatrix} x & y \\ z & u \end{pmatrix} = \begin{pmatrix} 1 & 0 \\ 0 & 1 \end{pmatrix}$$

이므로

$$\begin{pmatrix} a_{11}x+a_{12}z & a_{11}y+a_{12}u \\ a_{21}x+a_{22}z & a_{21}y+a_{22}u \end{pmatrix} = \begin{pmatrix} 1 & 0 \\ 0 & 1 \end{pmatrix}$$

두 연립방정식

$$\begin{cases} a_{11}x+a_{12}z=1 & \cdots\cdots\cdots① \\ a_{21}x+a_{22}z=0 & \cdots\cdots\cdots② \end{cases}$$

$$\begin{cases} a_{11}y+a_{12}u=0 & \cdots\cdots\cdots③ \\ a_{21}x+a_{22}u=1 & \cdots\cdots\cdots④ \end{cases}$$

①$\times a_{22}$ − ②$\times a_{12}$하면 $(a_{11}a_{22}-a_{12}a_{21})x=a_{22}$ ………… ⑤

③$\times a_{22}$ − ④$\times a_{12}$하면 $(a_{11}a_{22}-a_{12}a_{21})y=-a_{12}$ ……… ⑥

②$\times a_{11}$ − ①$\times a_{21}$하면 $(a_{11}a_{22}-a_{12}a_{21})z=-a_{21}$ ……… ⑦

④$\times a_{11}$ − ③$\times a_{21}$하면 $(a_{11}a_{22}-a_{12}a_{21})u=a_{11}$ ………… ⑧

$a_{11}a_{22}-a_{12}a_{21}\neq 0$ 이면 식 ⑤, ⑥, ⑦, ⑧에서

$$x=\frac{a_{22}}{a_{11}a_{22}-a_{12}a_{21}}, \qquad y=\frac{-a_{12}}{a_{11}a_{22}-a_{12}a_{21}}$$

$$z=\frac{-a_{21}}{a_{11}a_{22}-a_{12}a_{21}}, \qquad u=\frac{a_{11}}{a_{11}a_{22}-a_{12}a_{21}}$$

따라서 행렬 A의 역행렬은

$$A^{-1}=\begin{pmatrix} x & y \\ z & u \end{pmatrix}=\frac{1}{a_{11}a_{22}-a_{12}a_{21}}\begin{pmatrix} a_{22} & -a_{12} \\ -a_{21} & a_{11} \end{pmatrix}$$

그런데 $a_{11}a_{22}-a_{12}a_{21}=0$이면 식 ⑥, ⑧에서

$$a_{12}=0, \quad a_{11}=0$$

이므로, 이것을 식 ①에 대입하면 $0=1$로 되어 불합리하다.

따라서, $a_{11}a_{22}-a_{12}a_{21}=0$이면 역행렬이 존재하지 않는다.

● 2×2 행렬의 역행렬 ●

행렬 $A = \begin{pmatrix} a_{11} & a_{12} \\ a_{21} & a_{22} \end{pmatrix}$가 역행렬을 가지기 위한 조건은

$$a_{11}\ a_{12} - a_{12}\ a_{21} \neq 0$$

이고 A의 역행렬은 다음과 같다.

$$A^{-1} = \frac{1}{a_{11}\ a_{22} - a_{12}\ a_{21}} \begin{pmatrix} a_{22} & -a_{12} \\ -a_{21} & a_{11} \end{pmatrix} \quad (5.22)$$

식 (5.18)과 (5.19)에 의하면 $a_{11}a_{22} - a_{12}a_{21} = det\,(A)$, $\begin{pmatrix} a_{22} & -a_{12} \\ -a_{21} & a_{11} \end{pmatrix} = adj(A)$로 놓을 수 있다. 간단한 유도과정에 의하면 $A \times adj(A) = adj A \times A = I \times det(A)$가 된다.

따라서 $det(A) \neq 0$인 경우 $A \times \frac{1}{det(A)} adj\ (A) = I$가 성립한다.

일반적으로는,

● 역행렬 2 ●

$n \times n$ 행렬 A의 역행렬은 $A^{-1} = \frac{1}{det}(A) adj(A)$

단, $det\ A \neq 0$ (5.23)

라고 할 수 있다.

예 제 5.21

다음 행렬의 역행렬이 존재하면 그 역행렬을 구하라.

(1) $\begin{pmatrix} 1 & 2 \\ 3 & 4 \end{pmatrix}$ (2) $\begin{pmatrix} 4 & 6 \\ 2 & 3 \end{pmatrix}$

(3) $\begin{pmatrix} -1 & 4 \\ 3 & 1 \end{pmatrix}$ (4) $\begin{pmatrix} 1 & -2 & 1 \\ -2 & 5 & -4 \\ 1 & -4 & 6 \end{pmatrix}$

풀 이

(1) $\begin{pmatrix} 1 & 2 \\ 3 & 4 \end{pmatrix} = \frac{1}{4-6}\begin{pmatrix} 4 & -2 \\ -3 & 1 \end{pmatrix} = \begin{pmatrix} -2 & 1 \\ \frac{3}{2} & -\frac{1}{2} \end{pmatrix}$

(2) $det\ A = 4\times3 - 6\times2 = 0$이므로 역행렬이 존재하지 않는다.

(3) $\begin{pmatrix} -1 & 4 \\ 3 & 1 \end{pmatrix}^{-1} = \frac{1}{-1-12}\begin{pmatrix} 1 & -4 \\ -3 & -1 \end{pmatrix} = \begin{pmatrix} -\frac{1}{13} & \frac{4}{13} \\ \frac{3}{13} & \frac{1}{13} \end{pmatrix}$

(4) $\begin{pmatrix} 1 & -2 & 1 \\ -2 & 5 & -4 \\ 1 & -4 & 6 \end{pmatrix}$에서 여인자는

$\alpha_{11} = 14 \quad \alpha_{12} = 8 \quad \alpha_{13} = 3 \quad \alpha_{21} = 8 \quad \alpha_{22} = 5$

$\alpha_{23} = 2 \quad \alpha_{31} = 3 \quad \alpha_{32} = 2 \quad \alpha_{33} = 1$ 이므로

$adj(A)\begin{pmatrix} 14 & 8 & 3 \\ 8 & 5 & 2 \\ 3 & 2 & 1 \end{pmatrix}$

$det\ A = |A| = 1\times(30-16) + 2\times(-12+4) + 1\times(8-5) = 1$

$A^{-1} = \frac{1}{det(A)}adj(A) = \begin{pmatrix} 14 & 8 & 3 \\ 8 & 5 & 2 \\ 3 & 2 & 1 \end{pmatrix}$

7.5 연립방정식의 해

【1】 역행렬을 이용한 해

다음 연립 2원 1차 방정식의 해를 구해보자.

$$a_1x + b_1y = c_1$$
$$a_2x + b_2y = c_2$$

이를 행렬으로 표시하면,

$$\begin{pmatrix} a_1 & b_1 \\ a_2 & b_2 \end{pmatrix}\begin{pmatrix} x \\ y \end{pmatrix} = \begin{pmatrix} c_1 \\ c_2 \end{pmatrix}$$

좌우변에 $\begin{pmatrix} a_1 & b_1 \\ a_2 & b_2 \end{pmatrix}^{-1}$를 곱하면

$$\begin{pmatrix} a_1 & b_1 \\ a_2 & b_2 \end{pmatrix}\begin{pmatrix} a_1 & b_1 \\ a_2 & b_2 \end{pmatrix}\begin{pmatrix} x \\ y \end{pmatrix} = \begin{pmatrix} a_1 & b_1 \\ a_2 & b_2 \end{pmatrix}^{-1}\begin{pmatrix} c_1 \\ c_2 \end{pmatrix}$$

따라서, $\begin{pmatrix} x \\ y \end{pmatrix} = \begin{pmatrix} a_1 & b_1 \\ a_2 & b_2 \end{pmatrix}^{-1} \begin{pmatrix} c_1 \\ c_2 \end{pmatrix}$이므로

따라서, $a_1b_2 - a_2b_1 \neq 0$ 일 때 식 (7.22)에 의해서 연립방정식의 해는

$$x = \frac{c_1b_2 - c_2b_1}{a_1b_2 - a_2b_1}, \qquad y = \frac{a_1c_2 - a_2c_1}{a_1b_2 - a_2b_1} \tag{5.24}$$

가 된다.

일반적으로 다원 1차 연립방정식을 행렬로 표현하면,

$$AX = B$$

이때 $det(A) \neq 0$ 이면 행렬 A 는 역행렬 A^{-1}을 가진다. 윗식의 양변에 A^{-1}을 곱하면 연립방정식의 해는 다음과 같이 얻어진다.

$$X = A^{-1}B \tag{5.25}$$

예제 5.22

역행렬을 이용하여 다음 방정식의 해를 구하라.

(1) $\begin{cases} 2x + y = 1 \\ x + y = 0 \end{cases}$ (2) $\begin{cases} 2x + 3y = -2 \\ 5x + \frac{y}{2} = 2 \end{cases}$

(3) $\begin{cases} x + y + z = 0 \\ 2x + y + 3z = -2 \\ x + 3y + 2z = 1 \end{cases}$ (4) $\begin{cases} x + 2y + z = 3 \\ 2x + 3y + z = 3 \\ 2x + y + 3z = 5 \end{cases}$

풀이

(1) $\begin{pmatrix} 2 & 1 \\ 1 & 1 \end{pmatrix}\begin{pmatrix} x \\ y \end{pmatrix} = \begin{pmatrix} 1 \\ 0 \end{pmatrix}$,

$\begin{pmatrix} x \\ y \end{pmatrix} = \begin{pmatrix} 2 & 1 \\ 1 & 1 \end{pmatrix}^{-1}\begin{pmatrix} 1 \\ 0 \end{pmatrix} = \begin{pmatrix} 1 & -1 \\ -1 & 2 \end{pmatrix}\begin{pmatrix} 1 \\ 0 \end{pmatrix} = \begin{pmatrix} 1 \\ -1 \end{pmatrix}$

$\therefore\ x = 1,\ \ y = -1$

(2) $\begin{pmatrix} 2 & 3 \\ 5 & \frac{1}{2} \end{pmatrix}\begin{pmatrix} x \\ y \end{pmatrix} = \begin{pmatrix} -2 \\ 2 \end{pmatrix}$,

$\begin{pmatrix} x \\ y \end{pmatrix} = \begin{pmatrix} 2 & 3 \\ 5 & \frac{1}{2} \end{pmatrix}^{-1}\begin{pmatrix} 1 \\ 0 \end{pmatrix} = \frac{1}{1-15}\begin{pmatrix} \frac{1}{2} & -3 \\ -5 & 2 \end{pmatrix}\begin{pmatrix} -2 \\ 2 \end{pmatrix} = \begin{pmatrix} \frac{1}{2} \\ -1 \end{pmatrix}$

$\therefore\ x = \frac{1}{2}, \qquad y = -1$

(3) $\begin{pmatrix} 1 & 1 & 1 \\ 2 & 1 & 3 \\ 1 & 3 & 2 \end{pmatrix}\begin{pmatrix} x \\ y \\ z \end{pmatrix} = \begin{pmatrix} 0 \\ -2 \\ 1 \end{pmatrix}$,

$$\begin{pmatrix} x \\ y \\ z \end{pmatrix} = \begin{pmatrix} 1 & 1 & 1 \\ 2 & 1 & 3 \\ 1 & 3 & 2 \end{pmatrix}^{-1}\begin{pmatrix} 0 \\ -2 \\ 1 \end{pmatrix}$$

$$= -\frac{1}{3}\begin{pmatrix} -7 & 1 & 2 \\ -1 & 1 & -1 \\ 5 & -2 & - \end{pmatrix}\begin{pmatrix} 0 \\ -2 \\ 1 \end{pmatrix} = \begin{pmatrix} 0 \\ 1 \\ -1 \end{pmatrix}$$

$\therefore\ x = 0,\quad y = 1,\quad z = -1$

(4) $\begin{pmatrix} 3 & 2 & 1 \\ 2 & 3 & 1 \\ 2 & 1 & 1 \end{pmatrix}\begin{pmatrix} x \\ y \\ z \end{pmatrix} = \begin{pmatrix} 1 \\ 3 \\ 1 \end{pmatrix}$,

$$\begin{pmatrix} x \\ y \\ z \end{pmatrix} = \begin{pmatrix} 3 & 2 & 1 \\ 2 & 3 & 1 \\ 2 & 1 & 1 \end{pmatrix}\begin{pmatrix} 1 \\ 3 \\ 1 \end{pmatrix} = \frac{1}{2}\begin{pmatrix} 2 & -1 & -1 \\ 0 & 1 & -1 \\ -4 & 1 & 5 \end{pmatrix}\begin{pmatrix} 1 \\ 3 \\ 1 \end{pmatrix} = \begin{pmatrix} -1 \\ 1 \\ 2 \end{pmatrix}$$

$\therefore\ x = -1,\quad y = 1,\quad z = 2$

【2】 크래머의 공식(Cramer's Rule)을 이용한 해

n 개의 방정식으로 이루어진 n 원 1차 연립방정식은 미지수의 각 계수로 이루어진 행렬의 행렬식의 값이 0이 아니면 역행렬을 구할 수 있고 이로부터 방정식의 해를 구할 수 있음을 5.5【1】절에 보였다. 여기서는 식 (5.23) 및 (5.25)를 변형하여 해를 쉽게 구할 수 있도록 한 크래머의 공식을 소개한다.

● 크래머의 공식 ●

연립방정식 $Ax = b$의 유일한 해는

$$x_1 = \frac{|A_1|}{|A|},\ x_2 = \frac{|A_1|}{|A|},\ \cdots,\ x_n = \frac{|A_1|}{|A|} \text{이다.} \qquad (5.26)$$

여기서, $A_i(i = 1, \cdots, n)$는 A의 i번째 열을 b로 대체한 행렬을 말하며, 단, $|A| \neq 0$ 이다.

예 제 5.23

크라메르의 공식을 이용하여 다음 방정식의 해를 구하라.

(1) $\begin{cases} 2x + y = 1 \\ x + y = 0 \end{cases}$ (2) $\begin{cases} 2x + 3y = -2 \\ 5x + \dfrac{y}{2} = 2 \end{cases}$

(3) $\begin{cases} x + y + z = 0 \\ 2x + y + 3z = -2 \\ x + 3y + 2z = 1 \end{cases}$ (4) $\begin{cases} x + 2y + z = 3 \\ 2x + 3y + z = 3 \\ 2x + y + 3z = 5 \end{cases}$

풀 이

(1) $x = \dfrac{\begin{vmatrix} 1 & 1 \\ 0 & 1 \end{vmatrix}}{\begin{vmatrix} 2 & 1 \\ 1 & 1 \end{vmatrix}} = \dfrac{1}{1} = 1, \quad y = \dfrac{\begin{vmatrix} 2 & 1 \\ 1 & 0 \end{vmatrix}}{\begin{vmatrix} 2 & 1 \\ 1 & 1 \end{vmatrix}} = \dfrac{-1}{1} = -1$

$\therefore\ x = 1, \quad y = -1, \quad z = 2$

(2)

$$x = \frac{\begin{vmatrix} -2 & 3 \\ 2 & \frac{1}{2} \end{vmatrix}}{\begin{vmatrix} 2 & 3 \\ 5 & \frac{1}{2} \end{vmatrix}} = \frac{-7}{-14} = \frac{1}{2}, \quad y = \frac{\begin{vmatrix} 2 & -2 \\ 5 & 2 \end{vmatrix}}{\begin{vmatrix} 2 & 3 \\ 5 & \frac{1}{2} \end{vmatrix}} = \frac{14}{-14} = -1$$

$\therefore\ x = \dfrac{1}{2}, \quad y = -1$

(3) $$x = \frac{\begin{vmatrix} 0 & 1 & 1 \\ -2 & 1 & 3 \\ 1 & 3 & 2 \end{vmatrix}}{\begin{vmatrix} 1 & 1 & 1 \\ 2 & 1 & 3 \\ 1 & 3 & 2 \end{vmatrix}} = \frac{0}{-3} = 0,$$

$$y = \frac{\begin{vmatrix} 1 & 0 & 1 \\ 2 & -2 & 3 \\ 1 & 1 & 2 \end{vmatrix}}{\begin{vmatrix} 1 & 1 & 1 \\ 2 & 1 & 3 \\ 1 & 3 & 2 \end{vmatrix}} = \frac{-3}{-3} = 1,$$

$$z = \frac{\begin{vmatrix} 1 & 1 & 0 \\ 2 & 1 & -2 \\ 1 & 3 & 1 \end{vmatrix}}{\begin{vmatrix} 1 & 1 & 1 \\ 2 & 1 & 3 \\ 1 & 3 & 2 \end{vmatrix}} = \frac{3}{-3} = -1$$

$\therefore\ x = 0, \ y = 1, \ z = -1$

(4) $x=\dfrac{\begin{vmatrix} 1 & 2 & 1 \\ 3 & 3 & 1 \\ 1 & 1 & 1 \end{vmatrix}}{\begin{vmatrix} 3 & 2 & 1 \\ 2 & 3 & 1 \\ 2 & 1 & 1 \end{vmatrix}}=\dfrac{-2}{2}=-1,\quad y=\dfrac{\begin{vmatrix} 3 & 1 & 1 \\ 2 & 3 & 1 \\ 2 & 1 & 1 \end{vmatrix}}{\begin{vmatrix} 3 & 2 & 1 \\ 2 & 3 & 1 \\ 2 & 1 & 1 \end{vmatrix}}=\dfrac{2}{2}=1$

$z=\dfrac{\begin{vmatrix} 3 & 2 & 1 \\ 2 & 3 & 3 \\ 2 & 1 & 1 \end{vmatrix}}{\begin{vmatrix} 3 & 2 & 1 \\ 2 & 3 & 1 \\ 2 & 1 & 1 \end{vmatrix}}=\dfrac{4}{2}=2$

$\therefore\ x=-1,\ y=1,\ z=2$

연 습 문 제

1. $A=1\begin{pmatrix} -1 & 4 \\ 3 & 1 \end{pmatrix}$, $B=\begin{pmatrix} 3 & 4 \\ 2 & -5 \end{pmatrix}$, $C=\begin{pmatrix} 0 & -2 \\ 1 & -3 \end{pmatrix}$일 때 다음 행렬을 구하라.

(1) $A+C$ (2) $2(A-3C)$

(3) $A+B+C+D$ (4) $\frac{1}{2}A-\frac{3}{4}C$

2. $A=\begin{pmatrix} 1 & 4 \\ 2 & 5 \\ 3 & 6 \end{pmatrix}$, $B=\begin{pmatrix} 1 & 3 \\ -1 & 5 \\ 2 & -1 \end{pmatrix}$ 일 때 $A-2B-D=0$인 $D=\begin{pmatrix} a & d \\ b & e \\ c & f \end{pmatrix}$를 구하라.

3. 다음 행렬의 전치행렬을 구하라.

(1) $\begin{pmatrix} 1 \\ -2 \\ 1 \end{pmatrix}$ (2) $(1\ -2\ 1)$

(3) $\begin{pmatrix} 1 & 4 \\ 2 & 5 \\ 3 & 6 \end{pmatrix}$ (4) $\begin{pmatrix} 1 & -2 & 1 \\ -2 & 5 & -4 \\ 1 & -4 & 6 \end{pmatrix}$

4. 다음 행렬의 곱을 구하라.

(1) $\begin{pmatrix} 4 & 3 \\ 1 & 7 \end{pmatrix}\begin{pmatrix} 3 \\ 2 \end{pmatrix}$ (2) $\begin{pmatrix} 2 & 3 & -1 \\ 0 & 4 & 2 \end{pmatrix}\begin{pmatrix} 7 & -1 \\ 5 & 1 \\ 6 & 2 \end{pmatrix}$

(3) $\begin{pmatrix} 7 & -1 \\ 5 & 1 \\ 6 & 2 \end{pmatrix}\begin{pmatrix} 2 & 3 & -1 \\ 0 & 4 & 2 \end{pmatrix}$ (4) $\begin{pmatrix} 7 \\ 5 \\ 6 \end{pmatrix}(2\ 3\ -1)$

5. 다음 행렬식의 값을 구하라.

(1) $|\ 3\ |$ (2) $\begin{vmatrix} 1 & 0 & 0 \\ 0 & 1 & 0 \\ 0 & 0 & 3 \end{vmatrix}$

(3) $\begin{vmatrix} 1 & 2 & 1 \\ 0 & 1 & 1 \\ 0 & 0 & 3 \end{vmatrix}$ (4) $\begin{vmatrix} 1 & 0 & 0 \\ 2 & 1 & 0 \\ 3 & 3 & 3 \end{vmatrix}$

(5) $\begin{vmatrix} 1 & 2 & 1 \\ 2 & 1 & 1 \\ 3 & 3 & 3 \end{vmatrix}$

6. $A = \begin{pmatrix} 1 & 2 & 1 & 1 \\ 2 & 1 & 1 & 2 \\ 3 & 3 & 2 & 3 \\ 2 & 3 & 3 & 3 \end{pmatrix}$ 일 때, 다음을 구하라.

(1) 소행렬식 $|M_{12}|$, 여인자 α_{12}

(2) 소행렬식 $|M_{33}|$, 여인자 α_{33}

(3) 소행렬식 $|M_{32}|$, 여인자 α_{32}

(4) 소행렬식 $|M_{43}|$, 여인자 α_{43}

7. 다음 각 행렬의 adjoint 행렬을 구하라.

(1) $\begin{pmatrix} 1 & 3 \\ -2 & 1 \end{pmatrix}$ (2) $\begin{pmatrix} 1 & 3 \\ 2 & 4 \end{pmatrix}$

(3) $\begin{pmatrix} 1 & 4 & -2 \\ -1 & 1 & 2 \\ 2 & 6 & 3 \end{pmatrix}$ (4) $\begin{pmatrix} 1 & 2 & 1 \\ 2 & 1 & 1 \\ 3 & 3 & 3 \end{pmatrix}$

8. $AX = B$에서 다음과 같이 A, B 행렬이 주어졌을 때 X 행렬을 구하라.

(1) $A = \begin{pmatrix} 2 & -1 \\ 1 & 3 \end{pmatrix}$, $B = \begin{pmatrix} 0 \\ 7 \end{pmatrix}$, $X = \begin{pmatrix} x \\ y \end{pmatrix}$

(2) $A = \begin{pmatrix} 1 & 1 & 1 \\ 3 & -1 & 1 \\ 2 & 2 & -1 \end{pmatrix}$, $B = \begin{pmatrix} 3 \\ 7 \\ 3 \end{pmatrix}$, $X = \begin{pmatrix} x \\ y \\ z \end{pmatrix}$

9. 다음 각 행렬의 역행렬을 구하라.

(1) $\begin{pmatrix} 2 & 3 \\ 1 & 4 \end{pmatrix}$ (2) $\begin{pmatrix} -1 & 4 \\ 2 & 6 \end{pmatrix}$

(3) $\begin{pmatrix} 1 & 2 & 3 \\ 2 & 4 & 5 \\ 3 & 5 & 6 \end{pmatrix}$ (4) $\begin{pmatrix} 2 & 5 & 5 \\ -1 & -1 & 0 \\ 2 & 4 & 3 \end{pmatrix}$

10. 다음의 선형 방정식을 구하라.

(1) $\begin{cases} 2x+y=3 \\ 5x-y=4 \end{cases}$

(2) $\begin{cases} x+y=2 \\ 3x-2y=-9 \end{cases}$

(3) $\begin{cases} x-y=1 \\ 2x-4y=-1 \end{cases}$

(4) $\begin{cases} x+y+z=3 \\ x-y-2z=-2 \\ 2x+y+3z=6 \end{cases}$

(5) $\begin{cases} x+y-z=0 \\ 2x+y=4 \\ 7y+3z=23 \end{cases}$

(6) $\begin{cases} x+2y-z=\frac{3}{2} \\ 2x+y+3z=\frac{7}{2} \\ -x+y+2z=4 \end{cases}$

(7) $\begin{cases} x+y+w=3 \\ -17x+y+2z-3w=1 \\ -17x+8y-5z+4w=1 \\ -5x-2y+z=1 \end{cases}$

(8) $\begin{cases} -x+3y-3z+w=3 \\ 2x-5y+4z-5w=-5 \\ -4x+7y-2z-3w=7 \\ 3x+y-11z+2w=1 \end{cases}$

제 6 장 삼각함수

6.1 일반각과 호도법

【1】 일반각

그림 6.1과 같이 평면 위의 두 사선 OX, OP가 이루는 ∠XOP의 크기를 구해보자. 고정되어 있는 사선 OX의 위치에서 점 O를 중심으로 사선 OP의 위치까지 OP가 회전하였을 때 그 회전량을 ∠XOP의 크기라 하고, 사선 OX를 시초선, 사선 OP를 동경, 점 O를 각의 꼭지점이라 한다. 동경 OP가 회전하는 방향을 보면, 그림 6.1과 같이 시계 회전 반대 방향을 양의 방향, 시계 회전 방향을 음의 방향이라 하며, 양의 방향의 회전으로 생긴 각을 양의 각, 음의 방향의 회전으로 생긴 각을 음의 각이라 정하자.

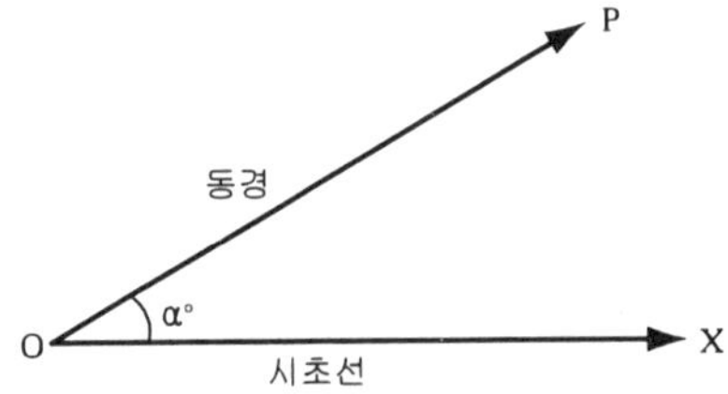

< 그림 6.1 >

시초선 OX는 고정되어 있으므로 ∠XOP의 크기가 정해지면 동경 OP의 위치는 정해진다. 그러나 동경 OP의 위치가 정해져도 동경 OP가 나타내는 각의 크기는 하나로 정해지지 않는데, 이를 테면 동경이 나타내는 각의 하나를 α라 하면, ∠XOP의 크기는 $\alpha° + 360° \times n$ $(n = 0,\ \pm1,\ \pm2,\ \cdots)$와 같이 여러가지로 나타낼 수 있고 이것을 동경 OP가 나타내는 일반각이라 말한다.

예제 6.1

다음 그림에서 X, P_1, P_2, …, P_5는 원의 둘레를 6등분한 점이다.
각각의 각에 대응하는 동경을 구하라.

(1) 420° (2) 840° (3) − 60° (4) − 540°

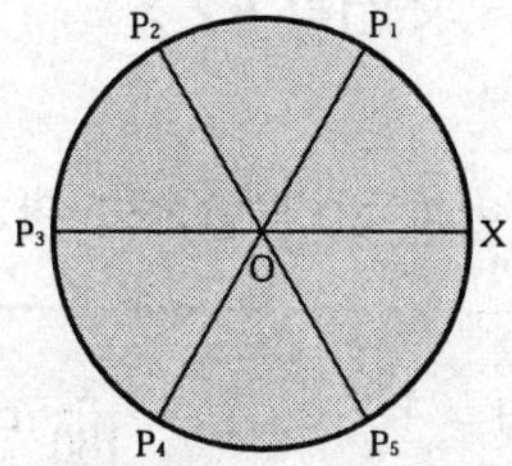

풀이

원을 6등분하였으니 한 각은 60°이다.

(1) $420° = 60° + 360°$ ∴ OP_1

(2) $840° = 120° + 360° \times 2$ ∴ OP_2

(3) $-60°$ ∴ OP_5

(4) $-540° = 180° + 360° \times (-2)$ ∴ OP_3

【2】 호도법

각의 크기를 '도' 단위를 사용하여 나타내는 방법을 60분법이라 하는데, 원호와 중심각 사이의 관계를 이용하여 각의 크기를 나타내는 새로운 방법을 생각해 보자. 그림 6.2 에서와 같이 반지름의 길이가 r 인 원 O 에 있어서 길이 r 인 호 PX 에 대한 중심각 ∠XOP의 크기를 α°라 하면, 호의 길이는 중심각의 크기에 비례하므로 $r : 2\pi r = \alpha° : 360°$, 즉 $\alpha° = \dfrac{180°}{\pi}$ 가 되고 이 각을 1 호도 또는 1 라디안(radian)이라 하고, 이 '라디안' 단위를 사용하여 각외 크기를 나타내는 방법을 호도법(弧度法)이라고 한다. 호도법에 쓰이는 단위 rad는 생략하기도 한다.

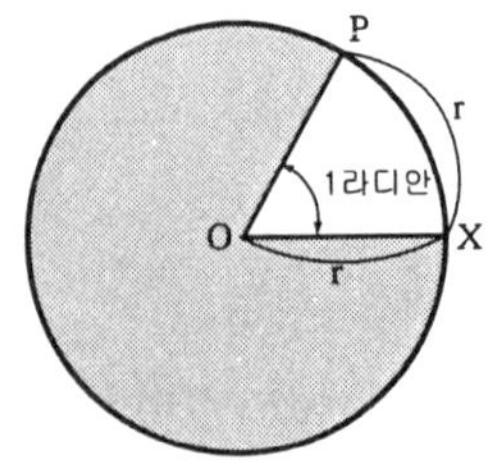

< 그림 6.2 >

● 호도법과 60 분법과의 관계 ●

$$1\,\text{rad} = \frac{180°}{\pi}, \quad 1° = \frac{\pi}{180}\,\text{rad}$$

예 제 6.2

다음 60분법 단위의 각은 호도법 단위의 각으로, 호도법단위의 각은 60분법 단위의 각으로 나타내어라.

(1) $30°$ (2) $120°$ (3) $\frac{\pi}{4}$ (4) $\frac{\pi}{3}$

풀 이

(1) $30° \times \frac{\pi}{180} = \frac{\pi}{6}$

(2) $120° \times \frac{\pi}{180} = \frac{2}{3}\pi$

(3) $\frac{\pi}{4} \times \frac{180}{\pi} = 45°$

(4) $\frac{\pi}{3} \times \frac{180}{\pi} = 60°$

그림 6.3과 같이 반지름이 r인 원 O 에서 길이가 l인 호에 대한 중심각의 크기를 θ (rad)라 하면, 호의 길이는

$$l : 2\pi r = \theta : 2\pi$$

그러므로, $l = r\theta$

또 부채꼴의 면적 S는 $S : \pi r^2 = \theta : 2\pi$

그러므로, $S=\frac{1}{2}r^2\theta$

반지름의 길이 r, 중심각의 크기 θ 라디안인 부채꼴에 있어서 호의 길이 l과 면적 S는 다음과 같다.

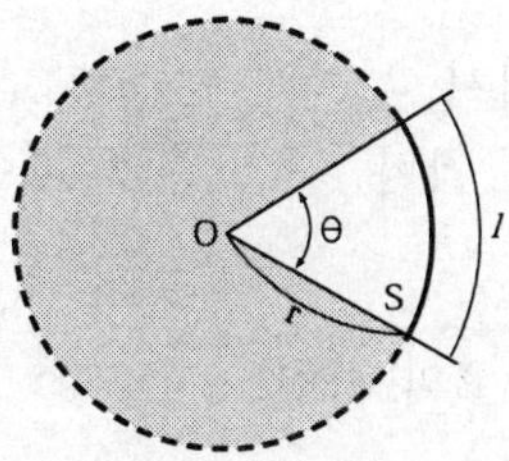

< 그림 6.3 >

● 부채꼴에서의 호의 길이와 면적 ●

호의 길이 : $l=r\theta$

부채꼴의 면적 : $S=\frac{1}{2}r^2\theta=\frac{1}{2}rl$

예 제 6.3

중심각 $\frac{\pi}{4}$, 반지름이 6cm인 부채꼴에서 호의 길이와 면적을 구하여라.

풀 이

호의 길이 $l=r\theta=6\times\frac{\pi}{4}=\frac{3}{2}\pi=4.71\,(\mathrm{cm})$

면적 $S=\frac{1}{2}r^2\theta=\frac{1}{2}\times6^2\times\frac{\pi}{4}=\frac{9\pi}{2}=14.14\,(\mathrm{cm}^2)$

6.2 삼각비

【1】 삼각비의 뜻

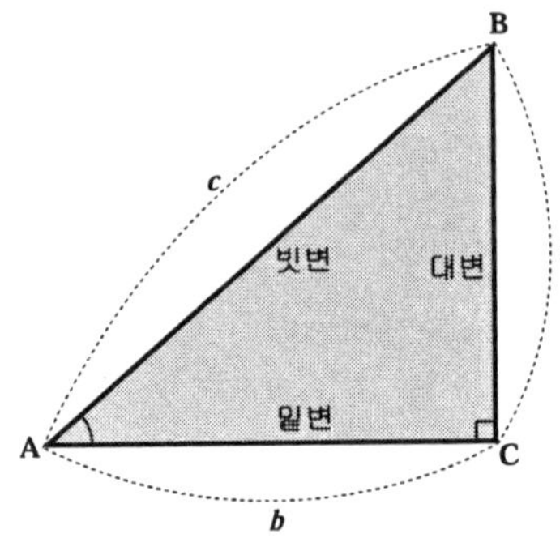

< 그림 6.4 >

∠C=90° 인 직각삼각형 ABC에서
∠A, ∠B, ∠C의 대변의 길이를 각각
a, b, c 라고 하면

$$\sin A = \frac{a}{c} = \frac{(\text{대변의길이})}{(\text{빗변의길이})} \ (\angle A\text{의 사인})$$

$$\cos A = \frac{b}{c} = \frac{(\text{밑변의길이})}{(\text{빗변의길이})} \ (\angle A\text{의 코사인})$$

$$\tan A = \frac{a}{b} = \frac{(\text{대변의길이})}{(\text{밑변의길이})} \ (\angle A\text{의 탄젠트})$$

이 관계식에서 sin, cos, tan는 각각 sine, cosine, tangent를 줄여서 쓴 것이고, 삼각비에서의 A는 ∠A의 크기를 나타낸 것이다. 그리고 sinA(사인 에이), cosA(코사인 에이), tanA(탄젠트 에이)를 ∠A의 삼각비라 한다.

삼각비는 직각삼각형의 두 변 사이에 성립하는 비의 값이며, 각의 크기가 예각일 때 한하여 정의되는데 각의 크기가 결정되면 직각삼각형의 크기에 관계없이 삼각비는 일정하게 정해진다.

예 제 6.4

그림에서 다음의 각 선분의 크기를 구하여라.

(1) AB_1 $\quad B_1C_1$ $\qquad$ (2) $\frac{BC}{AC}$, $\quad \frac{B_1C_1}{AC_1}$

풀 이

∠A는 공통, ∠C=∠ C_1이므로, △ABC∽△ AB_1C_1이다.

(1) 각 선분의 비는 AB_1: AB = AC_1: AC이므로

선분 $AB_1 = \frac{13 \times 18}{12} = \frac{39}{2}$ (cm) 이다.

또, 선분 B_1C_1: BC = AC_1: AC에서

선분 $B_1C_1 = \frac{5\times18}{12} = \frac{15}{2}$(cm) 이다.

(2) $\frac{BC}{AC} = \frac{5}{12}$, $\frac{B_1C_1}{AC_1} = \frac{\frac{15}{2}}{18} = \frac{5}{12}$

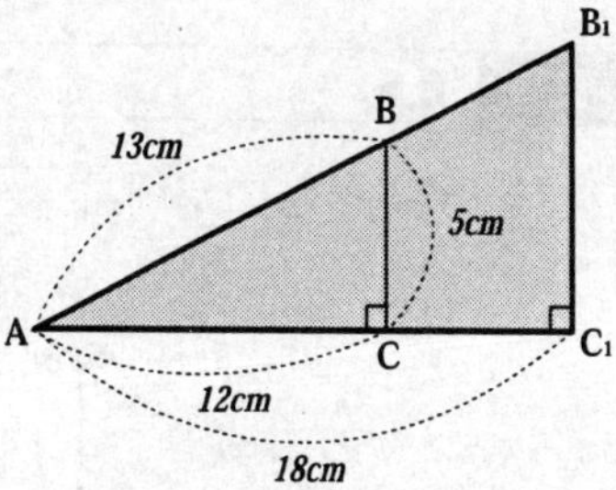

【2】 삼각비의 값

그림 6.4에서 ∠A의 값이 각각 0°, 30°, 45°, 60°, 90° 일 때의 삼각비의 값을 표로 나타내면 다음과 같다.

● 주요각에 대한 삼각비 ●

삼각비 \ A	0°	30°	45°	60°	90°
$\sin A$	0	$\frac{1}{2}$	$\frac{1}{\sqrt{2}}$	$\frac{\sqrt{3}}{2}$	1
$\cos A$	1	$\frac{\sqrt{3}}{2}$	$\frac{1}{\sqrt{2}}$	$\frac{1}{2}$	0
$\tan A$	0	$\frac{1}{\sqrt{3}}$	1	$\sqrt{3}$	없음

그리고 일반적으로 삼각비의 표에 있는 값의 대부분은 근사값이지만, 삼각비의 값을 나타낼 때는 ≒를 쓰지 않고 = 를 쓰는 것이 보통이다. 그리고 예를 들어 $\cos x = 0.3584$ 에서 x값을 찾고자 한다면 삼각비 표를 이용할 수 있다. cos의 세로줄에서 0.3584를 찾아 가로줄의 각도 값을 읽으면 된다. 전자계산기를 사용하면 쉽게 구할 수 있으므로 삼각비 표의 게재는 생략한다.

● 삼각비의 표 ●

각 도	사 인	코 사 인	탄 젠 트
…	…	…	…
21°	0.3584	0.9336	0.3839
22°	0.3746	0.9272	0.4040
…	…	…	…

예제 6.5

다음 각 그림에서 x, y 의 값을 구하여라.

(1)

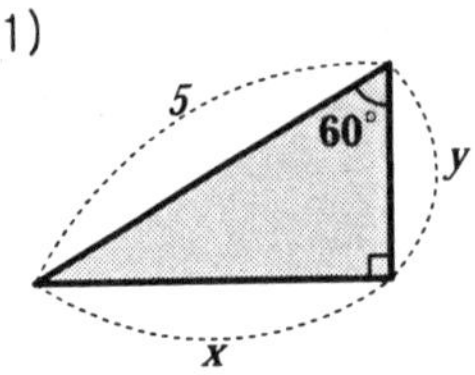

(2)

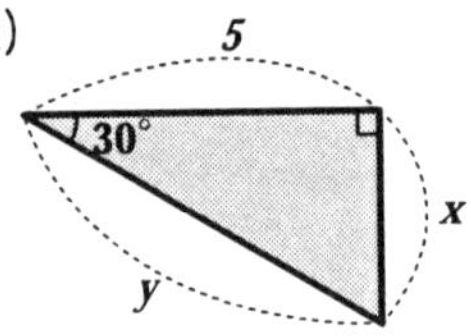

(3)

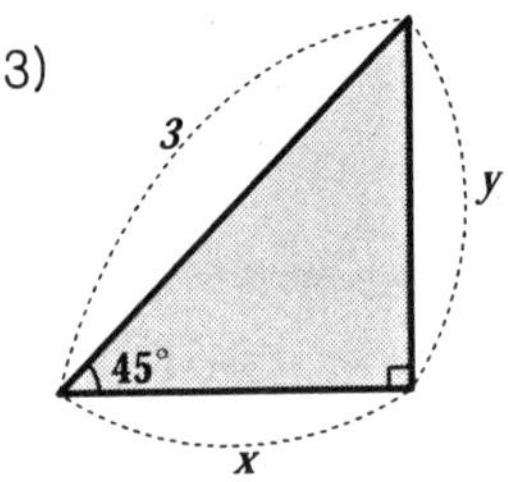

풀이

(1) $\sin 60° = \frac{x}{5}$ 에서 $x=5\times\sin 60°$ $\therefore\ x=5\times\frac{\sqrt{3}}{2}=\frac{5\sqrt{3}}{2}$

또, $\sin 60° = \frac{y}{5}$ 에서 $y=5\times\cos 60°$ $\therefore\ y=5\times\frac{1}{2}=\frac{5}{2}$

(2) $\tan 30° = \frac{x}{5}$ 에서 $x=5\times\tan 30°$ $\therefore\ x=5\times\frac{1}{\sqrt{3}}=\frac{5}{\sqrt{3}}=\frac{5\sqrt{3}}{3}$

또, $\cos 30° = \frac{5}{y}$ 에서 $y=5\times\frac{1}{\cos 30°}$ $\therefore\ y=5\times\frac{2}{\sqrt{3}}=\frac{10}{\sqrt{3}}=\frac{10\sqrt{3}}{3}$

(3) $\cos 45° = \frac{x}{3}$ 에서 $y=3\times\cos 45°$ $\therefore\ x=3\times\frac{1}{\sqrt{2}}=\frac{3}{\sqrt{2}}=\frac{3\sqrt{2}}{2}$

또, $\sin 45° = \frac{y}{3}$ 에서 $y=3\times\sin 45°$ $\therefore\ y=3\times\frac{1}{\sqrt{2}}=\frac{3}{\sqrt{2}}=\frac{3\sqrt{2}}{2}$

【3】 삼각비의 사이의 관계

$$\sin^2 A = (\sin A)^2$$
$$\cos^2 A = (\cos A)^2$$
$$\tan^2 A = (\tan A)^2$$

6.3 삼각비의 활용

【1】 거리재기

직각삼각형에서 한 변의 길이와 한 예각의 크기가 주어질 때,

$a = c\sin A = c\cos B = b\tan A$

$b = c\sin B = c\cos A = a\tan B$

$c = \dfrac{a}{\sin A} = \dfrac{a}{\cos B} = \dfrac{b}{\sin B} = \dfrac{b}{\cos A}$

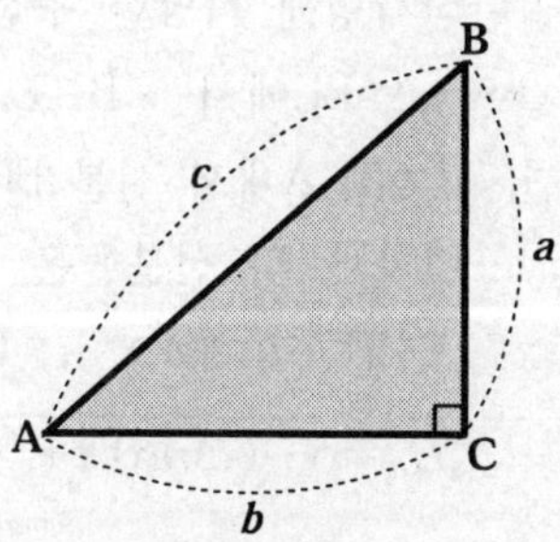

< 그림 6.5 >

의 관계가 성립한다. 위의 관계를 이용하면 직각삼각형에서 한 예각과 세 변 중 한 변의 길이를 알면 나머지 변의 길이를 구할 수 있고, 두 변의 길이가 주어지면 피타고라스의 정리에 의하여

$c=\sqrt{a^2+b^2}$, $a=\sqrt{c^2-b^2}$, $b=\sqrt{c^2-a^2}$ 이다.

예제 6.6

∠C=90° 인 직각삼각형 BAC에서 선분, AB=8, ∠A=30° 일 때, a와 b를 구하라.

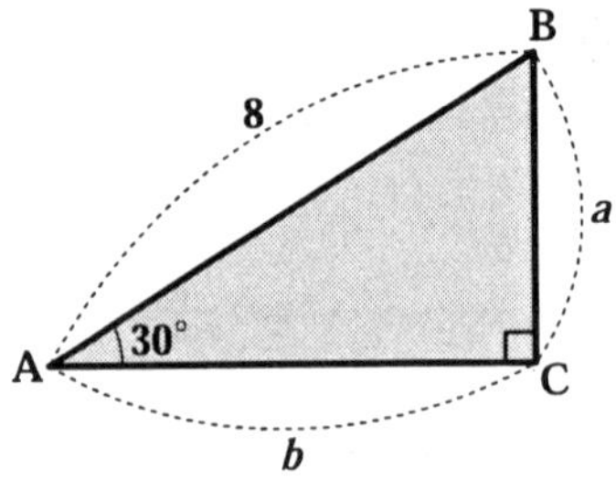

풀 이

$$a = 8\sin 30° = 8\times\frac{1}{2} = 4,\quad b = 8\cos 30° = 8\times\frac{\sqrt{3}}{2} = 4\sqrt{3}$$

그리고 일반삼각형의 경우 일반삼각형에 적당한 수선을 그어 직각삼각형을 만들어 구한다. 곧, 아래 그림과 같은 △ABC에서 ∠B= x, 선분 BC=a, 선분 AB=c 일 때, 선분 AB의 길이를 구하려면, 꼭지점 A에서 선분 BC 에 수선을 그어 그 발을 H 라고 한다. 그러면, 직각삼각형 ABH에서, 각 선분들은

$$AH = c\sin x\ ,\quad BH = c\cos x\ ,\quad CH = a - c\cos x$$

$$AC = \sqrt{AH^2 + CH^2} = \sqrt{(csinx)^2 + (a - ccosx)^2}$$

이 된다.

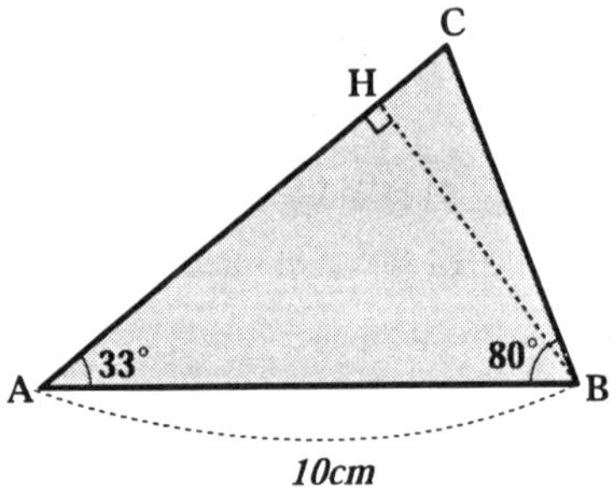

< 그림 6.6 >

삼각비의 성질을 이용하면, 실제로 잴 수 없는 거리, 높이 등을 알아낼 수 있다. 이를테면, 강둑 사이의 거리, 연못의 폭의 거리와 산, 빌딩, 나무, 굴뚝 등의 높이, 연을 날릴 때의 연의 높이 등을 구할 수 있다.

예 제 6.7

다음 그림과 같이 △ABC에서, AB=10 cm, ∠A=33°, ∠B=80° 일때, BC의 길이를 구하여라.

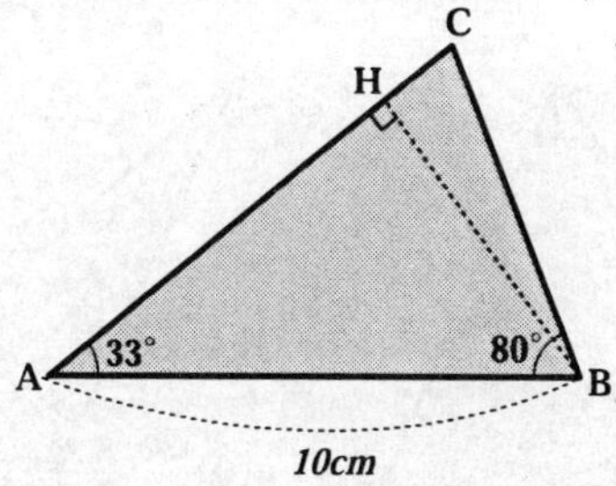

풀 이

꼭지점 B에서 AC 에 내린 수선의 발을 H 라고 하면, △ABH 는 직각삼각형이므로, BH = 10 sin 33° = 10 × 0.5446. 또, △BCH도 직각삼가형이고, ∠C = 180° - (33° + 80°) = 67° 이므로

$$\mathrm{BC} = \frac{BH}{\sin 67°} = \frac{5.446}{0.9205} \fallingdotseq 5.916(cm)$$

예 제 6.8

그림과 같이 한 지점 A에서 산꼭대기 C점을 올려다 본 각의 크기가 20°이고, 다시 A지점에서 산을 바라보며 50m 걸어간 지점 B에서 C점을 올려다 본 각의 크기가 32° 이었다고 한다. 이 산의 높이는 얼마인가? 단, 눈의 높이는 무시하고, 답은 1m 단위까지 나타내라.

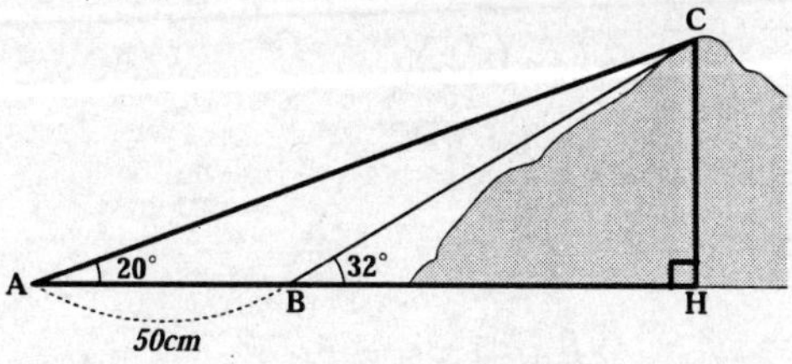

풀 이

CH = x 로 놓으면, AH = xtan 70°, BH = xtan 58°

또, AB = AH - BH에서 50 = x(tan70° - tan58°)

$$\therefore x = \frac{50}{\tan 70° - \tan 58°} = \frac{50}{2.7475 - 1.6003} = \frac{50}{1.1472} \fallingdotseq 44(m)$$

【2】 넓이 계산

삼각형의 넓이를 삼각비를 활용해서 구할 수 있다. △ABC에서 AB = c, AC = b 일때, △ABC의 넓이 S는

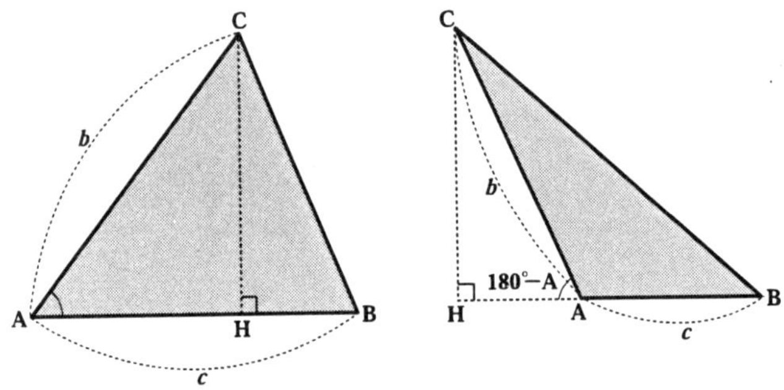

(a) (b)

< 그림 6.7 >

(1) 그림 6.7(a)와 같이 ∠A가 예각일 때, $S=\frac{1}{2}bcsinA$ 이고, (2) 그림 6.7(b)와 같이 ∠A가 둔각일 때, $S=\frac{1}{2}bcsin(180°-A)$이다.

예 제 6.9

다음 그림에서 삼각형의 면적을 계산하라.

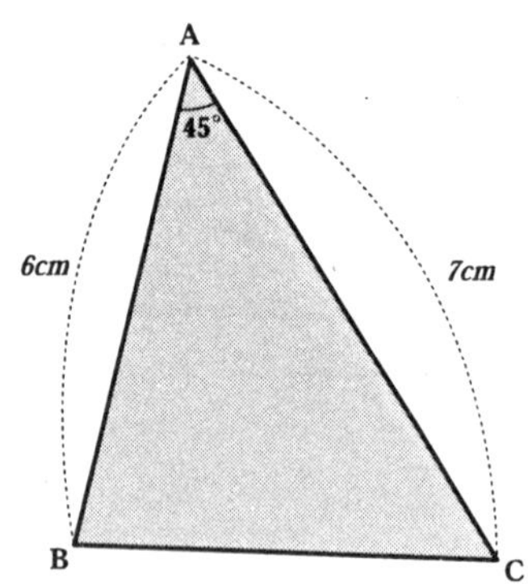

풀 이

$$(1)\ S=\frac{1}{2}\cdot 6\cdot 7\cdot \sin 45°=\frac{1}{2}\cdot 6\cdot 7\cdot \frac{\sqrt{2}}{2}=\frac{21\sqrt{2}}{2}(\ cm^2)$$

다각형의 넓이도 삼각비를 이용해서 구해보자. 먼저 평행사변형의 넓이를 구하고자 할 경우 다음 그림과 같이 두 변의 길이가 각각 a, b 이고, 그 끼인 각의 크기가 x 일 때, 넓이 S 는

$$S=ab\ \sin\ x$$

와 같다. 즉, 평형사변형에서 ABCD에서 △ACD≡△CAB이므로

$$S=2\times\triangle ABC=2\times0.5ab\ \sin\ x=ab\ \sin\ x$$

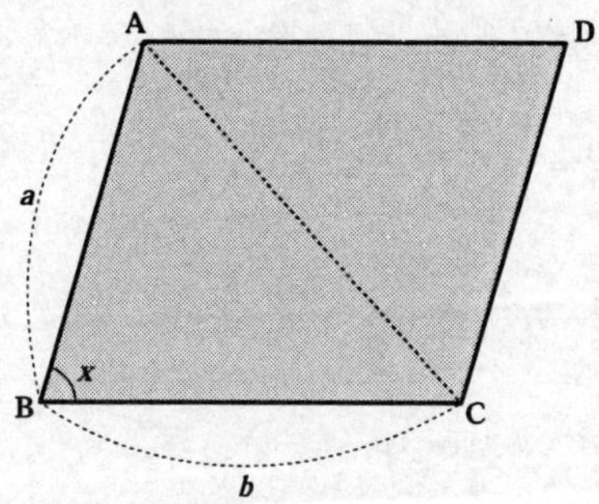

< 그림 6.8 >

또 원에 내접하는 정육각형의 넓이는 한 변의 길이가 a인 정육각형의 넓이를 S라면 △OAB≡△OBC≡△OCD≡△ODE≡△OEF≡△OFA이므로 S=6×△OAB 이고, △OAB는 정삼각형이므로 한변의 길이를 a 라고 하면 ,

$$S=6\times(\frac{1}{2}\ a^2\sin60°)=\frac{3\sqrt{3}}{2}\ a^2$$

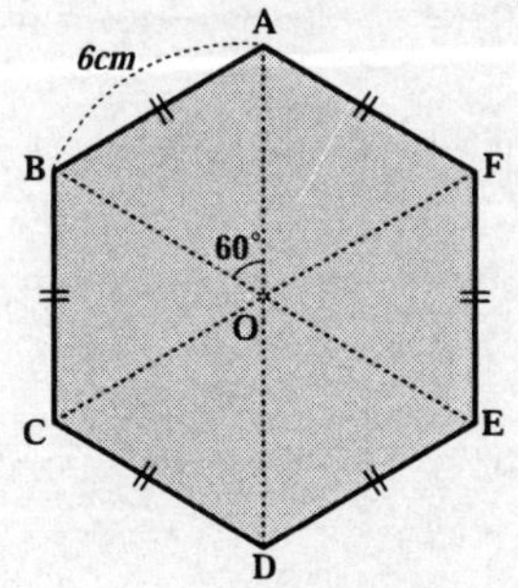

< 그림 6.9 >

예제 6.10

(1) 그림 6.8에서 AB=2cm, BC=4cm, ∠B=60° 인 평행사변형 ABCD의 넓이 S는?

(2) 그림 6.9와 같은 정육각형에서 AB=6cm이고, ∠AOB=60° 이면 넓이 S는?

풀이

(1) $S=2\cdot 4\sin 60^\circ=8\times\frac{\sqrt{3}}{2}=4\sqrt{3}(\ cm^2)$,

(2) $S=\frac{3\sqrt{3}}{2}\ \cdot\ 6^2=54\sqrt{3}(\ cm^2)$

예제 6.11

다음 도형의 넓이를 구하여라.

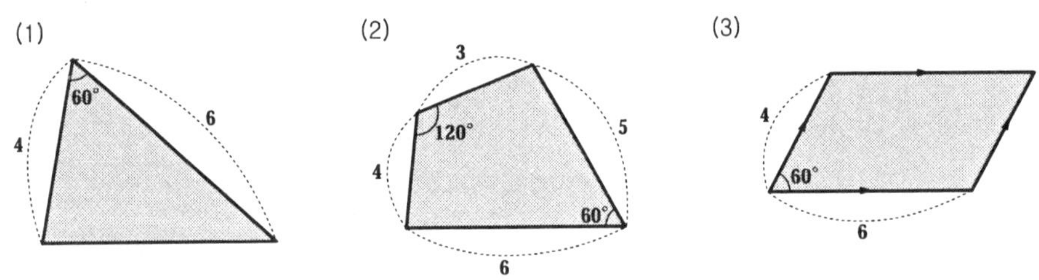

풀이

(1) $S=\frac{1}{2}\times 6\times 4\times\sin 60^\circ=\frac{1}{2}\times 6\times 4\times\frac{\sqrt{3}}{2}=6\sqrt{3}$

(2) 120° 인 삼각형의 넓이는 $S=\frac{1}{2}\times 3\times 4\times\sin(180^\circ-120^\circ)$

$=\frac{1}{2}\times 3\times 4\times\frac{\sqrt{3}}{2}=3\sqrt{3}$ 또, 60° 인 삼각형의 넓이는

$S=\frac{1}{2}\times 6\times 5\times\sin 60^\circ=\frac{1}{2}\times 6\times 5\times\frac{\sqrt{3}}{2}=\frac{15}{2}\sqrt{3}$

∴ 두 삼각형의 넓이를 더하면, $S=3\sqrt{3}+\frac{15}{2}\sqrt{3}=\frac{21\sqrt{3}}{2}$

(3) $S=4\times 6\times\sin 60^\circ=4\times 6\times\frac{\sqrt{3}}{2}=12\sqrt{3}$

6.4 삼각함수의 그래프

【1】 삼각함수의 상호관계

그림 6.10과 같이, 중심이 원점 O 이며 반지름이 r 인 원에서 동경 OP 가 나타내는 일반각의 크기를 θ 라 하고, 점 P 의 좌표를 (x, y)라 하면, 일반각 θ 의 삼각함수를 다음과 같이 정의한다.

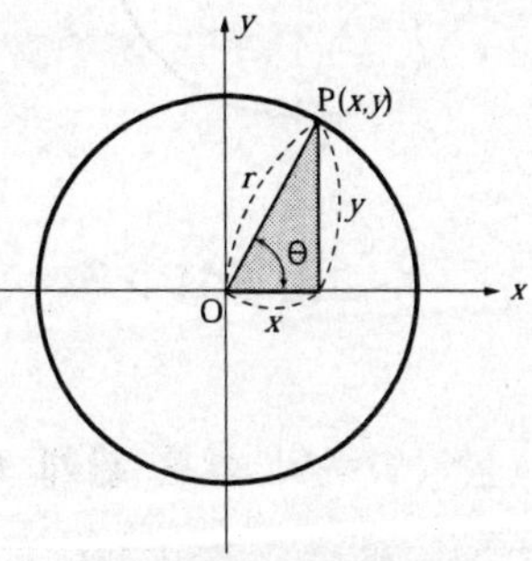

< 그림 6.10 >

● 일반각 θ의 삼각함수 ●

$$\sin\theta = \frac{y}{r}, \quad \cos\theta = \frac{x}{r}, \quad \tan\theta = \frac{y}{x}$$

$$\mathrm{cosec}\,\theta = \frac{r}{y}, \quad \sec\theta = \frac{r}{x}, \quad \cot\theta = \frac{x}{y}$$

그림 6.11과 같이 반지름 1인 단위원에서 점 P의 좌표를 (x, y), $\angle POQ = \theta$ 라 하면

$$\sin\theta = y, \quad \cos\theta = x, \quad \tan\theta = \frac{y}{x}$$

그리고,

$$\tan\theta = \frac{\sin\theta}{\cos\theta}$$

또, 점 P 에서 x 축에 수선을 내려 x 축과의 교점을 Q 라 하면,

$$\overline{OQ}^2 + \overline{PQ}^2 = \overline{OP}^2, \text{ 즉 } x^2 + y^2 = 1$$

이므로 $\sin^2\theta + \cos^2\theta = 1$ 이 되며,

삼각함수의 값 사이에는 다음과 같은 관계가 있다.

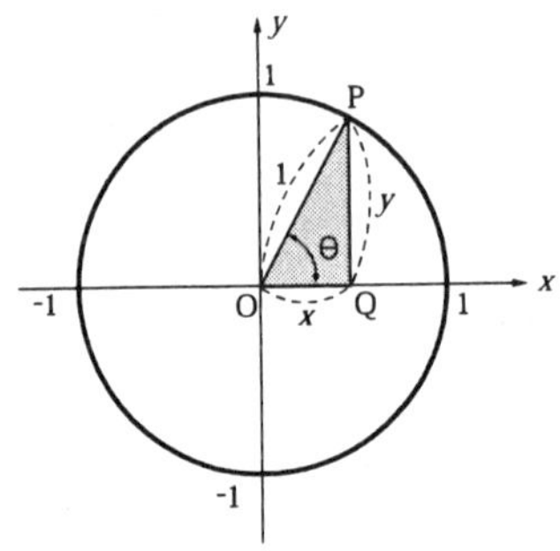

< 그림 6.11 >

● 삼각함수의 상호 관계 ●

[1] $\operatorname{cosec}\theta = \dfrac{1}{\sin\theta}$, $\sec\theta = \dfrac{1}{\cos\theta}$, $\cot\theta = \dfrac{1}{\tan\theta}$

[2] $\tan\theta = \dfrac{\sin\theta}{\cos\theta}$, $\cot\theta = \dfrac{\cos\theta}{\sin\theta}$

[3] $\sin^2\theta + \cos^2\theta = 1$

[4] $1 + \tan^2\theta = \sec^2\theta$, $1 + \cot^2\theta = \operatorname{cosec}^2\theta$

<주> : $\sin^2\theta$, $\cos^2\theta$, $\tan^2\theta$는 각각 $(\sin\theta)^2$, $(\cos\theta)^2$, $(\tan\theta)^2$을 의미한다. 삼각함수의 상호 관계 공식은 물론 이들의 다음과 같은 변형식도 중요하다.

$\sin^2\theta + \cos^2\theta = 1 \Rightarrow \sin^2\theta = 1 - \cos^2\theta$, $\cos^2\theta = 1 - \sin^2\theta$

$\tan^2\theta + 1 = \sec^2\theta \Rightarrow \sec^2 - \tan^2\theta = 1$

예 제 6.12

$\cos\theta = \dfrac{3}{5}$일 때 $\sin\theta$, $\tan\theta$의 값을 구하여라.

풀 이

$$\sin^2\theta = 1 - \cos^2\theta = 1 - \left(\frac{3}{5}\right)^2 = \frac{16}{25} \qquad \therefore\ \sin\theta = \pm\frac{4}{5}$$

$$\tan\Theta = \frac{\sin\Theta}{\cos\Theta} = \frac{\pm\frac{4}{5}}{\frac{3}{5}} = \pm\frac{4}{3} \quad \text{(복호동순)}$$

【2】 $90°n \pm \theta$의 삼각함수

각 Θ 에 대하여 항상 다음 공식이 성립한다.

● $90°n \pm \theta$의 삼각함수 ●

[1] 음각공식

$\sin(-\Theta) = -\sin\Theta$, $\cos(-\Theta) = \cos\Theta$, $\tan(-\Theta) = -\tan\Theta$

[2] 보각공식

$\sin(180° - \Theta) = \sin\Theta$, $\cos(180° - \Theta) = -\cos\Theta$

$\tan(180° - \Theta) = -\tan\Theta$

[3] 여각공식

$\sin(90° - \Theta) = \cos\Theta$, $\cos(90° - \Theta) = \sin\Theta$, $\tan(90° - \Theta) = \cot\Theta$

[4] 주기공식 (단, $n = 0, \pm1, \pm2, \cdots$)

$\sin(360°n + \Theta) = \sin\Theta$

$\cos(360°n + \Theta) = \cos\Theta$

$\tan(180°n + \Theta) = \tan\Theta$

【3】 삼각함수의 그래프

그림 6.12와 같이 반지름이 1인 단위 원에서 $x = \angle POQ$ 라 하면 $\sin x$, $\cos x$, $\tan x$ 는

$$\sin x = \frac{PQ}{OP} = \frac{PQ}{1} = PQ$$

$$\cos x = \frac{OQ}{OP} = \frac{OQ}{1} = OQ$$

$$\tan x = \frac{RS}{OR} = \frac{RS}{1} = RS$$

와 같이 각각 선분의 길이가 된다.

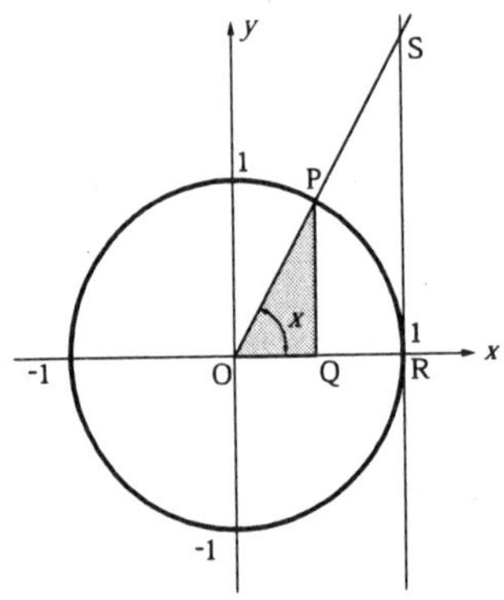

< 그림 6.12 >

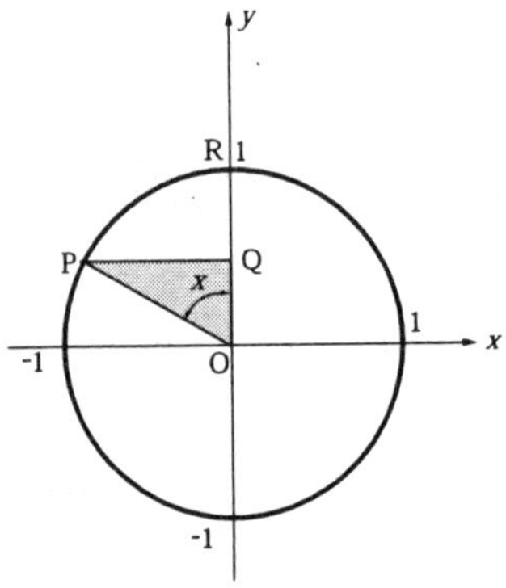

< 그림 6.13 >

이 그림 6.12에서 $\sin x$, $\tan x$의 값을 나타내는 선분은 y 축에 평행하다. $\cos x$의 값을 나타내는 선분이 y축 또는 y축에 평행으로 되려면 그림 6.13과 같이 OR을 시초선으로 하여

$$\cos x = \frac{\mathrm{OQ}}{\mathrm{OP}} = \mathrm{OQ}$$

가 되어 가능하다.

【4】 $\sin x$, $\cos x$, $\tan x$의 그래프

그림 6.12와 그림 6.13에서와 같이 $\sin x = \mathrm{PQ}$, $\cos x = \mathrm{OQ}$, $\tan x = \mathrm{RS}$에서 x의 값의 변화에 따른 PQ, OQ, RS의 변화를 조사해 보면, $y=\sin x$, $y=\cos x$, $y=\tan x$의 그래프를 쉽게 그릴 수 있다.

(i) $y = \sin x$ 의 그래프(그림 6. 14 에서 $\sin x = \mathrm{PQ}$)

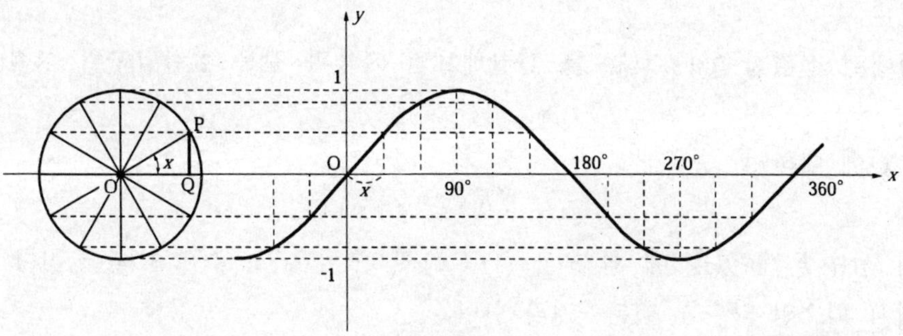

< 그림 6.14 >

(ii) $y = \cos x$ 의 그래프(그림 6. 15 에서 $\cos x = \mathrm{OQ}$)

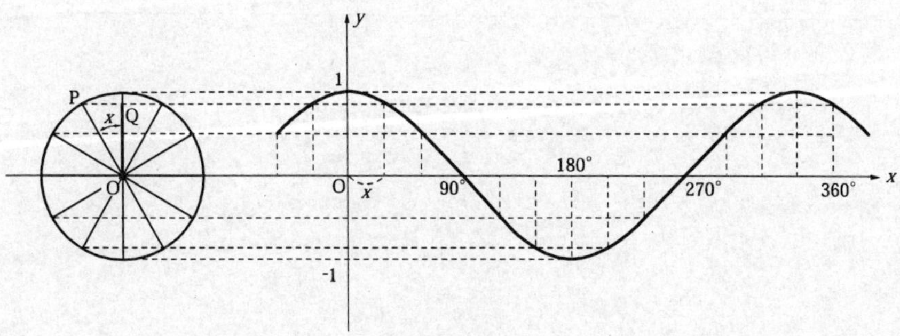

< 그림 6.15 >

(iii) $y = \tan x$ 의 그래프(그림 6. 16 에서 $\tan x = \mathrm{RS}$)

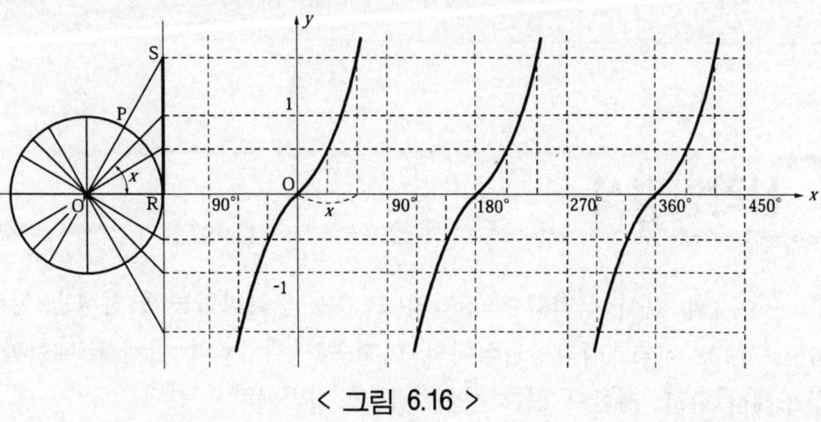

< 그림 6.16 >

[5] 삼각함수의 그래프의 성질

앞 절에서 삼각함수의 그래프를 관찰해보면 다음과 같은 삼각함수의 성질을 알 수 있다.

어떤 x 에 대하여

$$f(x+k)=f(x)$$

인 양의 상수 k 가 있을 때 함수 $y=f(x)$를 주기함수, 상수 k 를 주기라 하며 k 중에서 최소인 양수를 기본주기라 한다.

예를 들면 함수 $y=\sin x$ 는 $\sin x=\sin(x+2n\pi)$이므로 $2n\pi$ 를 주기로 하는 주기함수이다. 이중 최소인 양수 2π 가 기본주기가 된다.

● 삼각함수의 성질 ●

[1] 최대값과 최소값

$y=\sin x$: $-1\leqq \sin x\leqq 1$

$y=\cos x$: $-1\leqq \cos x\leqq 1$

$y=\tan x$: 최대값과 최소값은 없다.

[2] 기본주기

$y=\sin x$: $360°(=2\pi)$

$y=\cos x$: $360°(=2\pi)$

$y=\tan x$: $180°(=\pi)$

[3] 대칭성

$y=\sin x$, $y=\tan x$: 원점에 관하여 대칭

$y=\cos x$: y축에 관하여 대칭

6.5 삼각방정식

$\sin x=0.3$과 같이 삼각함수의 각의 크기를 구하려하는 방정식을 삼각방정식(三角方程式)이라 한다. 삼각방정식에서 미지수의 각 x 의 범위를 제한할 경우의 해를 특수해라 하고, 제한이 없는 경우의 해를 일반해라고 한다.

예제 6.13

계산기를 이용하여 다음 등식을 만족시키는 x 의 값을 구하여라.

(1) $\sin x = 0.424$ (단, $0 < x < 90°$)

(2) $\cos x = 0.94$ (단, $0 < x < \frac{\pi}{2}$)

(3) $\tan x + 2\cot x - 3 = 0$ (단, $0 < x < 90°$)

풀이

(1) $\sin x = 0.424$

$\therefore\ x = \sin^{-1} 0.424 \fallingdotseq 25.09°$

(2) $\cos x = 0.94$

$\therefore\ x = \cos^{-1} 0.94 \fallingdotseq 0.35\,(\mathrm{rad})$

(3) $\cot x = \dfrac{1}{\tan x}$ 이므로, 주어진 식은

$\tan x + \dfrac{2}{\tan x} - 3 = 0$

$\tan^2 x - 3\tan x + 2 = 0$

$(\tan x - 1)(\tan x - 2) = 0$, $\tan x = 1,\ 2$

$x = \tan^{-1} 1 = 45°$

$x = \tan^{-1} 2 \fallingdotseq 63.43°$

6.6 삼각함수의 응용

【1】 사인법칙

삼각형에서 각의 크기와 변의 길이 사이의 관계를 삼각함수의 성질을 이용하여 구하여 보자. 그림 6.17과 같이 x, y 좌표축 상의 △ABC에서 세 각 ∠A, ∠B, ∠C의 크기를 각각 A, B, C라 하고, 이들의 대변 BC, CA, AB의 길이를 각각 a, b, c라 하자. 점에서 x축에 내린 수선의 발을 D라 하고, 꼭지점 C의 좌표를 다음의 두 가지 방법으로 구하자.

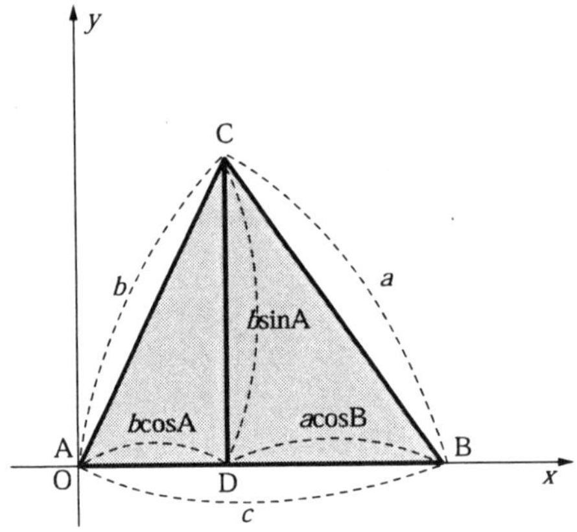

< 그림 6.17 >

먼저 △ACD에서 C의 좌표는

$$C(b\cos A,\ b\sin A) \qquad (1)$$

또한 △CBD에서 C의 좌표는

$$C(c - a\cos B,\ a\sin B) \qquad (2)$$

식 (1), (2)에서 꼭지점 C의 y 좌표의 값은 같으므로

$$b\sin A = a\sin B$$

따라서

$$\frac{a}{\sin A} = \frac{b}{\sin B}$$

A점을 꼭지점으로 하여 위와 같은 방법으로 하면

$$\frac{b}{\sin B} = \frac{c}{\sin C}$$

그러므로 다음의 관계를 얻을 수 있고 이 성질을 사인법칙이라고 한다.

● 사인법칙 ●

$$\frac{a}{\sin A} = \frac{b}{\sin B} = \frac{c}{\sin C}$$

예 제 6.14

$\triangle$ABC에서 $c=15\,\text{cm}$, $\text{B}=110°$, $\text{A}=20°$일 때 a를 구하여라.

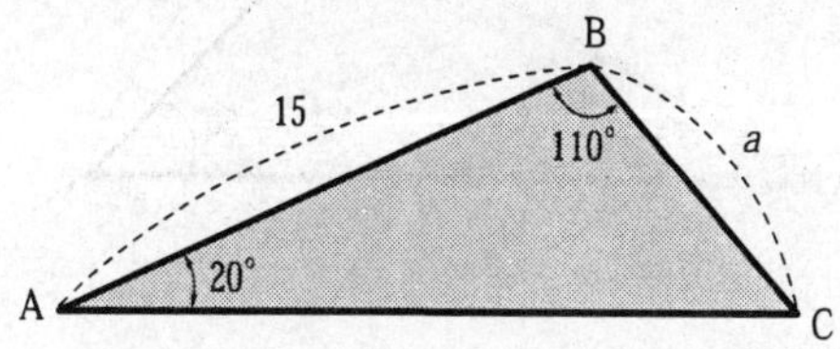

풀 이

C = 50° 이므로 사인법칙을 이용하면

$$\frac{a}{\sin \text{A}} = \frac{c}{\sin \text{C}}$$

$$\therefore\ a = \frac{c}{\sin \text{C}} \times \sin \text{A}$$

$$= \frac{15}{\sin 50°} \times \sin 20° \fallingdotseq 6.7$$

【2】 제 1 코사인 법칙

그림 6. 17에서 $\triangle$ABC의 꼭지점 C의 x의 좌표를 비교하면 식 (1), (2)에서

$$b \cos \text{A} = c - a \cos \text{B}$$

즉

$$c = a \cos \text{B} + b \cos \text{A}$$

같은 방법으로 하면 다음의 관계를 얻을 수 있고 이 성질을 제 1 코사인 법칙이라고 한다.

● 제 1 코사인 법칙 ●

$$a = b \cos \text{C} + c \cos \text{B}$$
$$b = c \cos \text{A} + a \cos \text{C}$$
$$c = a \cos \text{B} + b \cos A$$

예 제 6.15

$\triangle$ABC에서 B = 35°, C = 50°, b = 2, c = 3일 때 a를 구하여라.

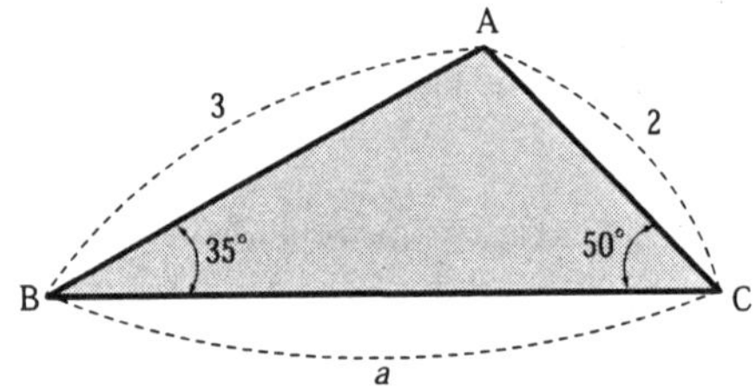

풀이

제 1 코사인 법칙으로부터

$a = b \cos C + c \cos B$

$= 2 \cos 50° + 3 \cos 35°$

$\fallingdotseq 3.74$

[3] 제 2 코사인 법칙

제 1 코사인 법칙의 각 식의 양변에 a, b, c를 곱하여

$$a^2 = ab \cos C + ac \cos B \qquad (1)$$

$$b^2 = bc \cos A + ba \cos C \qquad (2)$$

$$c^2 = ca \cos B + cb \cos A \qquad (3)$$

여기서 (2) + (3) - (1) 하면

$$b^2 + c^2 - a^2 = 2bc \cos A$$

즉

$$a^2 = b^2 + c^2 - 2bc \cos A$$

같은 방법으로 b^2, c^2을 구하면 다음의 관계는 얻을 수 있고 이 성질을 제 2 코사인 법칙이라고 한다.

● 제 2 코사인법칙 ●

$$a^2 = b^2 + c^2 - 2bc \cos A$$
$$b^2 = a^2 + c^2 - 2ac \cos B$$
$$c^2 = a^2 + b^2 - 2ab \cos C$$

예 제 6.16

$\triangle$ABC에서 $A=50°$, $b=6\,\text{cm}$, $c=8\,\text{cm}$일 때, a의 값을 구하여라.

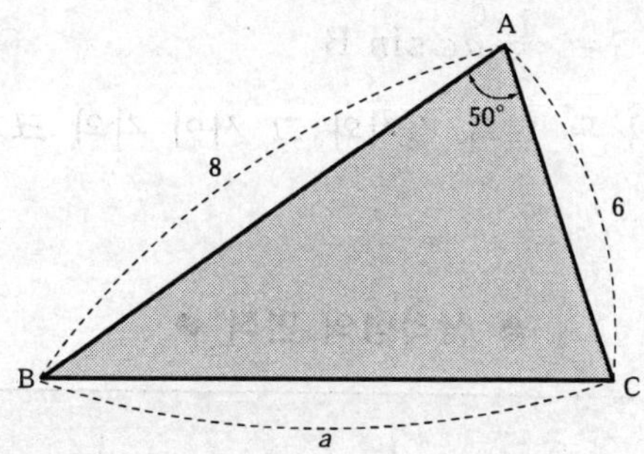

풀 이

제 2 코사인 법칙 $a^2 = b^2 + c^2 - 2bc\cos A$ 에서

$a^2 = 6^2 + 8^2 - 2\times6\times8\times\cos 50° = 38.292$

$\therefore\ a = \sqrt{38.292} = 6.19$

【4】 삼각형의 면적

삼각형의 면적을 삼각함수를 이용하여 알아보자. 그림 6. 18에서 삼각형의 높이를 h라 하면 면적 S는

$$S = \frac{1}{2}ah$$

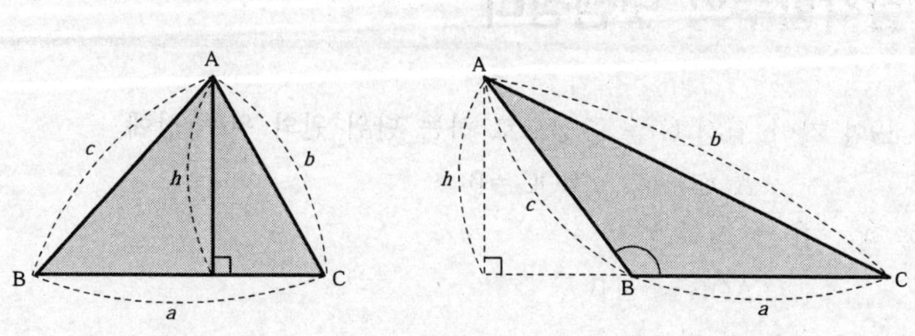

< 그림 6.18 >

그림 6. 18(a)의 경우, $h = c\sin B$

그림 6. 18(b)의 경우, $h = c\sin(180° - B) = c\sin B$
로서, ∠B가 예각이나 둔각에 관계없이 높이 h가 같으므로 면적 S는

$$S = \frac{1}{2}ac\sin B$$

가 된다. 따라서 삼각형의 두 변의 길이와 그 사이 각의 크기로 삼각형의 면적을 나타낼 수 있다.

● 삼각형의 면적 ●

$$S = \frac{1}{2}ab\sin C = \frac{1}{2}bc\sin A = \frac{1}{2}ac\sin B$$

예 제 6.17

$a = 9$, $b = 7$, $C = 40°$인 삼각형의 면적을 구하여라.

풀 이

$$S = \frac{1}{2}ab\sin C$$

$$= \frac{1}{2}\times 9\times 7\times \sin 40° \fallingdotseq 20.25$$

6.7 삼각함수의 덧셈정리

그림 6. 19와 같이 원점 O를 중심으로 하는 단위 원의 원주 상에

$$\angle AOC = \alpha, \quad \angle BOC = \beta$$

가 되도록 A, B를 정하면

$$\angle AOB = \alpha - \beta$$

가 되고 점 A, B의 좌표는

$$A(\cos\alpha, \ \sin\alpha), \ B(\cos\beta, \ \sin\beta)$$

가 된다. △AOB에서 제 2 코사인법칙을 이용하면

$$\overline{AB}^2 = \overline{OA}^2 + \overline{OB}^2 - 2\,\overline{OA}\cdot\overline{OB}\cdot\cos\angle AOB$$

가 되므로

$$(\cos\alpha-\cos\beta)^2+(\sin\alpha-\sin\beta)^2=1^2+1^2-2\times1\times1\times\cos(\alpha-\beta)$$

이다.

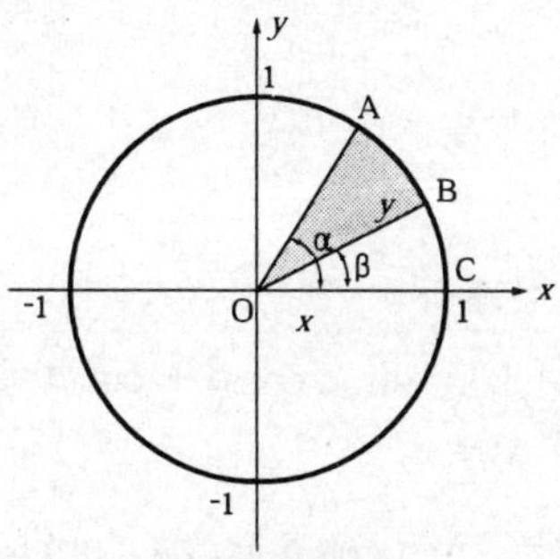

< 그림 6.19 >

윗식을 정리하면

$$\cos(\alpha-\beta)=\cos\alpha\ \cos\beta+\sin\alpha\ \sin\beta$$

이 식 중의 α, β는 임의의 각이므로, 이 식의, β 대신에 $-\beta$를 대입하면

$$\begin{aligned}\cos\{\alpha-(-\beta)\} &= \cos(\alpha+\beta)\\ &= \cos\alpha\cos(-\beta)+\sin\alpha\sin(-\beta)\\ &= \cos\alpha\cos\beta-\sin\alpha\sin\beta\end{aligned}$$

이상을 정리하면 다음과 같으며 이 식들 중 복호는 동순이다.

● 삼각함수의 덧셈 정리 ●

$$\sin(\alpha\pm\beta)=\sin\alpha\cos\beta\pm\cos\alpha\sin\beta$$

$$\cos(\alpha\pm\beta)=\cos\alpha\cos\beta\mp\sin\alpha\sin\beta$$

$$\tan(\alpha\pm\beta)=\frac{\tan\alpha\pm\tan\beta}{1\mp\tan\alpha\tan\beta}$$

6.8 배각 · 반각의 공식

【1】 배각의 공식

삼각함수의 덧셈 정리 중의 아래식

$$\sin(\alpha+\beta)=\sin\alpha\cos\beta+\cos\alpha\sin\beta$$

에서 $\alpha=\beta$ 라고 가정하면 위 식은

$$\sin 2\alpha = \sin\alpha\cos\alpha+\cos\alpha\sin\alpha$$
$$=2\sin\alpha\cos\alpha$$

같은 방법으로 다음의 식들을 얻을 수 있고 이를 배각의 공식이라 한다.

● 배각의 공식 ●

[1] $\sin 2\alpha=2\sin\alpha\cos\alpha$

[2] $\cos 2\alpha=\cos^2\alpha-\sin^2\alpha=2\cos^2\alpha-1=1-2\sin^2\alpha$

[3] $\tan 2\alpha=\dfrac{2\tan\alpha}{1-\tan^2\alpha}$

【2】 반각의 공식

배각의 공식 중 $\cos 2\alpha=1-2\sin^2\alpha$ 를 $\sin^2\alpha$ 에 대하여 풀면

$$\sin^2\alpha=\frac{1-\cos 2\alpha}{2}$$

가 되며, 이 식의 α 대신 $\dfrac{\alpha}{2}$ 를 대입하면

$$\sin^2\frac{\alpha}{2}=\frac{1-\cos\alpha}{2}$$

같은 방법으로 다음의 식들을 얻을 수 있고 이를 반각의 공식이라 한다.

● 반각의 공식 ●

$$[1]\quad \sin^2\frac{\alpha}{2} = \frac{1-\cos\alpha}{2}$$

$$[2]\quad \cos^2\frac{\alpha}{2} = \frac{1+\cos\alpha}{2}$$

$$[3]\quad \tan^2\frac{\alpha}{2} = \frac{1-\cos\alpha}{1+\cos\alpha}$$

6.9 합, 차 및 곱의 공식

삼각함수의 덧셈 정리를 이용하여 사인, 코사인의 곱을 합 또는 차의 꼴로 나타내어 보자.

$$\sin(\alpha+\beta) = \sin\alpha\cos\beta + \cos\alpha\sin\beta$$
$$\sin(\alpha-\beta) = \sin\alpha\cos\beta - \cos\alpha\sin\beta$$

에서 변끼리 더하면,

$$\sin(\alpha+\beta) + \sin(\alpha-\beta) = 2\sin\alpha\cos\beta$$

가 되므로,

$$\sin\alpha\cos\beta = \frac{1}{2}\{\sin(\alpha+\beta) + \sin(\alpha-\beta)\}$$

이와 같은 방법으로, 다음과 같이 삼각함수의 곱을 합 또는 차의 꼴로 나타낼 수 있다.

● 곱을 합 또는 차로 변형 ●

$$[1]\quad \sin\alpha\cos\beta = \frac{1}{2}\{\sin(\alpha+\beta)+\sin(\alpha-\beta)\}$$

$$[2]\quad \cos\alpha\sin\beta = \frac{1}{2}\{\sin(\alpha+\beta)-\sin(\alpha-\beta)\}$$

$$[3]\quad \cos\alpha\cos\beta = \frac{1}{2}\{\cos(\alpha+\beta)+\cos(\alpha-\beta)\}$$

$$[4]\quad \sin\alpha\sin\beta = -\frac{1}{2}\{\cos(\alpha+\beta)-\cos(\alpha-\beta)\}$$

이제, 사인, 코사인의 합 또는 차를 곱의 꼴로 나타내어 보자.

앞의 곱을 합 또는 차로 변형하는 공식에서

$$\alpha + \beta = A, \quad \alpha - \beta = B$$

라 놓으면,

$$\alpha = \frac{A+B}{2}, \quad \beta = \frac{A-B}{2}$$

따라서, 다음과 같이 삼각함수의 합 또는 차를 곱의 꼴로 나타낼 수 있다.

● 합 또는 차를 곱으로 변형 ●

[1] $\sin A + \sin B = 2\sin\frac{A+B}{2}\cos\frac{A-B}{2}$

[2] $\sin A - \sin B = 2\cos\frac{A+B}{2}\sin\frac{A-B}{2}$

[3] $\cos A + \cos B = 2\cos\frac{A+B}{2}\cos\frac{A-B}{2}$

[4] $\cos A - \cos B = -2\sin\frac{A+B}{2}\sin\frac{A-B}{2}$

연습문제

1. 부채꼴에서 다음을 구하여라.
   (1) 반지름 20cm, 중심각 40° 의 부채꼴에서 호의 길이와 면적
   (2) 반지름 13, 호의 길이 π 인 부채꼴의 중심각과 면적
   (3) 호의 길이 3, 면적 6인 부채꼴의 반지름과 중심각

2. 다음 식을 간단히 하여라.
   (1) $\frac{1}{2}+\frac{1}{2}\cos 2\theta$
   (2) $\frac{1}{2}-\frac{1}{2}\cos 2\theta$
   (3) $(\sin\theta+\cos\theta)^2$

3. 삼각형에서 다음을 구하여라.
   (1) ∠A=35° , ∠C=90° , $b=10\text{cm}$ 일 때 c 의 길이
   (2) ∠C=90° , $a=7\text{ cm}$, $b=16\text{ cm}$ 일 때 ∠A의 크기
   (3) ∠B=40° , ∠C=75° , $a=10$ 일 때 b 의 길이
   (4) $a=7$, $b=5$, $\angle C=35°$ 일 때 면적

4. 다음 그림의 삼각형에서 ∠A, ∠B의 삼각비를 구하여라.

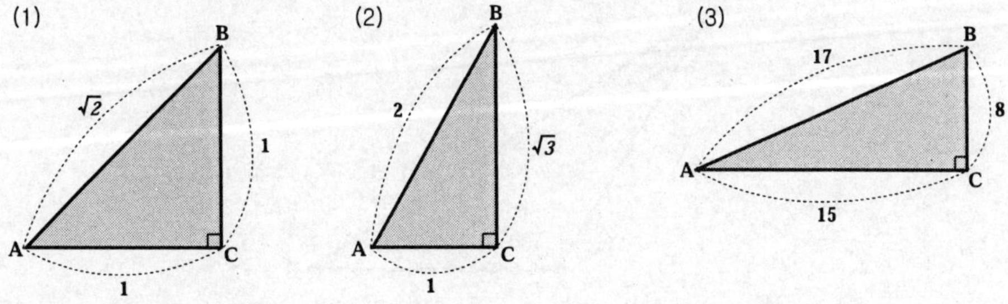

5. 다음을 계산을 하여라.
   (1) sin 30° + cos 30°
   (2) cos 60° - tan 30°
   (3) sin 30° × cos 60°
   (4) tan 45° ÷ cos 45°

6. $\tan A = \frac{1}{3}$ 일 때, sinA, cosA의 값을 구하여라.

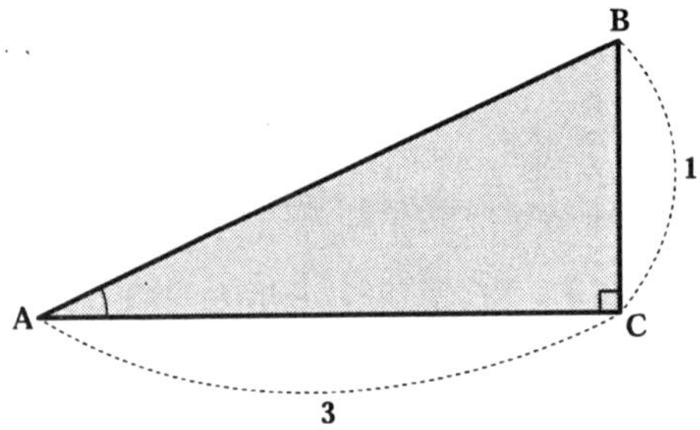

7. 강을 사이에 둔 두 건물 A, B 사이의 거리를 구하기 위하여 그림과 같은 측정을 하였다. 두 지점 A, B 사이의 거리를 구하여라.

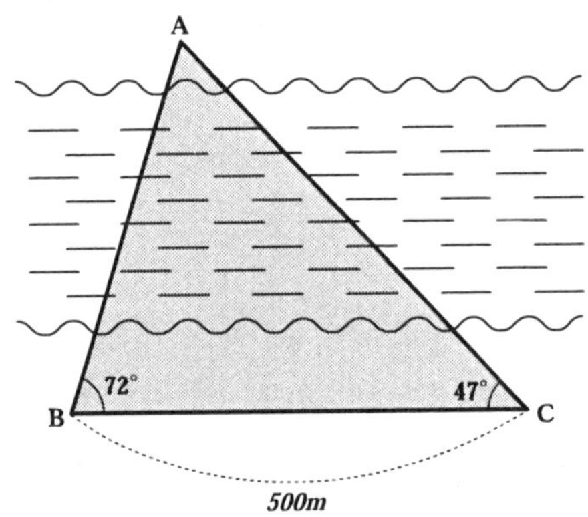

8. 다음 그림의 면적을 삼각비를 이용해서 계산하라.

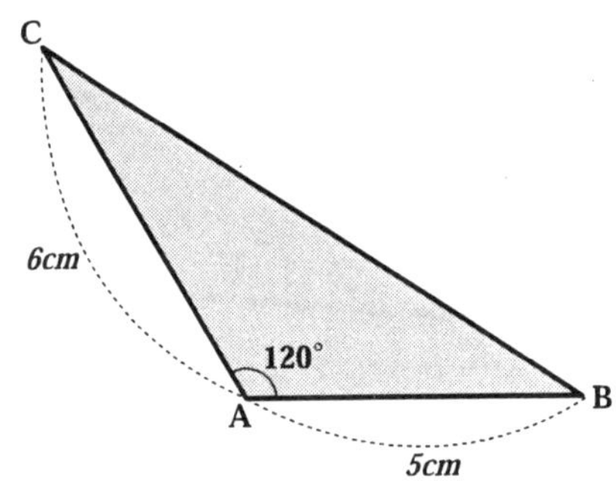

9. 비탈에 서있는 전신주의 높이를 구하기 위하여 다음 그림과 같은 측정을 하였다. 이 전신주의 높이를 구하여라.

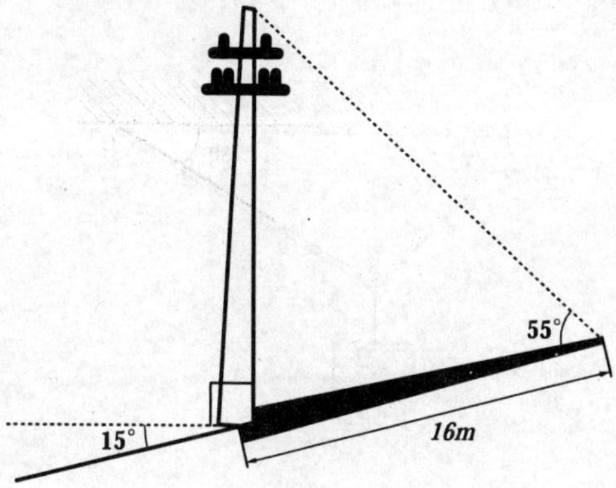

10. 힘 F의 크기는 10 kgf 이다. x, y 방향의 분력 F_x, F_y 의 크기를 구하여라.

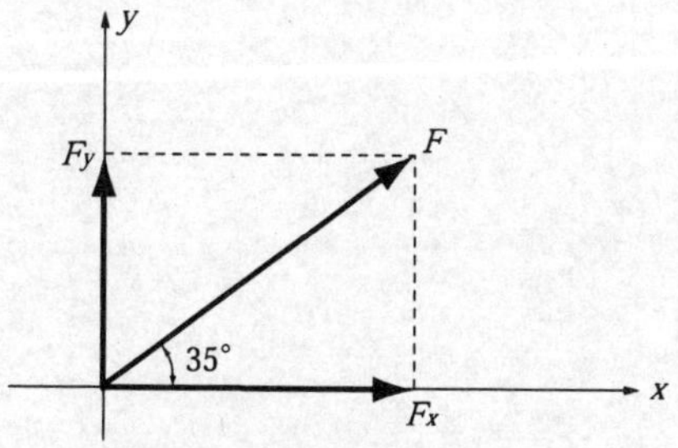

11. 무게 $W_1 = 80$ kgf 인 물체 A가 지면과의 경사각 40° 인 경사면 위에 정지하여있다. 물체 B의 무게 W_2 는 얼마인가?

단, 줄의 무게는 무시하고 마찰은 없는 것으로 한다.

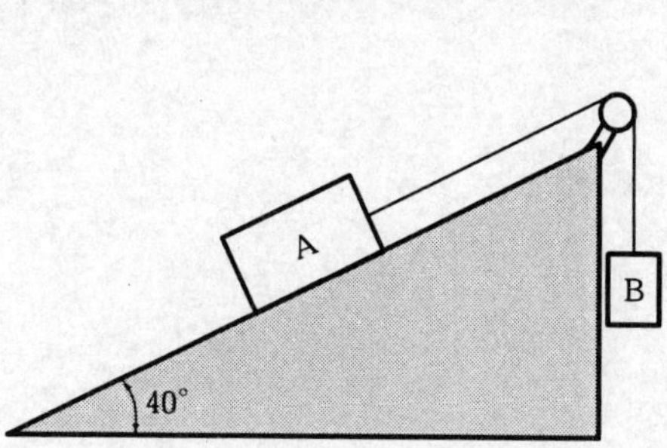

12. 다음 그림과 같이 1000 kgf의 물체가 케이블로 현 위치에 정지하고 있다. 케이블에 걸리는 장력 T_{BA}와 T_{BC}를 구하라.

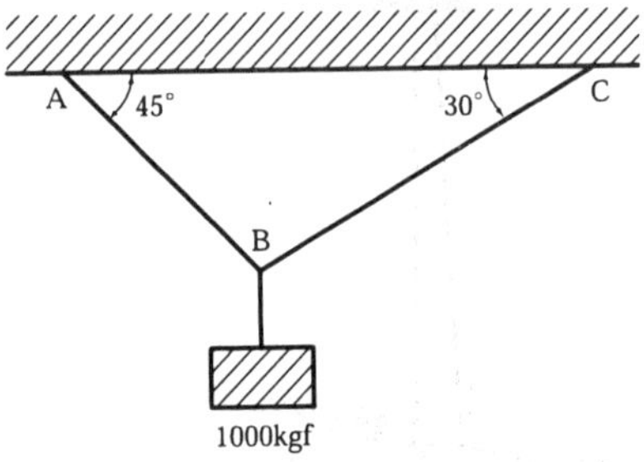

13. $\dfrac{\sin\beta}{\sin\alpha} = \dfrac{1}{2}$, $\alpha + \beta = 80°$일 때 α, β를 구하라.

제 7 장 지수와 로그

7.1 지수

【1】 지수의 확장

거듭제곱의 지수를 정수의 범위까지 확장한다. m, n이 자연수일 때, 지수법칙에서 $a^m \times a^n = a^{m+n}$이 성립한다.

지수법칙에서 $a^m \times a^n = a^{m+n}$ $(a \neq 0)$ 이 $m=0$ 일 때에도 성립한다면,

$a^0 \times a^n = a^{0+n} = a^n$ 이므로, $a^0 = \dfrac{a^n}{a^n} = 1$

또한, 지수법칙에서 $a^m \times a^n = a^{m+n}$ $(a \neq 0)$이 $m+n=0$, 즉 $m=-n$일 때에도 성립한다면,

$$a^{-n} \times a^n = a^{-n+n} = a^0 = 1$$

이므로,

$$a^{-n} = \frac{1}{a^n}$$

이다.

따라서, 0 또는 음의 정수의 지수를 다음과 같이 정의한다.

● 0 또는 음의 정수의 지수 ●

> $a \neq 0$일 때,
>
> [Ⅰ] $a^0 = 1$
>
> [Ⅱ] n 이 양수의 정수이면, $a^{-n} = \dfrac{1}{a^n}$

0 또는 음의 정수의 지수를 사용하면, 지수법칙에서 $a^m \div a^n = a^{m-n}$은

$m = n$일 때, $a^m \div a^n = a^m \div a^n = 1 = a^0 = a^{m-n}$

$m < n$일 때, $a^m \div a^n = \dfrac{1}{a^{n-m}} = a^{-(n-m)} = a^{m-n}$

이므로, 지수가 정수일 때도 다음과 같이 나타낼 수 있다.

$$a^m \div a^n = a^{m-n}$$

따라서, 0 또는 음의 정수의 지수를 앞에서와 같이 정하면 모든 정수 m, n에 대해서도 다음과 같은 지수법칙이 성립한다.

● 지수법칙(1) ●

> m, n이 정수이고 $a \neq 0$ 일 때,
>
> [Ⅰ] $a^m \times a^n = a^{m+n}$　　[Ⅱ] $(a^m)^n = a^{mn}$
>
> [Ⅲ] $(ab)^n = a^n b^n$　　[Ⅳ] $a^m \div a^n = a^{m-n}$

예 제 7.1

위의 지수법칙 (1)에서 $m = 4$, $n = -1$일 때 다음을 구하라.

(1) $a^4 \times a^{-1} = a^{4+(-1)} = a^3$

(2) $(a^4)^{-1} = a^{4\times(-1)} = a^{-4}$

(3) $(ab)^{-1} = a^{-1}b^{-1}$

(4) $a^4 \div a^{-1} = a^{4-(-1)} = a^5$

예 제 7.2

등식 $10^x = 0.0001$을 만족하는 x의 값을 구하라.

풀 이

$10^x = \dfrac{1}{10^4} = 10^{-4}$이므로

$\therefore\ x = -4$

【2】 거듭제곱근의 성질

앞에서는 지수를 정수의 범위까지 확장하였으나, 여기서는 지수를 유리수의 범위까지 확장한다. 제곱해서 a가 되는 수를 a의 제곱근, 세제곱해서 a가 되는 수를 a의 세제곱근이라 한다.

일반적으로, n이 양의 정수일 때 n제곱해서 a가 되는 수, 즉

$$x^n = a$$

를 만족시키는 수 x를 a의 n제곱근이라고 한다. 또한, 제곱근, 세제곱근, …을 통틀어 a의 거듭제곱근이라 한다.

a의 n제곱근을 구하는 것은 식

$$x^n = a$$

를 푸는 것과 동일하므로 a의 n제곱근은 복소수의 범위에서 n개 있음을 나타낸다. 그러나 여기서는 a의 n제곱근 중에서 실수만을 고려한다.

일반적으로 a의 n제곱근 중 실수인 것은 다음과 같다.

● 거듭제곱근 ●

[Ⅰ] n이 홀수 일 때

실수 a의 n제곱근 중, 실수인 것은 오직 하나뿐이다. 이것을 기호로는 $\sqrt[n]{a}$와 같이 된다. 이때 a가 양수이면 $\sqrt[n]{a}$은 양수이고, a가 음수이면 $\sqrt[n]{a}$도 음수이다.

[Ⅱ] n이 짝수일 때

양수 a의 n제곱근 중 실수인 것은 양, 음의 2개가 있고, 그 절대값은 같다. 이 경우 양인 것을 $\sqrt[n]{a}$, 음을 것을 $-\sqrt[n]{a}$로 나타낸다. 이때 음수 a의 n제곱근 중 실수인 것은 없다.

예 제 7.3

다음 값을 구하라.

(1) $\sqrt[4]{81}$　　　　(2) $\sqrt[7]{-128}$

풀 이

(1) $81 = 3^4$이므로, $\sqrt[4]{81} = 3$

(2) $-128 = (-2)^7$이므로, $\sqrt[7]{-128} = -2$

a, b가 양의 실수이고, n이 양의 정수일 때

$$(\sqrt[n]{a}\sqrt[n]{b})^n = (\sqrt[n]{a})^n(\sqrt[n]{b})^n = ab$$

이고, $ab>0$, $\sqrt[n]{a}\sqrt[n]{b}>0$ 이므로, $\sqrt[n]{a}\sqrt[n]{b}$는 ab의 양의 n의 제곱근이다.

따라서, $\sqrt[n]{a}\sqrt[n]{b} = \sqrt[n]{ab}$

그리고 거듭제곱근에는 다음과 같은 성질이 있다.

● 지수법칙(2) ●

a, b가 양의 실수이고 m, n이 양의 정수 일 때,

[Ⅰ] $\sqrt[n]{a}\sqrt[n]{b} = \sqrt[n]{ab}$　　[Ⅱ] $(\sqrt[n]{a})^m = \sqrt[n]{a^m}$

[Ⅲ] $\sqrt[m]{\sqrt[n]{a}} = \sqrt[mn]{a}$　　[Ⅳ] $\dfrac{\sqrt[n]{a}}{\sqrt[n]{b}} = \sqrt[n]{\dfrac{a}{b}}$ (단, $b \neq 0$)

지수가 유리수일 때도 지수법칙 $(a^m)^n = a^{mn}$ $(a>0)$가 성립하면, $a^{\frac{m}{n}}$ (m, n은 정수, $n>0$)에 대해서도

$$(a^{\frac{m}{n}})^n = a^{\frac{m}{n}\times n} = a^m > 0$$

이므로, $a^{\frac{m}{n}}$은 a^m의 n 제곱근이 된다.

따라서 $a^{\frac{m}{n}}$을 다음과 같이 정의한다.

● 유리수의 지수 ●

$a>0$, m, n가 정수이고 $n>0$ 일 때

$$a^{\frac{m}{n}} = \sqrt[n]{a^m}$$

이와 같이 유리수의 지수를 정의하면 지수법칙 (1)은 유리수의 지수에 대해서도 똑같이 성립한다.

예 제 7.4

$\sqrt[4]{16a\sqrt{a}} \div \sqrt[8]{a^3}$ 을 간단히 하여라.

풀 이

$$
\begin{aligned}
\sqrt[4]{16a\sqrt{a}} \div \sqrt[8]{a^3} &= \sqrt[4]{16}\,\sqrt[4]{a^{1+\frac{1}{2}}} \div a^{\frac{3}{8}} \\
&= 2a^{\frac{3}{2}\times\frac{1}{4}} \div a^{\frac{3}{8}} \\
&= 2a^{\frac{3}{8}-\frac{3}{8}} = 2a^0 = 2
\end{aligned}
$$

예 제 7.5

$\sqrt{2}$ 와 $\sqrt[3]{3}$ 의 대소를 비교하여라.

풀 이

$\sqrt{2} = 2^{\frac{1}{2}}$, $\sqrt[3]{3} = 3^{\frac{1}{3}}$ 이고, 두 수의 지수의 공통 분모 중 최소인 것은 6이므로 각각 6 제곱하면

$$
\begin{aligned}
&(\sqrt{2})^6 = 2^3 = 8, \quad (\sqrt[3]{2})^6 = 3^2 = 9 \\
&(\sqrt[3]{3})^6 > (\sqrt{2})^6 \\
&\therefore \sqrt[3]{3} > \sqrt{2}
\end{aligned}
$$

7.2 지수함수

【1】 지수함수

지수가 유리수일 때에도 지수가 정수일 때와 같이 지수법칙이 성립함을 알았다. 여기서 지수의 범위를 실수까지 확장해보자.

$$a^1,\ a^{1.4},\ a^{1.41},\ a^{1.414},\ \cdots$$

는 지수가 유리수이므로 각각의 값이 정해진다.

이와 같은 값을 끊임없이 구할 때, 그 값은 일정한 값에 가까워지고, 그 값을

$a^{\sqrt{2}}$ 이라고 정하면, 지수 x 가 무리수일 때에도 a^x이 정하여져서 a^x은 x 가 유리수일 때와 같이 지수법칙이 성립함을 알 수 있다.

이제, 실수 x 에 대하여 $a^x(a>0,\ a\neq 1)$을 대응시키면 a^x의 값은 단 하나 정해지므로 a^x는 변수 x 의 함수이다.

이 함수를 a 를 밑으로 하는 지수함수라 하고,

$$y = a^x \ (a>0,\ a\neq 1)$$

으로 나타낸다.

지수함수 $y=a^x(a>0,\ a\neq 1)$ 에서

$$x>0 \text{ 일 때,} \qquad a^x>0$$
$$x=0 \text{ 일 때,} \qquad a^0=1$$

이고, $x<0$ 일 때에는 $z=-x$ 라 놓으면, 지수법칙에 의해서

$$a^x=(a^{-x})^{-1}=(a^z)^{-1}=\frac{1}{a^z}>0$$

이므로, 모든 실수 x 에 대하여 $a^x>0$ 이다.

좌표평면 위에 함수 $y=2^x$의 그래프를 그려보자. x 의 여러 가지 값에 대응되는 2^x의 값을 구하여 표로 나타내면 다음과 같다.

x	…	-2	-1.5	-1	-0.5	0	0.5	1	1.5	2	…
2^x	…	0.25	0.354	0.5	0.707	1	1.414	2	2.828	4	…

위의 표를 이용하여 함수 $y=2^x$의 그래프를 그리면 그림 3.1과 같은 곡선이 된다. 이 그림에서 x 의 값이 한없이 가까워지므로 x축은 지수함수 $y=2^x$의 점근선이다. 또한, $x>0$ 이면, $2^x>1$ 이다. 일반적으로 $a>1$일 때, 지수함수 $y=a^x$에서 $x>0$ 이면 $a^x>1$이다.

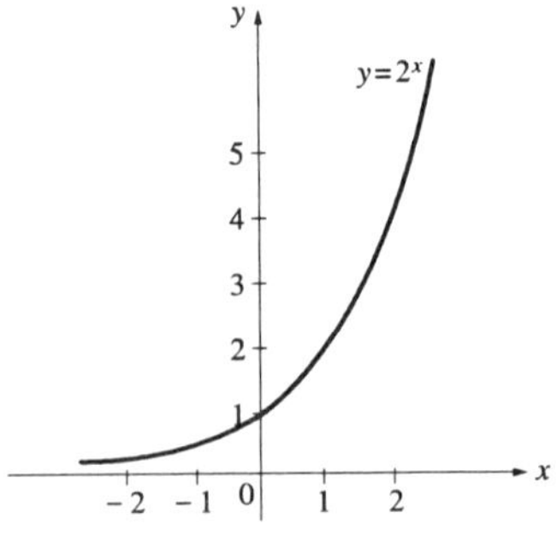

< 그림 7.1 >

예 제 7.6

지수함수 $y=\left(\frac{1}{2}\right)^x$의 그래프를 그려서 $y=2^x$의 그래프와 비교하여라.

풀 이

$y=\left(\frac{1}{2}\right)^x$를 변형하면,

$$y=\left(\frac{1}{2}\right)^x=\frac{1}{2^x}=2^{-x}$$

이므로 아래 그림과 같이 $y=2^{-x}$의 그래프와 $y=2^x$의 그래프는 y축에 대하여 대칭이며, 이때의 점근선은 x축이다.

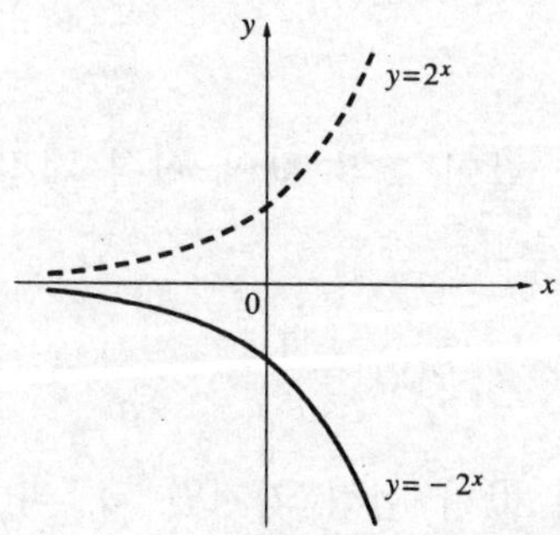

【2】 지수함수의 성질

함수 $y=a^x$ $(a>0,\ a\neq 1)$에 대하여

(1) $a>1$인 경우

$n>0$ 이면, $a^n>1$이다. 그러므로 $x_1<x_2$이면, $x_2-x_1>0$이므로,

$$\frac{a^{x_2}}{a^{x_1}}=a^{x_2-x_1}>1$$

즉, $a^{x_2}>a^{x_1}$이므로 x의 값이 점점 커지면 a^x도 대단히 커지고 x가 음수로서 그 절대값이 한없이 커지면 a^x은 거의 0에 접근한다. 따라서, $a>1$일 때의 함수 $y=a^x$의 그래프는 그림3.2와 같고 점근선은 x축이다.

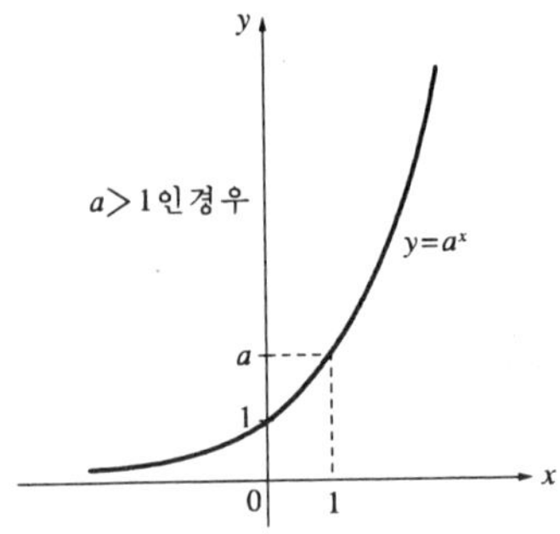

< 그림 7.2 >

(2) $0<a<1$인 경우

$\frac{1}{a}>1$이므로 (1)에서와 같이 x의 값이 점점 커지면 $\left(\frac{1}{a}\right)^x$의 값도 점점 커진다.

$$x_1 < x_2 \text{ 이면 } \frac{1}{a^{x_1}} < \frac{1}{a^{x_2}}$$

즉, $a^{x_1} > a^{x_2}$이므로, x의 값이 점점 커지면 a^x의 값은 점점 작아진다. 따라서, $0<a<1$일 때 함수 $y=a^x$의 그래프는 그림 3.3과 같고, 점근선은 x축이다.

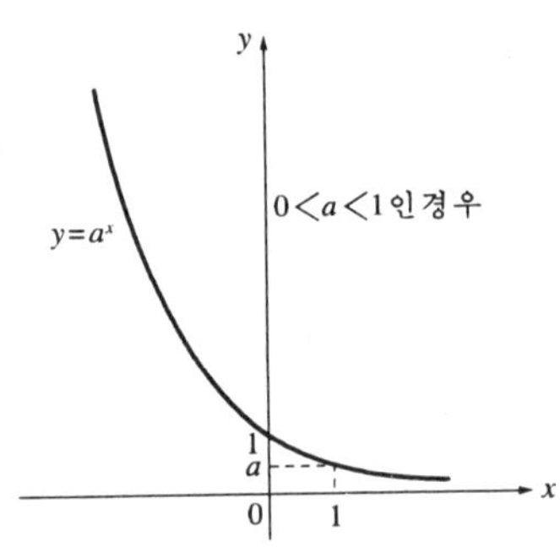

< 그림 7.3 >

지수함수에는 다음과 같은 성질이 있다.

● 지수함수의 성질 ●

지수함수 $y = a^x (a > 0, \ a \neq 1)$에서

[Ⅰ] $a > 1$일 때, x 의 값이 점점 커지면 a^x의 값도 점점 커진다.

[Ⅱ] $0 < a < 1$일 때, x 의 값이 점점 커지면 a^x의 값은 점점 작아진다.

[Ⅲ] 그래프는 점 (0, 1)을 지나고, x 축이 점근선이다.

[Ⅳ] $y = a^x$의 그래프와 $y = \left(\frac{1}{a}\right)^x$의 그래프는 y 축에 대해서 대칭이다.

7.3 로그

【1】 로그의 계산

지수와 로그 사이의 관계를 이용하여 로그의 계산 법칙을 알아보자.

$a > 0, \ a \neq 1, \ x > 0, \ y > 0$ 일 때

$$\log_a x = m, \qquad \log_a y = n$$

이라 하면,

$$x = a^m, \qquad y = a^n$$

이므로,

$$xy = a^m \times a^n = a^{m+n}$$

이것을 로그를 써서 나타내면,

$$m + n = \log_a xy$$

따라서, $\log_a xy = \log_a x + \log_a y$ 이다.

일반적으로 로그에는 다음과 같은 성질이 있다.

● 로그의 기본 계산 ●

$a>0$, $a \neq 1$, $x>0$, $y>0$, n 이 임의의 실수일 때

[Ⅰ] $\log_a 1 = 0$

[Ⅱ] $\log_a a = 1$

[Ⅲ] $\log_a xy = \log_a x + \log_a y$

[Ⅳ] $\log_a \frac{x}{y} = \log_a x - \log_a y$

[Ⅴ] $\log_a x^n = n\log_a x$

[Ⅵ] $\log_a x = \frac{\log_b x}{\log_b a}$ $(b>0,\ b \neq 1)$

예 제 7.7

$\log_a \frac{xy^3}{z^2}$ 을 로그의 합과 차의 형태로 나타내어라.

풀 이

$$\log_a x\frac{y^3}{z^2} = \log_a xy^3 - \log_a z^2$$
$$= \log_a x + 3\log_a y - 2\log_a z^2$$
$$= \log_a x + 3\log_a y - 2\log_a z$$

예 제 7.8

다음 식을 간단히 하여라.

(1) $\log_2 \frac{4}{3} + 2\log_2 \sqrt{12}$ (2) $\log_3 4 \cdot \log_4 \sqrt{3}$

풀 이

(1) 주어진 식 $= \log_2 4 - \log_2 3 + 2\times\frac{1}{2}\log_2(4\times 3)$

$$= \log_2 4 - \log_2 3 + \log_2 4 + \log_2 3$$
$$= 2\log_2 4 = 4\log_2 2 = 4$$

(2) 주어진 식 $= \log_3 4 \times \dfrac{\log_3 \sqrt{3}}{\log_3 4} = \log_3 \sqrt{3} = \dfrac{1}{2}\log_3 3 = \dfrac{1}{2}$

예제 7.9

$\log_5 2 = a$, $\log_5 3 = b$ 일 때

다음 식의 a, b 의 값을 사용하여 나타내어라.

(1) $\log_5 \dfrac{8}{9}$ (2) $\log_5 \dfrac{2}{\sqrt{6}}$

풀이

(1) $\log_5 \dfrac{8}{9} = \log_5 8 - \log_5 9$

$= \log_5 2^3 - \log_5 3^2$

$= 3\log_5 2 - 2\log_5 3 = 3a - 2b$

(2) $\log_5 \dfrac{2}{\sqrt{6}} = \log_5 2 - \log_5 \sqrt{6}$

$= \log_5 2 - \dfrac{1}{2}\log_5 (2 \times 3)$

$= \log_5 2 - \dfrac{1}{2}(\log_5 2 + \log_5 3)$

$= a - \dfrac{1}{2}a - \dfrac{1}{2}b = \dfrac{1}{2}a - \dfrac{1}{2}b$

【2】 상용로그

십진법으로 나타낸 수의 계산에는 10을 밑으로 하는 로그를 이용하는 것이 편리하다. 10을 밑으로 하는 로그를 상용로그라 한다. 양의 수 N의 상용로그 $\log_{10} N$은 흔히 밑의 10을 생략하여

$$\log N$$

과 같이 나타낸다.

보통 $\log 10$은 $\log_{10} 10$을 나타낸 것으로 값은 1이다.

$$\log 10 = 1$$

일반적으로 10^n(n 은 정수)인 형태의 수에 대한 로그값은 로그의 성질을 이용하여 간단히 구할 수 있다. 예를 들어,

$$\log 100 = \log 10^2 = 2\log 10 = 2$$
$$\log 1000 = \log 10^3 = 3\log 10 = 3$$
$$\log 0.1 = \log 10^{-1} = -\log 10 = -1$$
$$\log 0.01 = \log 10^{-2} = -2\log 10 = -2$$

또한, 로그표를 이용하여 10 미만과 소수자리수의 상용로그 값도 구할 수 있다. 그럼, 로그표를 이용하여 $\log 8.15$ 값을 구하여 보자.

수	1	…	5	…	9
⋮	…	…	↓	…	…
8.1			→.9112		
⋮					

먼저 로그표에서 '수'의 난의 아래쪽의 8.1이 있는 칸과 오른쪽의 5가 있는 칸을 찾아 앞의 로그표와 같이 화살표 방향과 만나는 곳에 있는 수 .9112를 찾을 수 있다. 즉,

$$\log 8.15 = 0.9112$$

【3】 자연로그

밑이 $e = 2.718281\cdots$ 인 로그를 자연로그라 한다. 앞으로 그냥 지수함수라든지 또는 로그함수라고 할 때는 밑이 e 인 지수함수 e^x 와 로그함수 $\log_e x$ 를 나타내며, 보통 $\log_e x$ 는 밑 e 를 쓰지 않고 그냥 $\ln x$ 라고 쓴다.

【4】 로그의 응용

(1) 수의 계산에의 응용

로그를 이용하면 복잡한 수의 곱셈, 나눗셈, 거듭제곱 및 거듭제곱근 등을 간단

히 계산할 수 있다.

예 제 7.10

연이율이 7푼, 반년마다의 복리로 10년간 예금하면, 원리합계는 원금의 약 몇배가 되겠는가?

풀 이

원금을 A라 하면, 10년 후의 원리합계는 $(1+0.035)^{20}A$ 가 되어 원금의 1.035^{20} 배가 된다.

$x=1.035^{20}$ 이라 놓고, 양변에 상용로그를 취하면,

$$\log x = 20\log 1.035 = 20\times 0.0149 = 0.2980$$

$$x = 1.986$$

따라서, 원리합계는 원금의 약 2배가 된다.

(2) 방정식에의 응용

로그의 지수에 미지수가 들어 있는 방정식을 로그방정식이라고 한다. 이런 로그를 사용하여 방정식의 해를 구하여 보자.

예 제 7.11

다음 $2\log_2 x - \log_2(x+14) = -2$ 의 로그방정식을 풀어라.

풀 이

주어진 방정식을 변형하면,

$$\log_2 x^2 - \log_2(x+14) = -2$$

이므로 $\log_2 \dfrac{x^2}{x+14} = \log_2 \dfrac{1}{4}$

그러므로, $\dfrac{x^2}{x+14} = \dfrac{1}{4}$

즉, $4x^2 = x+14$

이 식을 정리하여 인수분해하면,

$$(x-2)(4x+7) = 0$$

$$\therefore\ x=2 \quad 또는 \quad x=-\frac{7}{4}$$

그런데 진수 x 는 0보다 커야 하므로, 구하는 해는

$x=2$

(3) 부등식에의 응용

로그의 진수에 미지수가 들어 있는 부등식을 로그부등식이라고 한다. 로그를 써서 부등식의 해를 구해보자.

예 제 7.12

부등식 $2\log_a(x-5)>\log_a(x-3)$을 풀어라.

풀 이

로그의 진수는 양수이어야 하므로,

$x-5>0,\ x-3>0$

$\therefore\ x>5$ ……①

주어진 부등식을 변형하면,

$\log_a(x-5)^2>\log_a(x-3)$

(1) $a>1$일 때,

$(x-5)^2>(x-3)$

즉, $x^2-11x+28>0$

$x<4$ 또는 $x>7$……②

따라서 ①, ②를 동시에 만족하는 x의 범위를 구하면 해가 된다.

그러므로

$x>7$

(2) $0<a<1$일 때

$(x-5)^2<(x-3)$

즉, $x^2-11x+28<0$

$\therefore\ 4<x<7$ 이다. ……③

따라서 ①, ③을 동시에 만족시키는 x의 범위가 구하는 해이다.

그러므로,

$5<x<7$

7.4 로그함수

【1】 로그함수의 의미

지수함수

$$y = a^x \quad (a > 0,\ a \neq 1)$$

의 정의구역은 실수 전체의 집합인데, 이런 지수함수의 역함수를 로그함수라 한다.

역함수를 구하기 위하여 지수함수 $y = a^x$에서 x 와 y 를 바꾸어 놓으면 $x = a^y$이다. 이 때 $x = a^y$를

$$y = \log_a x$$

로 나타내고 이것을 a 를 밑으로 하는 로그함수라 한다.

로그함수와 지수함수 사이의 관계는 다음과 같다.

● 로그함수와 지수함수 ●

[Ⅰ] $y = \log_a x \Leftrightarrow x = a^y$

[Ⅱ] $y = \log_a x$는 $y = a^x$의 역함수이다. (단, $a > 0$, $a \neq 1$)

【2】 로그함수의 성질

로그함수는 지수함수의 역수이므로 로그함수 $y = \log_a x$ $(a > 0,\ a \neq 1)$의 그래프와 지수함수 $y = a^x$의 그래프는 직선 $y = x$에 대하여 대칭이다.

로그함수의 그래프는 다음 그림 7.4와 같고, 로그함수 $y = \log_a x$는 다음과 같은 성질을 갖는다.

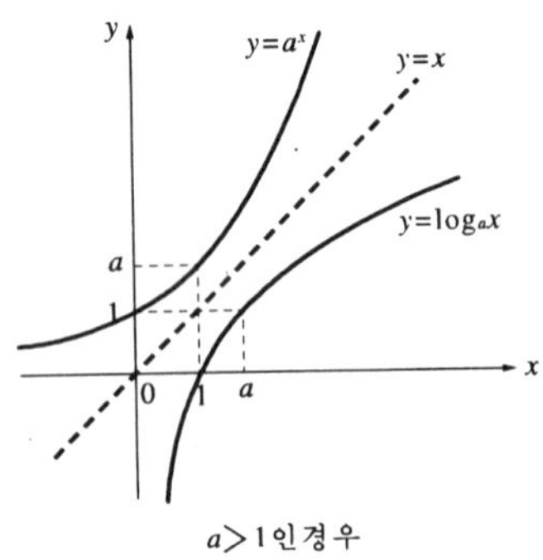

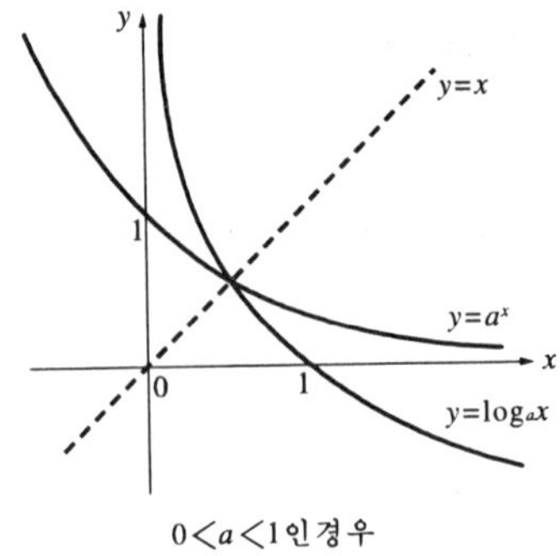

< 그림 7.4 a >　　　　< 그림 7.4 b >

● 로그함수의 성질 ●

> 로그함수 $y = \log_a x \,(a > 0,\ a \neq 1)$에서
>
> [Ⅰ] $a>1$일 때, x의 값이 점점 커지면 $\log_a x$의 값도 점점 커진다.
>
> [Ⅱ] $0 < a < 1$일 때, x 의 값이 점점 커지면 $\log_a x$ 의 값은 점점 작아진다.
>
> [Ⅲ] 그래프는 점 (1, 0)을 지나고, y 축이 점근선이다.
>
> [Ⅳ] $y = \log_a x$의 그래프는 $y = a^x$의 그래프와 $y = x$ 에 대하여 대칭이다.

예 제 7.13

함수 $y = \log_2 x$ 의 그래프를 그려라.

풀 이

로그함수 $y = \log_2 x$는 지수함수 $y = 2^x$의 역수이므로 $y = \log_2 x$와 $y = 2^x$의 그래프는 직선 $y = x$에 대하여 대칭이다. 따라서, 구하는 그래프는 다음 그림과 같다. 이때 y 축은 $y = \log_2 x$ 의 점근선이다.

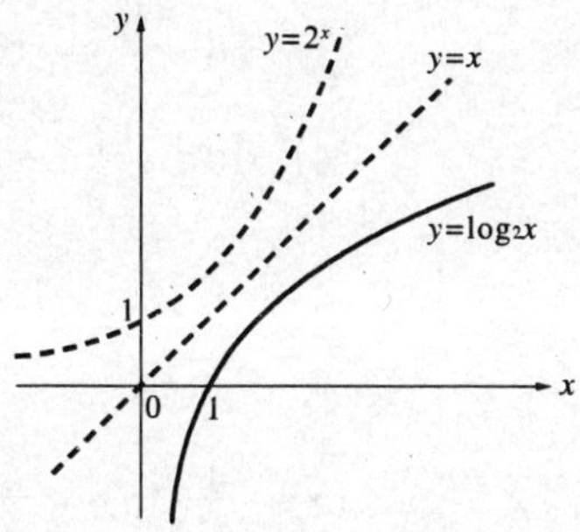

연 습 문 제

1. 다음 값을 구하라.

(1) 10^{0} (2) 2^{-3} (3) $\left(\frac{1}{5}\right)^{-1}$ (4) $\frac{1}{3^{-2}}$

2. 다음 식을 간단히 하여라.

(1) $(2^{3})^{-2}$ (2) $2^{3}\times 2^{-2}\div 2^{-3}$

(3) $(a^{-2}b)^{-2}$ (4) $(a^{3})^{2}\div a^{5}\times a^{-2}$

3. 다음 값을 구하라.

(1) $\sqrt[4]{625}$ (2) $\sqrt[3]{-0.001}$

4. 다음 등식을 만족시키는 x 또는 a의 값을 구하라.

(1) $\log_{3}x = -\frac{1}{2}$ (2) $\log_{a}27 = 3$ (3) $\log_{a}0.04 = 2$

5. 다음 등식에서 로그로 나타낸 것을 지수로, 지수로 나타낸 것은 로그로 나타내어라.

(1) $10^3 = 1000$　　(2) $16^{-\frac{1}{4}} = 0.5$

(3) $\log_2 32 = 5$　　(4) $\log_2 \frac{1}{8} = -3$

6. 다음 식을 간단히 하라.

(1) $\log_2 \frac{4}{3} + 2\log_2 \sqrt{12}$　　(2) $\frac{1}{2}\log_3 \frac{4}{9} - \log_3 \frac{2}{27}$

7. 지수함수 $y = 3^x$의 그래프를 이용하여 $y = -3^x$의 그래프를 그려라.

8. 다음 함수의 그래프를 그려라.

(1) $y = a^{|x|}$　　(2) $y = \frac{3^x + 3^{-x}}{2}$

9. $y = 3^x$의 그래프를 이용하여 $y = \log_3 x$ 의 그래프를 그려라.

제 8 장 미분법과 적분법

8.1 함수의 극한과 연속

【1】 함수의 수렴

변수 x 가 어떤 수 a에 한없이 가까워질 때 x는 a에 수렴한다고 하고 $x \to a$라고 쓴다. 이때 x 는 결코 a 와 같아지는 것은 아니다.

함수 $f(x)$에서 x 가 a와 다른 값을 가지면서 a에 한없이 가까워질 때 $f(x)$의 값이 유한한 크기의 일정한 값 α 에 한없이 가까워지면 x 가 a에 수렴할 때 함수 $f(x)$는 α 에 수렴한다 하고, α 를 $f(x)$의 극한값이라 한다. 이것을 기호로는

$$x \to a \text{일 때 } f(x) \to \alpha \quad \text{또는} \quad \lim_{x \to a} f(x) = \alpha$$

와 같이 나타낸다

예제 8.1

$f(x) = x + 1$이고 x 가 1에 수렴할 때 $f(x)$의 극한값을 구하라.

풀이

$\lim_{x \to 1} f(x) = 1 + 1 = 2$

$f(1) = 2$이며 $f(1) = \lim_{x \to 1} f(x)$인 경우이다.

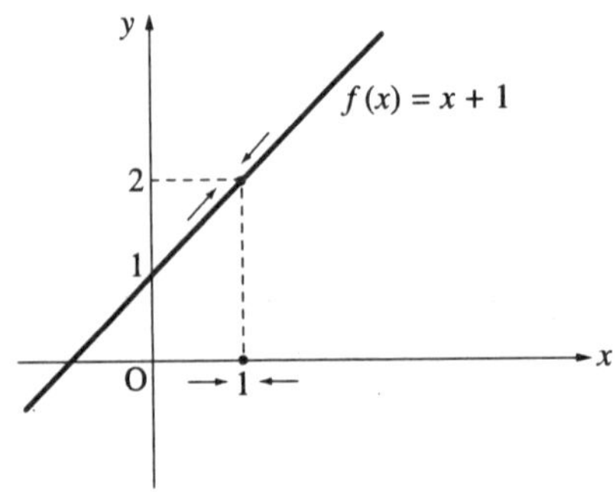

예 제 8.2

$f(x)=\dfrac{x^2-4}{x-2}$일 때 $\lim_{x\to 2}f(x)$를 구하라.

풀 이

$f(x)$는 $x=2$에서 정의되지 않는다.

그러나 $x\neq 2$인 모든 실수 x에 대해

$$f(x)=\frac{(x-2)(x+2)}{x-2}=x+2$$

이므로 $\lim_{x\to 2}f(x)=2+2=4$이다.

일반적으로 $x=a$에서 함수의 값 $f(a)$가 존재하지 않아도 $x\to a$일 때, $f(x)$의 극한값은 존재할 수 있다. $x\to a$는 x가 a보다 큰 쪽과 작은 쪽 양쪽으로부터 a에 가까워짐을 뜻한다. 만일 함수 $f(x)$에서 x가 a보다 작은 값을 가지면서 a에 한없이 가까워질 때 $f(x)$의 값이 α에 한없이 가까워지면

$$x\to a-0\text{일 때, } f(x)\to\alpha \quad \text{또는} \quad \lim_{x\to a_{a-0}}f(x)=\alpha$$

로 나타내며 α를 $f(x)$의 좌극한값이라 한다.

함수 $f(x)$에서 x가 a보다 큰 값을 가지면서 a에 한없이 가까워질 때 $f(x)$의 값이 α에 한없이 가까워지면

$$x\to a+0\text{일 때, } f(x)\to\alpha \quad \text{또는} \quad \lim_{x\to a_{a+0}}f(x)=\alpha$$

로 나타내며 α를 $f(x)$의 우극한값이라 한다. 한편, a가 0이면 $x\to 0+0$을 $x\to +0$으로, $x\to 0-0$은 $x\to -0$으로 나타낸다.

좌극한값과 우극한값이 같지 않으면 극한값 $\lim_{x\to a}f(x)$는 존재하지 않는다.

즉, $\lim_{x\to a} f(x) = \alpha$는 $\lim_{x\to a+0} f(x) = \lim_{x\to a-0} f(x) = \alpha$를 뜻한다.

예 제 8.3

함수 $f(x) = \dfrac{x}{|x|}$의 $x = 0$에서의 좌극한 값과 우극한 값을 구하라.

풀 이

$x > 0$이면, $f(x) = \dfrac{x}{|x|} = \dfrac{x}{x} = 1$

$x < 0$이면, $f(x) = \dfrac{x}{|x|} = -\dfrac{x}{x} = -1$이므로

$x \to +0$일 때, $f(x) \to 1$이고 $x \to -0$일 때, $f(x) \to -1$이다

즉, $\lim_{x\to +0} f(x) = 1$, $\lim_{x\to -0} f(x) = -1$

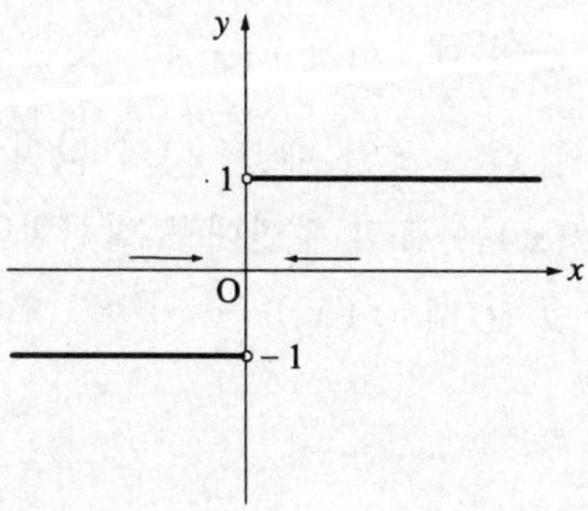

변수 x가 임의의 어떤 수보다 커질 때 무한대가 된다고 한다. x가 양이면서 그 값이 무한대가 될 때는 x는 양의 무한대가 된다고 말하며 $x \to +\infty$라 쓰며, x가 음이면서 그 값이 무한대가 될 때는 x는 음의 무한대가 된다고 말하며 $x \to -\infty$라 쓴다.

예 제 8.4

다음 극한값을 구하라.

(1) $\lim_{x\to \pm\infty} \dfrac{1}{x}$　　　　(2) $\lim_{x\to \pm\infty} \left\{ \dfrac{1}{x} + 2 \right\}$

풀 이

(1) $\lim_{x \to \pm\infty} \frac{1}{x} = \frac{1}{\infty} = 0$

(2) $\lim_{x \to \pm\infty} \left\{ \frac{1}{x} + 2 \right\} = \frac{1}{\infty} + 2 = 2$

【2】 함수의 발산

함수 $f(x) = \frac{1}{x^2}$ 은 $x \to 0$일 때 $f(x) = \infty$이고, 함수 $g(x) = -\frac{1}{x^2}$ 은 $x \to 0$ 일 때 $g(x) = -\infty$이다.

일반적으로 함수 $f(x)$에서 $x \to a$일 때 $f(x)$의 값이 한없이 커지면, $x \to a$일 때 $f(x)$는 양의 무한대로 발산한다고 하고

$$x \to a \text{ 일 때, } f(x) \to \infty \text{ 또는 } \lim_{x \to a} f(x) = \infty$$

로 나타낸다. 함수 $f(x)$에서 $x \to a$ 일 때 $f(x)$의 값이 음수로서 그 절대값이 한없이 커지면, $x \to a$일 때 $f(x)$는 음의 무한대로 발산한다고 하고

$$x \to a \text{ 일 때, } f(x) \to -\infty \text{ 또는 } \lim_{x \to a} f(x) = -\infty$$

로 나타낸다.

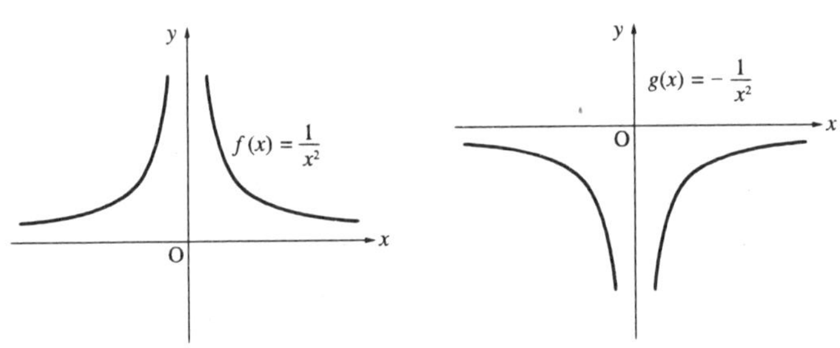

< 그림 8.1 >

예 제 8.5

다음 극한값을 구하라.

(1) $\lim_{x \to -1 \pm 0} \frac{1}{(1+x)}$ (2) $\lim_{x \to \pm\infty} x^2$ (3) $\lim_{x \to \pm\infty} \left(\frac{1}{2}\right)^x = 0$

풀 이

(1) $\lim_{x \to -1 \pm 0} \frac{1}{(1+x)} = \pm\infty$

(2) $\lim_{x \to \pm\infty} x^2 = \infty$

(3) $\lim_{x \to +\infty} \left(\frac{1}{2}\right)^x = 0$

$\lim_{x \to -\infty} \left(\frac{1}{2}\right)^x = \left(\frac{1}{2}\right)^{-\infty} = 2^{\infty} = \infty$

【3】 극한값의 계산

함수의 극한에는 다음과 같은 성질이 있다.

● 극한값의 기본성질 ●

$\lim_{x \to a} f(x) = \alpha$, $\lim_{x \to a} g(x) = \beta$ 일 때

[I] $\lim_{x \to a} \{kf(x)\} = k \lim_{x \to a} f(x) = k\alpha$ (k 는 상수)

[II] $\lim_{x \to a} \{f(x) \pm g(x)\} = \lim_{x \to a} f(x) + \lim_{x \to a} g(x) = \alpha \pm \beta$ (복호 동순)

[III] $\lim_{x \to a} \{f(x) g(x)\} = \lim_{x \to a} f(x) \cdot \lim_{x \to a} g(x) = \alpha\beta$

[IV] $\lim_{x \to a} \frac{f(x)}{g(x)} = \frac{\lim_{x \to a} f(x)}{\lim_{x \to a} g(x)} = \frac{\alpha}{\beta}$

예 제 8.6

다음 함수의 극한값을 구하여라

(1) $\lim_{x \to 2} \frac{x+1}{2x+1}$ (2) $\lim_{x \to 1} (x-2)(x^2+x-1)$ (3) $\lim_{x \to 1} 3\sqrt{2x+1}$

풀 이

(1) $\lim_{x \to 2} \frac{x+1}{2x+1} = \frac{2}{5}$

(2) $\lim_{x \to 1} (x-2)(x^2+x-1) = -1$

(3) $\lim_{x \to 1} 3\sqrt{2x+1} = 3\sqrt{3}$

8.2 변화율과 도함수

【1】 평균 변화율

시속 36km의 속도로 서서히 달리던 자동차가 브레이크를 작동시켜 10초 후에 정지하였다. 브레이크를 작동시키고부터 t(초) 동안에 움직인 거리를 S(m), S와 t 사이에는 $S(t)=10t-0.5t^2$의 관계가 있다고 하자.

매초마다 처음부터 움직인 거리를 계산하면 아래 표와 같다.

t (초)	0	1	2	3	4	5	6	7	8	9	10
S (m)	0	9.5	18	25.5	32	37.5	42	45.5	48	49.5	50

브레이크를 밟은 후 1초에서 2초 사이의 거리의 평균변화율, 즉 평균속도는

$$\frac{S(2)-S(1)}{2-1} = \frac{18-9.5}{2-1} = 8.5 \text{ m/sec}$$

이고, 브레이크를 밟은 후 3초에서 5초 사이의 평균속도는

$$\frac{S(5)-S(3)}{5-3} = \frac{37.5-25.5}{5-3} = 6 \text{ m/sec}$$

이다.

그림 6.2와 같은 함수에서 x가 a에서 b까지 변화할 때 함수 $f(x)$는 $f(a)$에서 $f(b)$까지 변화한다. 이때 $\frac{f(b)-f(a)}{b-a}$를 x 가 a 에서 b 까지 변할 때의 평균변화율이라 한다.

여기서 $b-a=\Delta x$, $f(b)-f(a)=\Delta y$라 놓고 Δx를 x의 증분 Δy를 y의 증분이라고 하면 함수 $f(x)$의 평균변화율은 다음과 같이 나타낼 수 있다.

$$\frac{\Delta y}{\Delta x}=\frac{f(b)-f(a)}{b-a}=\frac{f(a+\Delta x)-f(a)}{\Delta x}$$

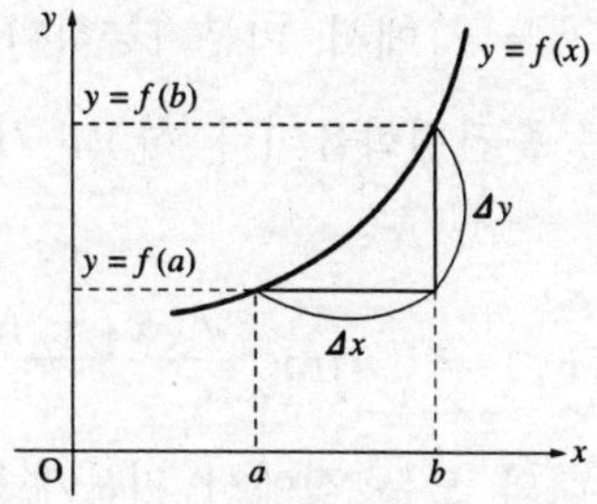

< 그림 8.2 >

예 제 8.7

함수 $f(x)=x^2+1$에서 다음 함수의 평균변화율을 구하라.

(1) x가 1에서 $1+\Delta x$까지 변한다.

(2) x가 1에서 3까지 변한다.

풀 이

(1) $\Delta y=f(1+\Delta x)-f(1)=(1+\Delta x)^2-1^2=\Delta x(2+\Delta x)$

$$\therefore \quad \frac{\Delta y}{\Delta x}=2+\Delta x$$

(2) $\Delta y=f(3)-f(1)=10-2=8$

$$\therefore \quad \frac{\Delta y}{\Delta x}=\frac{8}{2}=4$$

【2】 미분계수

함수 $y=f(x)$에서 변수 x가 x_1에서 $x_1+\Delta x$까지 변할 때, 이 함수의 평

균변화율은

$$\frac{\Delta y}{\Delta x} = \frac{f(x_1 + \Delta x) - f(x_1)}{\Delta x}$$

이다. 여기서 $\Delta x \to 0$일 때 윗식의 극한값

$$\lim_{\Delta x \to 0} \frac{\Delta y}{\Delta x} = \lim_{\Delta x \to 0} \frac{f(x_1 + \Delta x) - f(x_1)}{\Delta x}$$

이 존재하면, 함수 $f(x)$는 $x = x_1$에서 미분가능하다고 한다. 또, 이 극한값을 $x = x_1$에서의 미분계수 또는 순간변화율이라 하고, 기호로는 $f'(x_1)$으로 나타낸다. 따라서

$$f'(x_1) = \lim_{\Delta x \to 0} \frac{f(x_1 + \Delta x) - f(x_1)}{\Delta x}$$

함수 $f(x)$가 어떤 구간 내의 모든 점에서 미분계수를 가지면 함수 $f(x)$는 이 구간에서 미분가능하다고 한다.

예제 8.8

함수 $f(x) = 3x - 2$ 에서 $f'(a)$을 구하라.

풀이

$$f'(a) = \lim_{\Delta x \to 0} \frac{f(a + \Delta x) - f(a)}{\Delta x} = \lim_{\Delta x \to 0} \frac{\{3(a + \Delta x) - 2\} - (3a - 2)}{\Delta x}$$

$$= \lim_{\Delta x \to 0} \frac{3\Delta x}{\Delta x} = 3$$

예제 8.9

함수 $f(x) = 3x^2 + 1$의 $f'(2)$를 구하여라.

풀이

$$f'(2) = \lim_{\Delta x \to 0} \frac{f(2 + \Delta x) - f(2)}{\Delta x} = \lim_{\Delta x \to 0} \frac{\{3(2 + \Delta x)^2 + 1\} - \{3 \times 2^2 + 1\}}{\Delta x}$$

$$= \lim_{\Delta x \to 0} \frac{\{3(2^2 + 4\Delta x + \Delta x^2) + 1\} - \{3 \times 2^2 + 1\}}{\Delta x} = \lim_{\Delta x \to 0} \frac{12\Delta x + 3\Delta x^2}{\Delta x}$$

$$= 12$$

【3】 미분계수와 그래프

그림 8.3과 같은 함수 $y=f(x)$에서 변수 x가 x_1에서 x_2까지 변할 때 함수 $f(x)$의 평균변화율

$$\frac{f(x_2)-f(x_1)}{x_2-x_1}$$

은 $y=f(x)$의 위의 두 점 P와 Q를 잇는 직선의 기울기가 된다. 여기서 x_2가 x_1에 한없이 가까워지면 점 Q는 곡선을 따라 점 P에 한없이 가까워진다. 이때,

$$\lim_{x_2 \to x_1} \frac{f(x_2)-f(x_1)}{x_2-x_1} = f'(x_1)$$

이므로 직선 PQ의 기울기는 미분계수 $f'(x_1)$에 한없이 가까워진다. 점 P를 지나고 기울기가 $f'(x_1)$인 직선을 PR이라 하면, x_2가 x_1에 한없이 가까워짐에 따라 직선 PQ는 직선 PR에 한없이 가까워진다.

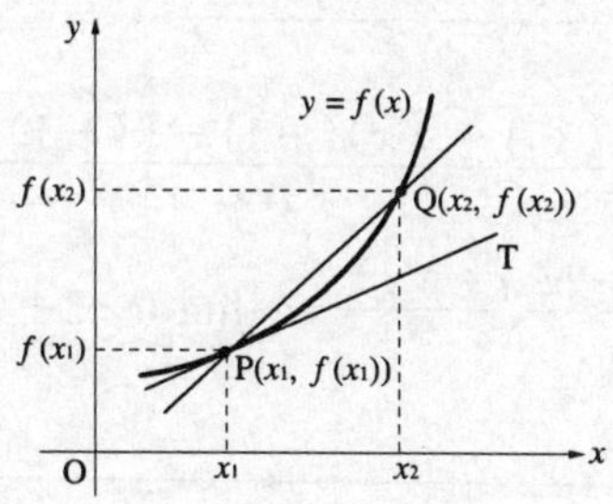

< 그림 8.3 >

이와 같은 직선 PR을 곡선 $y=f(x)$ 위의 점 P에서의 접선, 점 P를 접점이라 한다.

일반적으로 함수 $y=f(x)$의 $x=x_1$에서의 미분계수 $f'(x_1)$은 곡선 $y=f(x)$ 위의 점 P $(x_1, f(x_1))$에서의 접선의 기울기를 나타낸다. 따라서 그림 6.4에서와 같이 곡선 $y=f(x)$ 위의 점 P $(x_1, f(x_1))$에서의 접선이 x축의 양의 방향과 이루는 각의 크기를 α라 하면, 다음 등식이 성립한다.

$$f'(x_1) = \tan \alpha$$

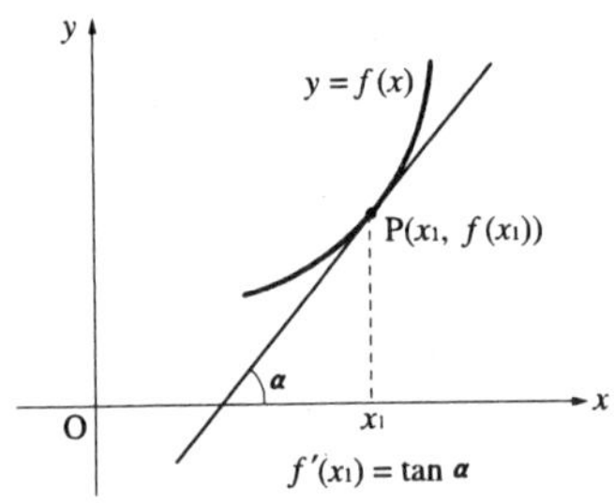

< 그림 8.4 >

예제 8.10

곡선 $y = x^2 + 1$의 점 P의 x 좌표가 $x = -1$일 때, 점 P에서의 접선의 기울기를 구하여라.

풀이

$$f'(-1) = \lim_{\Delta x \to 0} \frac{f(-1+\Delta x) - f(-1)}{\Delta x}$$

$$= \lim_{\Delta x \to 0} \frac{\{(-1+\Delta x)^2 + 1\} - \{(-1)^2 + 1\}}{\Delta x}$$

$$= \lim_{\Delta x \to 0} \frac{-2\Delta x + \Delta x^2}{\Delta x} = \lim_{\Delta x \to 0} (-2 + \Delta x) = -2$$

예제 8.11

x 좌표가 $x = a$ 인 점에서의 접선의 기울기를 구하여라.

(1) $y = 2x + 1$ (2) $y = x^2 - 3$

풀이

(1) $$f'(a) = \lim_{\Delta x \to 0} \frac{f(a+\Delta x) - f(a)}{\Delta x}$$

$$= \lim_{\Delta x \to 0} \frac{\{2(a+\Delta x) + 1\} - \{2a + 1\}}{\Delta x}$$

$$= \lim_{\Delta x \to 0} \frac{2\Delta x}{\Delta x} = 2$$

(2) $f'(a) = \lim_{\Delta x \to 0} \dfrac{f(a+\Delta x) - f(a)}{\Delta x}$

$= \lim_{\Delta x \to 0} \dfrac{\{(a+\Delta x)^2 - 3\} + \{a^2 - 3\}}{\Delta x}$

$= \lim_{\Delta x \to 0} \dfrac{2a\Delta x + (\Delta x)^2}{\Delta x}$

$= \lim_{\Delta x \to 0} (2a + \Delta x)$

$= 2a$

8.3 미분법

【1】 도함수

함수 $f(x) = x^2$의 $x = a$에서의 미분계수는 $f'(a) = 2a$이다. 여기서 a를 변수로 보면 $f'(a) = 2a$는 a의 함수가 된다. 일반적으로 함수 $y = f(x)$에서 x의 값이 정해지고, 이 x에서 미분계수 $f(x)$가 존재한다면 $f'(x)$는 x에 따라 결정되는 새로운 함수이다. 이 함수 $f'(x)$를 함수 $f(x)$의 도함수라고 하며 다음과 같다.

$$f'(x) = \lim_{h \to 0} \frac{f(x+h) - f(x)}{h}$$

함수 $y = f(x)$의 도함수를 기호로는

$$y', \quad f'(x), \quad \frac{dy}{dx}, \quad \frac{d}{dx} f(x)$$

와 같이 나타낸다.

함수 $y = f(x)$에서 도함수 $f'(x)$를 구하는 것을 함수 $f(x)$를 x에 대해서 미분한다고 하고, 그 계산법을 미분법이라고 한다.

예 제 8.12

다음 함수의 도함수를 구하라.

(1) $y = 3x^2 + 2x$ (2) $y = \sqrt{x}$

풀 이

(1) $$\frac{f(x+h)-f(x)}{h}=\frac{\{3(x+h)^2+2(x+h)\}-\{3x^2+2x\}}{h}$$

$$=\frac{6xh+2h+3h^2}{h}$$

$$=6x+2+3h$$

$$f'(x)=\lim_{h\to 0}(6x+2+3h)=6x+2$$

(2) $$\frac{f(x+h)-f(x)}{h}=\frac{\sqrt{x+h}-\sqrt{x}}{h}$$

$$=\frac{(\sqrt{x+h}-\sqrt{x})(\sqrt{x+h}+\sqrt{x})}{h(\sqrt{x+h}+\sqrt{x})}$$

$$=\frac{x+h-x}{h(\sqrt{x+h}+\sqrt{x})}=\frac{1}{(\sqrt{x+h}+\sqrt{x})}$$

$$f'(x)=\lim_{h\to 0}\frac{1}{(\sqrt{x+h}+\sqrt{x})}=\frac{1}{2\sqrt{x}}$$

【2】 도함수의 계산

함수의 도함수를 구할 때마다 정의에 의해서 구하는 것은 불편하므로 도함수를 간편하게 구하는데 필요한 성질을 알고 기계적으로 환산해 나가는 것이 편리하다.

● 미분법 Ⅰ ●

[1] $\{x^n\}=\dfrac{d}{dx}x^n=nx^{n-1}$ (n은 정수)

[2] $c'=0$ (c는 상수)

예 제 8.13

다음 함수의 도함수를 구하라.

(1) $f(x)=x^2$ (2) $f(x)=3$ (3) $f(x)=x^{-3}$

풀 이

(1) $f'(x) = 2x^{2-1} = 2x$

(2) $f'(x) = 0$

(3) $f'(x) = -3x^{-3-1} = -3x^{-4}$

● 미분법 II ●

[3] $\{f(x) \pm g(x)\}' = f'(x) \pm g'(x)$ (복호 동순)

[4] $\{c \cdot f(x)\}' = c \cdot f(x)$

[5] $\{f(x) \cdot g(x)\}' = f'(x) \cdot g(x) + f(x) \cdot g'(x)$

[6] $\left\{\dfrac{f'(x)}{g(x)}\right\}' = \dfrac{f'(x)g(x) - f(x)g'(x)}{g(x)^2}$

예 제 8.14

다음 함수의 도함수를 구하라.

(1) $f(x) = 3x^2 + 2x$ (2) $y = (4x+1)(x^2+3x-1)$

(3) $y = \dfrac{2x+5}{3x+1}$ (4) $y = \dfrac{x}{x^2+1}$

(5) $y = 2x^{-3}$ (6) $y = \sqrt{x}$

풀 이

(1) $f'(x) = (3x^2)' + (2x)' = 3(x^2)' + 2 = 3 \times 2x + 2 = 6x + 2$

(2) $y' = (4x+1)'(x^2+3x-1) + (4x+1)(x^2+3x-1)'$

$= 4(x^2+3x-1) + (4x+1)(2x+3)$

$= 12x^2 + 26x - 1$

(3) $y' = \dfrac{(2x+5)'(3x+1) - (2x+5)(3x+1)'}{(3x+1)^2}$

$= \dfrac{2 \cdot (3x+1) - (2x+5) \cdot 3}{(3x+1)^2}$

$= \dfrac{-13}{(3x+1)^2}$

(4) $y' = \dfrac{(x)'(x^2+1)-(x)(x^2+1)'}{(x^2+1)^2} = \dfrac{(x^2+1)-x\cdot 2x}{(x^2+1)^2} = \dfrac{1-x^2}{(x^2+1)^2}$

(5) $y' = 2(x^{-3})' = -6x^{-4} = -\dfrac{6}{x^4}$

(6) $y' = \left(x^{\frac{1}{2}}\right)' = \dfrac{1}{2}x^{\frac{1}{2}-1} = \dfrac{1}{2}x^{-\frac{1}{2}} = \dfrac{1}{2\sqrt{x}}$

【3】 합성함수의 도함수

함수 $y=(2x-1)^2$은 두 함수

$$y = u^2, \qquad u = 2x-1$$

의 합성으로 볼 수 있다. 일반적으로 합성함수

$$y = f\{g(x)\}$$

에서 두 함수 $y=f(u)$, $u=g(x)$가 미분 가능하면 y의 x에 대한 도함수는 y의 u에 대한 도함수와 u의 x에 대한 도함수를 구해서 이용하는 것이 편리할 경우가 있다.

x의 증분을 Δx, u의 증분을 Δu라 하고, Δu에 대한 y의 증분을 Δy라 하면, x가 Δx만큼 변화하면 u는 Δu만큼 변화하고, 이에 따라서 y는 Δy만큼 변화한다. 따라서 $f(u)$와 $g(x)$가 미분 가능이면

$$\frac{dy}{dx} = \lim_{\Delta x \to 0}\frac{\Delta y}{\Delta x} = \lim_{\Delta x \to 0}\frac{\Delta y}{\Delta u}\frac{\Delta u}{\Delta x}$$
$$= \lim_{\Delta x \to 0}\frac{\Delta y}{\Delta u}\cdot\lim_{\Delta x \to 0}\frac{\Delta u}{\Delta x} = \frac{dy}{du}\cdot\frac{du}{dx}$$

● 합성함수의 도함수 ●

$y=f(u)$, $u=g(x)$가 미분가능일 때, 합성함수 $y=f\{g(x)\}$의 도함수 y'는

$$\frac{dy}{dx} = \frac{dy}{du}\cdot\frac{du}{dx}$$

즉, y 의 x 에 관한 도함수는 y 의 u 에 관한 도함수와 u 의 x 에 관한 도함수의 곱이 된다.

예 제 8.15

다음 함수의 도함수를 구하라.

(1) $y=(2x-3)^2$ (2) $y=\sqrt{a^2-x^2}$ (3) $y=\sqrt{x^2+2x-3}$

풀 이

(1) $u=2x-3$이라 하면, $y=u^2$이므로

$$\frac{dy}{du}=\frac{d}{du}u^2=2u=2(2x-3)$$

$$\frac{du}{dx}=\frac{d}{dx}(2x-3)=2$$

$$\therefore \frac{dy}{dx}=\frac{dy}{du}\cdot\frac{du}{dx}=2(2x-3)2=4(2x-3)$$

(2) $u=a^2-x^2$이라 하면, $y=u^{\frac{1}{2}}$이므로

$$y'=\frac{dy}{dx}=\frac{dy}{du}\cdot\frac{du}{dx}=\frac{d}{du}u^{\frac{1}{2}}\frac{d}{dx}(a^2-x^2)$$

$$=\frac{1}{2}\frac{1}{u^{\frac{1}{2}}}(-2x)=-\frac{x}{\sqrt{a^2-x^2}}$$

(3) $u=x^2+2x-3$이라 하면, $y=\sqrt{u}$이므로

$$\frac{dy}{du}=\frac{d}{du}\sqrt{u}=\frac{1}{2\sqrt{u}}=\frac{1}{2\sqrt{x^2+2x-3}}$$

$$\frac{du}{dx}=\frac{d}{dx}(x^2+2x-3)=2x+2$$

$$\therefore \frac{dy}{dx}=\frac{dy}{du}\cdot\frac{du}{dx}=\frac{1}{2\sqrt{x^2+2x-3}}\cdot 2(x+1)=\frac{x+1}{\sqrt{x^2+2x-3}}$$

【4】 여러 함수의 미분법

(1) 삼각함수의 미분

함수 $y=\sin x$ 에서 x 의 증분 Δx 에 대한 y 의 증분을 Δy 라 하면

$$\Delta y=\sin(x+\Delta x)-\sin x$$

이므로, 삼각함수의 공식

$$\sin\alpha - \sin\beta = 2\sin\frac{\alpha-\beta}{2}\cos\frac{\alpha+\beta}{2}$$

을 이용하면

$$\Delta y = 2\sin\frac{\Delta x}{2}\cos\left(x+\frac{\Delta x}{2}\right)$$

이다. 그러므로

$$\frac{dy}{dx} = \frac{d}{dx}\sin x = \lim_{\Delta x\to 0}\frac{\Delta y}{\Delta x}$$

$$= \lim_{\Delta x\to 0}\frac{2\sin\frac{\Delta x}{2}\cos\left(x+\frac{\Delta x}{2}\right)}{\Delta x}$$

$$= \lim_{\Delta x\to 0}\frac{\sin\frac{\Delta x}{2}}{\frac{\Delta x}{2}}\cdot\lim_{\Delta x\to 0}\cos\left(x+\frac{\Delta x}{2}\right)$$

$$= 1\cdot\cos x$$

$$= \cos x$$

따라서, 다음의 관계식이 성립한다.

$$\frac{d}{dx}\sin x = \cos x$$

삼각함수의 도함수를 정리하면 다음과 같다.

● 삼각함수의 미분법 ●

$(\sin x)' = \cos x$, $(\cos x)' = -\sin x$

$(\tan x)' = \sec^2$, $(\cot x)' = -\operatorname{cosec}^2 x$

$(\sec x)' = \sec x\tan x$, $(\operatorname{cosec} x)' = -\operatorname{cosec} x\cot x$

삼각함수 $\sin x$, $\cos x$는 모든 실수에 대하여 도함수가 존재하므로, 구간 $(-\infty, \infty)$에서 연속이고 $\tan x$는 $x = \pm\pi/2$, $x = \pm 3\pi/2$, $x = \pm 5/2\pi$, … 등에서 불연속이다.

(2) e^x의 미분법

함수 $y = e^x$ 에서

$$\frac{\Delta y}{\Delta x} = \frac{e^{x+\Delta x} - e^x}{\Delta x} = \frac{e^x e^{\Delta x} - e^x}{\Delta x} = e^x \frac{e^{\Delta x} - 1}{\Delta x}$$

$\lim_{h \to 0} \frac{e^h - 1}{h} = 1$ 이므로

$$\{e^x\}' = e^x \lim_{\Delta x \to 0} \frac{e^{\Delta x} - 1}{\Delta x} e^x \cdot 1 = e^x$$

따라서, e^x 의 도함수는 아래와 같다.

● e^x 의 도함수 ●

$$\{e^x\}' = \frac{d}{dx} e^x = e^x$$

즉, 정수 e 를 밑으로 하는 지수함수 e^x 는 미분해도 변하지 않는다.

(3) ln x 함수의 미분법

$y = \ln x$ 이면, 정의에 의해서 $x = e^y$ 이므로

$$\frac{dy}{dx} = \frac{1}{\frac{dx}{dy}} = \frac{1}{\frac{d}{dy} e^y} = \frac{1}{e^y} = \frac{1}{x}$$

따라서, ln x 의 도함수는 아래와 같다.

● $\ln x$ 의 도함수 ●

$$\{\ln x\}' = \frac{d}{dx}\{\ln x\} = \frac{1}{x}$$

즉, x 의 자연로그의 도함수는 $\frac{1}{x}$ 과 같다.

예 제 8.16

다음 함수의 도함수를 구하여라.

(1) $y = \sin\left(2x + \frac{\pi}{3}\right)$ (2) $y = \tan 3x$

(3) $y = \cos^2 x$ (4) $y = \sin x \cos x$

풀 이

(1) $2x + \frac{\pi}{3} = u$ 라 하면, $y = \sin u$ 이므로

$$\frac{dy}{dx} = \frac{d}{dx}\sin u = \frac{d}{du}\sin u \cdot \frac{du}{dx} = \cos u \cdot 2 = 2\cos\left(2x + \frac{\pi}{3}\right)$$

(2) $3x = u$ 라 하면, $y = \tan u$ 이므로

$$\frac{dy}{dx} = \frac{d}{dx}\tan u = \frac{d}{du}\tan u \cdot \frac{du}{dx} = \sec^2 u \cdot 3 = 3\sec^2 3x$$

(3) $\cos x = u$ 라 하면, $y = u^2$

$$\frac{dy}{dx} = \frac{d}{du}u^2 \cdot \frac{du}{dx} = 2u \cdot (-\sin x) = -2\cos x \cdot \sin x$$

(4) $y' = (\sin x)' \cos x + \sin x (\cos x)' = \cos^2 x - \sin^2 x = \cos 2x$

예 제 8.17

$y = e^{ax}$ 을 미분하라.

풀 이

$u = ax$ 이라 하면 $y = e^u$ 이고, y 의 x 에 관하여 미분은

$$\frac{dy}{dx} = \frac{dy}{du} \cdot \frac{du}{dx} = \frac{d}{dz} e^u \frac{d}{dx}(ax) = e^u \cdot a = ae^{ax}$$

예 제 8.18

$y = \ln(1 + x)$를 미분하라.

풀 이

$u = 1 + x$ 라 하면 $y = \ln u$ 이고, x 에 대해 미분하면

$$\frac{dy}{dx} = \frac{dy}{du} \cdot \frac{du}{dx} = \frac{d}{du}\ln u \frac{d}{dx}(1 + x) = \frac{1}{u} \cdot 1 = \frac{1}{1 + x}$$

8.4 미분법의 응용

【1】 곡선의 접선

함수 $y = f(x)$의 $x = x_1$에서의 미분계수 $f'(x_1)$은 곡선 $y = f(x)$ 위의 점 P에서의 접선의 기울기를 나타내므로, 이 점에서의 접선의 방정식은

$$y - f(x_1) = f'(x_1)(x - x_1)$$

이 된다.

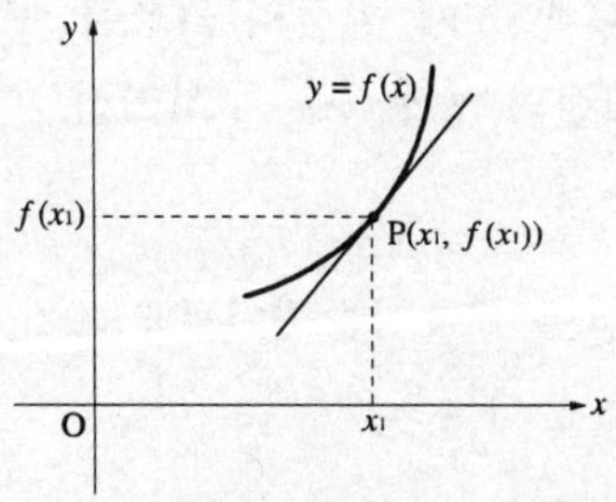

< 그림 8.5 >

예 제 8.19

곡선 $f(x) = -x^2 + 4x$ 위의 점 (1, 3)에서 그은 접선의 방정식을 구하여라.

풀 이

$f'(x) = -2x + 4$이므로 점 (1, 3)에서의 접선의 기울기는 $f'(1) = 2$이다.

따라서, 구하는 접선의 방정식은

$$y - 3 = 2(x - 1)$$

$$\therefore\ y = 2x + 1$$

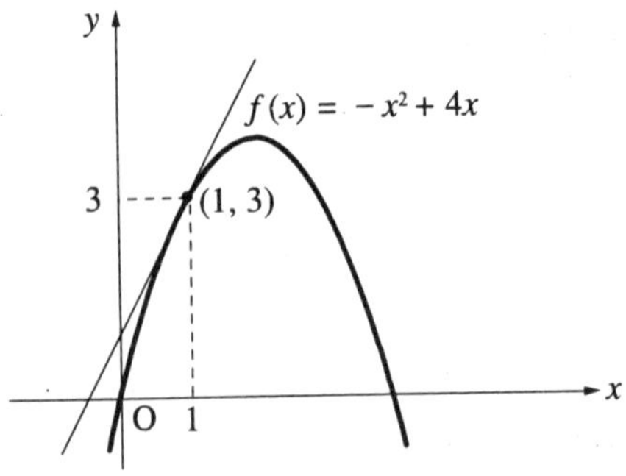

예 제 8.20

곡선 $f(x) = x^2 + 4x - 1$에서 다음을 구하여라.

(1) 접선이 x 축에 평행일 때 접점의 좌표를 구하여라.

(2) 기울기가 -2인 접선의 방정식을 구하여라.

풀 이

(1) 축에 평행인 접선의 기울기는 0이므로

$$f'(x) = 2x + 4 = 0$$

$$\therefore\ x = -2$$

$$y = f(-2) = (-2)^2 + 4(-2) - 1 = -5$$

따라서, 구하는 접점의 좌표는(-2, -5)이다.

(2) 기울기가 -2이므로

$$f'(x) = 2x + 4 = -2$$

$$\therefore\ x = -3$$

$$y = f(-3) = (-3)^2 + 4(-3) - 1 = -4$$

따라서, (-3, -4)를 지나고 기울기가 -2인 접선의 방정식은

$$y + 4 = -2\{x - (-3)\}$$

$$\therefore\ y = -2x - 10$$

【2】 속도와 가속도

직선상의 한 점 P가 운동하고 있는데, 시각 t 에서의 위치를 $x = f(t)$라고 하면 시각 t가 $t + \Delta t$ 만큼 변화했을 때 위치의 변화는

$$\Delta x = f(t + \Delta t) - f(t)$$

가 된다. 따라서 $\frac{\Delta x}{\Delta t}$ 는 시각 t 와 $t + \Delta t$ 사이에서 물체의 평균속도가 된다.

시각 t 에서 속도 v 는

$$v = \frac{dx}{dt} = \lim_{\Delta t \to 0} \frac{\Delta x}{\Delta t} = \lim_{\Delta t \to 0} \frac{f(t+\Delta t) - f(t)}{\Delta t}$$

이다.

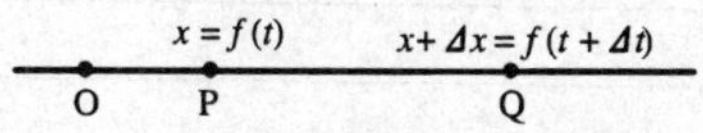

< 그림 8.6 >

속도 v 에는 부호가 있으며, $|v|$ 는 속력이라고 한다. $v > 0$ 이면 t 가 증가함에 따라서 x 가 증가, 즉 운동의 방향과 좌표축의 양의 방향이 일치한다. 그리고 $v < 0$ 인 경우, 운동의 방향은 좌표축의 음의 방향과 일치하게 된다.

같은 방법으로, Δt 동안에 물체의 속도 변화를 Δv 라고 하면, 속도의 변화율인 가속도는

$$a = \frac{dv}{dt} = \lim_{\Delta t \to 0} \frac{v(t + \Delta t) - v(t)}{\Delta t}$$

이다.

예 제 8.21

축 위를 움직이는 점 P의 좌표 x 와 시각 t 사이에

$x = \frac{1}{3} t^3 - \frac{3}{2} t^2 + 2$ 인 관계가 있을 때

(1) $t = 2$ 에서의 속도와 가속도를 구하라.

(2) 속도가 4가 되는 순간의 시각과 그때의 가속도를 구하라.

풀 이

(1) $v(t) = \frac{dx}{dt} = t^2 - 3t$, $\quad a(t) = \frac{dv}{dt} = 2t - 3$

$v(2) = -2, \quad a(2) = 1$

(2) $v(t) = t^2 - 3t = 4$ 이므로

$t^2 - 3t - 4 = (t-4)(t+1) = 0$을 만족하는 t는

$t = -1, \ t = 4$

시각 t는 $t \geq 0$ 이어야 하므로 $t = 4$

따라서, 시각 $t = 4$에서 $a(4) = 5$

예 제 8.22

지상에서 초속 v_0로서 위로 던져진 물체의 t 초 후의 높이 S는

$$S = v_0 t - \frac{1}{2} g t^2$$

로 주어지고, g는 중력가속도이다. $g = 10\,\text{m/sec}$ 이라 가정하고 초속 $v_0 = 20\,\text{m/sec}$ 일 때 다음에 답하여라.

(1) 발사후 3초 후의 속도와 가속도를 구하라.

(2) 최고점에 도달하는데 걸리는 시간과 최고점의 높이를 구하라.

풀 이

(1) $S = 20t - 5t^2$

속도 $v = \dfrac{ds}{dt} = 20 - 10t$ 이므로 $v(3) = -10\,\text{m/sec}$

가속도 $a = \dfrac{dv}{dt} = -10\,\text{m/sec}^2$

(2) 최고점에 도달한다는 것은 높이의 극대값을 구하는 것이므로

$S'(t) = v(t) = 20 - 10t = 0$ 에서 $t = 2\ \text{sec}$

최고 높이 $S(2) = 20\ \text{m}$

8.5 부정적분

【1】 부정적분

함수 $F(x)$를 미분하여 도함수 $f(x)$를 구하는 미분과는 반대로 $F'(x)=f(x)$를 만족하는 함수 $F(x)$를 구하는 것을 적분이라 한다. 이때 함수 $f(x)$를 피적분함수, $F(x)$를 $f(x)$의 부정적분 또는 원시함수라 하고 수식으로 아래와 같이 쓴다.

$$F(x)=\int f(x)\,dx$$

따라서 적분의 계산법은 미분과 밀접한 관계가 있다.

예를 들어 피적분함수 $f(x)=1$의 원시함수는 $F(x)=x$, 피적분함수가 $f(x)=x$이면 원시함수는 $F(x)=\frac{1}{2}x^2$일 수 있다.

x^2, x^2+1, x^2+2, x^2+3인 함수들의 도함수는 같은 $2x$이다. 역으로 $2x$의 원시함수는 x^2+C의 형태로 주어지고 C의 값에 따라 무수히 많은 수가 존재하게 된다. 일반적으로 $f(x)$의 부정적분의 하나를 $F(x)$라 할 때 임의의 함수 $f(x)$의 부정적분은

$$\int f(x)\,dx=F(x)+C$$

가 되고, 이때 C는 적분상수라고 한다.

피적분함수 $f(x)$가 주어졌을 때 원시함수 $F(x)$를 구한다는 것은 미분하면 $f(x)$가 되는 함수 $F(x)$를 구하는 것이 되므로 적분은 바로 미분의 역연산이 된다. 따라서 미분과 적분사이에는 아래와 같은 관계가 있다.

$$\int f(x)\,dx=F(x),\ \text{즉}\ \ f(x)=F'(x)$$

일 때

$$\int\left(\frac{d}{dx}f(x)\right)dx=f(x)+C$$

$$\frac{d}{dx}\left(\int f(x)\,dx\right)=f(x)$$

【2】 부정적분의 계산

함수의 부정적분을 구하는 과정은 원시함수의 도함수를 구하는 과정의 역산이므로 기본적인 부정적분의 공식은 도함수의 공식으로부터 얻을 수 있다.

함수 x^n의 도함수는 $\frac{d}{dx}(x^n) = nx^{n-1}$이고 $\ln x$ 의 도함수가 $\frac{1}{x} = x^{-1}$이므로 x^n의 부정적분은 아래식과 같다.

● x^n의 부정적분 ●

[Ⅰ] $n \neq -1$일 때, $\int x^n dx = \frac{x^{n+1}}{n+1} + C$

[Ⅱ] $n = -1$일 때, $\int \frac{1}{x} dx = \ln x + C$

예 제 8.23

다음 부정적분을 구하라.

(1) $\int 3\,dx$ (2) $\int x^2 dx$ (3) $\int x^{-2} dx$

풀 이

(1) $\int 3\,dx = 3x + C$

(2) $\int x^2 dx = \frac{1}{3} x^3 + C$

(3) $\int x^{-2} dx = -\frac{1}{3} x^{-3} + C$

함수의 부정적분에는 다음과 같은 성질이 있다.

● 부정적분의 기본 공식 ●

[Ⅰ] $\int \{f(x) \pm g(x)\} dx = \int f(x) dx \pm \int g(x) dx$ (복호동순)

[Ⅱ] $\int cf(x) dx = c\int f(x) dx$(c 는 상수)

예 제 8.24

다음을 계산하라.

(1) $\int (x^2+5x-3)\,dx$ (2) $\int \left(\frac{4}{x}-3x^{\frac{1}{2}}\right)dx$ (3) $\int \frac{1}{(x+1)}\,dx$

풀 이

(1) $\int (x^2+5x-3)\,dx = \int x^2dx+5\int x\,dx - \int 3\,dx$

$$= \frac{1}{3}x^3+\frac{5}{2}x^2-3x+C$$

(2) $\int \left(\frac{4}{x}-3x^{\frac{1}{2}}\right)dx = 4\ln x - 3\times\frac{2}{3}x^{\frac{3}{2}} = 4\ln x - 2x^{\frac{3}{2}} + C$

(3) $\int \frac{1}{(x+1)}\,dx = \ln(x+1)+C$

지수함수 $y = a^z(a > 0,\ a \neq 1)$의 미분에서

$$(a^x)' = a^x \ln a, \quad (e^x)' = e^x$$

이므로, 지수함수의 부정적분은 다음과 같다.

● **지수함수의 부정적분** ●

$$[\,\mathrm{I}\,]\ \int a^x dx = \frac{a^x}{\ln a} + C$$

$$[\,\mathrm{II}\,]\ \int e^x dx = e^x + C$$

예 제 8.25

다음 부정적분을 구하라.

(1) $\int (3^x - 2^x)\,dx$ (2) $\int (3e^x - 2^x)\,dx$

풀 이

(1) $\int (3^x - 2^x)\,dx = \frac{3^x}{\ln 3} - \frac{2^x}{\ln 2}$

(2) $\int (3e^x - 2^x)\,dx = 3e^x - \frac{2^x}{\ln 2}$

삼각함수의 미분법으로부터 아래와 같은 삼각함수의 적분공식을 얻는다.

● 삼각함수의 부정적분 ●

[I]	$\frac{d}{dx}(\sin x) = \cos x$	$\int \cos x\, dx = \sin x + C$
[II]	$\frac{d}{dx}(\cos x) = -\sin x$	$\int \sin x\, dx = -\cos x + C$
[III]	$\frac{d}{dx}(\tan x) = \sec^2 x$	$\int \sec^2 x\, dx = \tan x + C$
[IV]	$\frac{d}{dx}(\cot x) = -\csc^2 x$	$\int \csc^2 x\, dx = -\cot x + C$
[V]	$\frac{d}{dx}(\sec x) = \sec x \tan x$	$\int \sec x \tan x\, dx = \sec x + C$
[VI]	$\frac{d}{dx}(\csc x) = -\csc x \cot x$	$\int \csc x \cot x = -\csc x + C$

예 제 8.26

다음의 부정적분을 구하라.

(1) $\int (\cos x + \sqrt{3} \sin x)\, dx$ (2) $\int \sin^2 x\, dx$

(3) $\int \tan^2 x\, dx$ (4) $\int \frac{\cos^2 x}{1 - \sin x}\, dx$

풀 이

(1) $\int (\cos x + \sqrt{3} \sin x)\, dx = \sin x - \sqrt{3} \cos x + C$

(2) $\int \sin^2 x\, dx = \int \left(\frac{1 - \cos 2x}{2}\right) dx = \frac{1}{2}\left(x - \frac{1}{2} \sin 2x\right) + C$

(3) $\int \tan^2 x\, dx = \int (\sec^2 x - 1)\, dx = \int \sec^2 x\, dx - \int 1 dx = \tan x - x + C$

(4) $\int \frac{\cos^2 x}{1 - \sin x}\, dx = \int \frac{1 - \sin^2 x}{1 - \sin x}\, dx = \int \frac{(1 + \sin x)(1 - \sin x)}{1 - \sin x}\, dx$

$$= \int (1 + \sin x)\, dx = x - \cos x + C$$

【3】 치환적분

부정적분 $F(x)=\int f(x)\,dx$에서 $x=g(t)$를 만족하는 새로운 변수 t를 도입하면

$$F(x)=F\{g(t)\}$$

가 되고, 이 식을 t로 미분하면

$$\frac{dF(x)}{dt}=\frac{dF(x)}{dx}\frac{dx}{dt}=F'(x)\cdot\frac{d\{g(t)\}}{dt}=f\{g(t)\}g'(t)$$

가 되므로

$$F(x)=\int f(x)\,dx=\int f\{g(t)\}g'(t)\,dt$$

를 얻는다. 그러므로 아래와 같은 등식이 성립한다.

● 치환적분법 ●

$$\int f(x)\,dx=\int f\{g(t)\}g'(t)\,dt$$

이다.

함수 $f(x)$의 x에 대한 부정적분은 $x=g(t)$인 관계를 만족하는 변수 t가 존재하면 $f\{g(t)\}\cdot g'(t)$의 t에 관한 부정적분으로 변환할 수 있다. 이 방법을 이용하면 복잡한 꼴의 부정적분을 적당한 변수의 변환에 의해서 간단한 꼴의 함수의 부정적분으로 바꿔 놓을 수도 있다. 이러한 적분법을 치환적분법이라고 부른다.

예 제 8.27

다음을 적분하라.

(1) $\int \cos(3x+1)\,dx$　　(2) $\int (2x-1)^2\,dx$

(3) $\int e^{3x-1}\,dx$　　(4) $\int \frac{x}{\sqrt[3]{2x-1}}\,dx$

풀 이

(1) $3x+1=t$라 하면 $x=\frac{1}{3}(t-1)$, $\frac{dx}{dt}=\frac{1}{3}$이고

$dx = \frac{1}{3}\, dt$ 이므로

$$\int \cos(3x+1)\, dx = \int \frac{\cos t}{3}\, dt = \frac{1}{3}\sin t + C = \frac{1}{3}\sin(3x+1) + C$$

(2) $2x-1 = t$라 하면 $x = \frac{1}{2}(t+1)$, $\frac{dx}{dt} = \frac{1}{2}$ 이고

$dx = \frac{1}{2}\, dt$ 이므로

$$\int (2x-1)^2 dx = \int \frac{t^2}{2}\, dt = \frac{1}{6}t^3 + C = \frac{1}{6}(2x-1)^3 + C$$

(3) $3x-1 = t$ 라 하면 $x = \frac{1}{3}(t+1)$, $\frac{dx}{dt} = \frac{1}{3}$ 이고

$dx = \frac{1}{3}\, dt$ 이므로

$$\int e^{(3x-1)} dx = \int \frac{e^t}{3}\, dt = \frac{1}{3}e^t + C = \frac{1}{3}e^{(3x-1)} + C$$

(4) $\sqrt[3]{2x-1} = t$ 라 하면 $x = \frac{1}{2}(t^3+1)$, $dx = \frac{3}{2}t^2 dt$ 이므로

$$\begin{aligned}\int \frac{x}{\sqrt[3]{2x-1}}\, dx &= \int \frac{t^3+1}{2t} \cdot \frac{3}{2}t^2 dt = \frac{3}{4}\int (t^4 + t^2)\, dt \\ &= \frac{3}{4}\left(\frac{t^5}{5} + \frac{t^2}{2}\right) + C = \frac{3}{40}t^2(2t^3+5) + C \\ &= \frac{3}{40}(4x+3)\sqrt[3]{(2x-1)^2} + C\end{aligned}$$

8.6 정적분

【1】 정적분의 정의

그림 8.7에서와 같이 함수 $y=f(x)$가 구간 $[a, b]$에서 연속이며 $f(x) \geq 0$ 이고 증가함수라 하자. 폐구간 $[a, b]$를 n 등분하고 각 분점의 x 좌표를 차례로 $a = x_0$, x_1, x_2, $\cdots$, x_{n-1}, $x_n = b$ 라 하면 그 간격은 $\Delta x = (b-a)/n$ 이다.

그림 8.7에서 밑변의 길이가 Δx 이고, 각 소구간의 왼쪽 끝점에서의 함수값을 높이로 하는 n 개의 직사각형의 넓이의 합을 S_n이라 하면 S_n은 아래와 같이

나타낼 수 있다.

$$S_n = f(x_0)\Delta x + f(x_1)\Delta x + \cdots\cdots + f(x_{n-1})\Delta x$$

$$= \sum_{i=1}^{n} f(x_{i-1})\Delta x$$

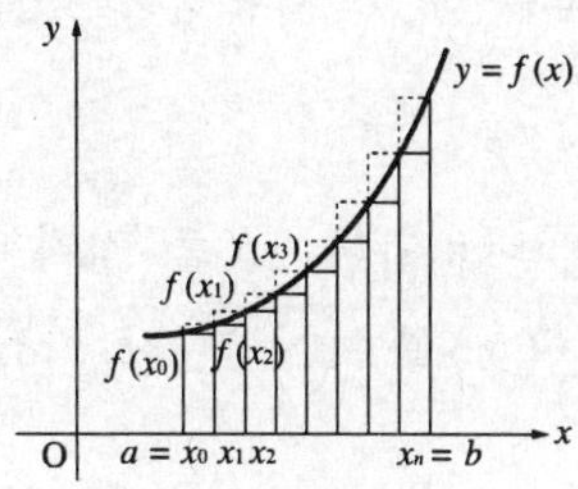

< 그림 8.7 >

한편, 밑변의 길이가 Δx 이고, 각 소구간의 오른쪽 끝점에서의 함수값을 높이로 하는 n 개의 직사각형의 넓이의 합을 S_n'이라 하면, S_n'는

$$S_n' = f(x_1)\Delta x + f(x_2)\Delta x + \cdots\cdots + f(x_n)\Delta x$$

$$= \sum_{i=1}^{n} f(x_i)\Delta x$$

곡선 $y = f(x)$ 와 직선 $x = a$, $x = b$, 그리고 x 축으로 둘러싸인 부분의 면적을 S 라 하면 S 는 $S_n < S < S_n'$ 이므로

$$0 < S - S_n < S_n' - S_n$$

이다. 그런데

$$S_n' - S_n = [f(x_n) - f(x_0)]\Delta x = [f(x_n) - f(x_0)]\frac{b-a}{n}$$

이므로 $S_n' - S_n$과 $S - S_n$은 $n \to \infty$ 에서

$$\lim_{n\to\infty}(S_n' - S_n) = \lim_{n\to\infty}(S - S_n) = 0$$

을 만족하게 된다. 따라서 면적 S는

$$S = \lim_{n\to\infty} S_n = \lim_{n\to\infty} S_n'$$

즉, $n \to \infty$일 때, $\Delta x \to 0$이 되고 S_n과 S_n'은 곡선 $y = f(x)$와 직선

$x=a$와 $x=b$및 x 축으로 둘러싸인 도형의 면적 S에 한없이 가까워진다.

$$\lim_{n\to\infty} S_n = \lim_{n\to\infty} \sum_{k=1}^{n} f(x_{k-1})\Delta x = \lim_{n\to\infty} \sum_{k=0}^{n-1} f(x_k)\Delta x = S$$

이 극한값을 $y=f(x)$의 a부터 b까지의 정적분이라 하고 기호를 사용하여

$$\int_a^b f(x)dx$$

로 표시한다. 여기서 a를 정적분의 하한, b를 정적분의 상한이라 하고, 이 정적분을 구하는 것을 함수 $y=f(x)$를 a부터 b까지 적분한다고 하며 x를 적분변수라고 한다.

【2】 정적분의 계산

일반적으로 함수 $f(x)$가 폐구간 $[a, b]$에서 연속이고 변수 x에 대해, $S(x)=\int_a^x f(t)dt$ 라고 하면, 다음과 같은 적분과 미분의 관계가 성립한다.

$$\frac{d}{dx}S(x) = \frac{d}{dx}\int_a^x f(t)dt = f(x)$$

정적분의 계산을 위한 기본정리는 적분과 미분의 관계에서 얻어진다. 위식에서 $S(x)$는 함수 $f(x)$의 부정적분이고, 함수 $f(x)$의 다른 부정적분을 $F(x)$라고 하면

$$S(x)=\int_a^x f(t)dt = F(x)+C \quad (\text{단, } C\text{는 상수})$$

이다. 윗식에서 $x=a$라고 하면 $S(a)=0$이므로

$$\int_a^a f(x)\ dx = 0 = F(a)+C$$

$$\therefore\ C = -F(a)$$

이 된다. 따라서

$$\int_a^x f(x)\ dx = F(x)-F(a)$$

를 얻는다. 여기서 $x = b$ 일 때 $S(b)$는

$$\int_a^b f(x)\, dx = F(b) - F(a)$$

를 얻는다. 이때 우변을 간단히 $[F(x)]_a^b$ 라고 쓰기도 하며 이 공식은 정적분과 원시함수를 관련시키는 중요한 공식이다. 즉, 정적분의 계산은 아래와 같은 방법으로 한다.

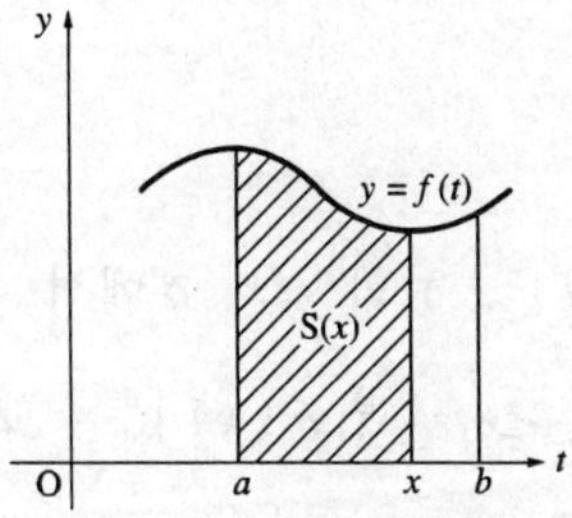

< 그림 8.8 >

● 정적분의 계산 ●

> $R'(x) = f(x)$이면
>
> $$\int_a^b f(x)dx = F(b) - R(a)$$

예 제 8.28

다음 정적분을 계산하여라.

(1) $\int_1^3 x^2 dx$ (2) $\int_0^1 (\sqrt[3]{x})^2 dx$

(3) $\int_0^{\frac{\pi}{2}} \sin x\, dx$ (4) $\int_0^{\pi} \cos x\, dx$

풀 이

(1) $\int_1^3 x^2\, dx = \left[\frac{1}{3} x^3\right]_1^3 = \frac{27}{3} - \frac{1}{3} = \frac{26}{3}$

(2) $\int_0^1 (\sqrt[3]{x})^2 dx = \int_0^1 x^{\frac{2}{3}} dx = \int_0^1 \frac{3}{5} x^{\frac{5}{3}} dx = \frac{3}{5}$

(3) $\int_0^{\frac{\pi}{2}} \sin x \ dx = [-\cos x]_0^{\frac{\pi}{2}} = -\cos\frac{\pi}{2} - (-\cos 0) = 0 - (-1) = 1$

(4) $\int_0^{\pi} \cos x \ dx = [\sin x]_0^{\pi} = \sin\pi - \sin 0 = 0$

【3】 정적분의 기본성질

정적분의 계산법에서 함수 $f(x)$ 의 $x = a$ 에서 $x = b$ 까지의 적분은

$$\int_a^b f(x)\ dx = [F(x)]_a^b = F(b) - F(a)$$

이고, $x = b$ 에서 $x = a$ 까지의 적분은

$$\int_b^a f(x)\ dx = [F(x)]_b^a = F(a) - F(b)$$

따라서,

$$\int_a^b f(x)\, dx = -\int_b^a f(x)\, dx$$

일반적으로 함수 $f(x)$가 폐구간 $[a,\ b]$에서 연속이면 적분의 계산을 위한 기본적인 공식은 아래와 같다.

● 정적분의 기본 성질 ●

[Ⅰ] $\int_a^b kf(x)dx = k\int_a^b f(x)dx$ (단, k 는 상수)

[Ⅱ] $\int_a^b \{f(x) \pm g(x)\}dx = \int_a^b f(x)dx \pm \int_a^b g(x)dx$

[Ⅲ] $\int_a^b f(x)dx = \int_a^c f(x)dx + \int_c^b f(x)dx \quad (c \in [a,\ b])$

예 제 8.29

다음 정적분을 계산하여라.

(1) $\int_1^3 (6x^2+4x-3)\,dx$ (2) $\int_1^2 (x+1)^2 dx - \int_1^2 (x-1)^2 dx$

(3) $\int_{-1}^0 (x^2+x)dx + \int_0^1 (x^2+x)\,dx$

풀 이

(1) $\int_1^3 (6x^2+4x-3)\,dx = [2x^3+2x^2-3x]_1^3$
$= (54+18-9)-(2+2-3)$
$= 63-1 = 62$

(2) $\int_1^2 (x+1)^2 dx - \int_1^2 (x-1)^2 dx = \int_1^2 \{(x+1)^2-(x-1)^2\}\,dx$
$= \int_1^2 \{(x^2+2x+1)-(x^2-2x+1)\}\,dx$
$= \int_1^2 4x\,dx = 2[x^2]_1^2 = 6$

(3) $\int_{-1}^0 (x^2+x)\,dx + \int_0^1 (x^2+x)\,dx = \int_{-1}^1 (x^2+x)\,dx$
$= \left[\frac{1}{3}x^3+\frac{1}{2}x^2\right]_{-1}^1 = \frac{2}{3}$

예제 8.30

함수 $f(x)=\begin{cases} 3+x & (0 \leqq x \leqq 3) \\ 3-x & (3 \leqq x \leqq 6) \end{cases}$ 에 대하여 $\int_0^6 f(x)\,dx$ 의 값을 구하여라.

풀 이

$$\int_0^6 f(x)\,dx = \int_0^3 (3+x)\,dx + \int_3^6 (3-x)\,dx$$
$$= \left[3x+\frac{1}{2}x^2\right]_0^3 + \left[3x-\frac{1}{2}x^2\right]_3^6$$
$$= (9+\frac{9}{2})+\left\{(18-\frac{36}{2})-(9-\frac{9}{2})\right\}$$
$$= 9$$

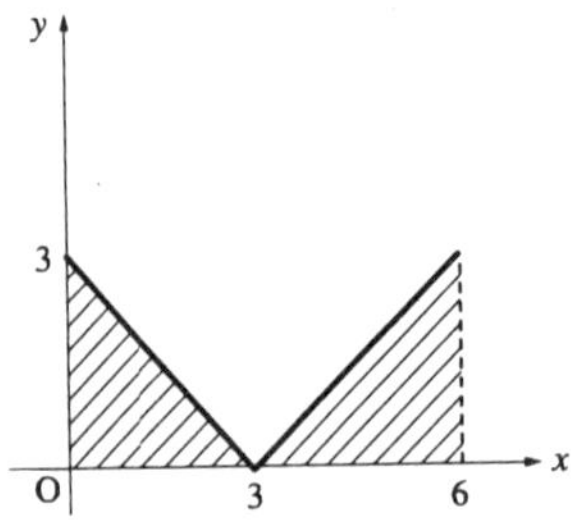

【4】 정적분의 치환적분법

부정적분에서 적분변수 x 를 적분변수 t 로 치환하고자 할 때 적분변수 사이의 관계가 $x = g(t)$ 를 만족하면 $dx = g'(t)dt$ 이고 아래와 같은 치환적분식을 유도하였다.

$$\int f(x)dx = \int f\{g(t)\}g'(t)\ dt$$

정적분에서는 적분구간이 있으므로 적분구간도 변수 t에 맞게 조정되어야 한다.

그림 8.9와 같이 $x = g(t)$가 $a = g(\alpha)$, $b = g(\beta)$를 만족하고 t에 대한 구간 $[\alpha, \beta]$에서 미분가능하면 정적분에서 치환적분법은 아래와 같다.

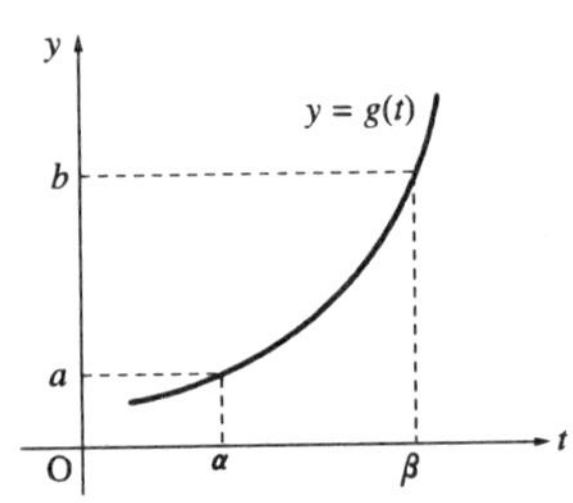

< 그림 8.9 >

● 정적분의 치환 적분 ●

$$\int_a^b f(x)\ dx = \int_\alpha^\beta f\{g(t)\}\ g'(t)dt$$

예 제 8.31

다음 정적분을 구하여라.

(1) $\int_0^1 (2x+1)^3 dx$ (2) $\int_0^1 \frac{x}{(2x+1)^3} dx$

풀 이

(1) $2x+1=t$ 라 하면,

$x=\frac{1}{2}(t-1)$, $dx=\frac{1}{2}dt$ 이다.

$x=0$일 때 $t=1$이고, $x=1$ 일 때 $t=3$이므로

$$\int_0^1 (2x+1)^3 dx = \int_1^3 \frac{1}{2} t^3 dt = \left[\frac{1}{8}t^4\right]_1^3 = 10$$

(2) $2x+1=t$라 하면, $x=\frac{1}{2}(t-1)$, $dx=\frac{1}{2}dt$ 이다.

$x=0$일 때 $t=1$이고, $x=1$일 때 $t=3$이므로

$$\int_0^1 \frac{x}{(2x+1)^3}dx = \frac{1}{2}\int_1^3 \left(\frac{t-1}{2t^3}\right)dt = \frac{1}{4}\int_1^3 (t^{-2}-t^{-3})dt$$

$$= \frac{1}{4}\left[-\frac{1}{t}+\frac{1}{2t^2}\right]_1^3 = \frac{1}{18}$$

8.7 정적분의 응용

【1】 면적

다음 그림 8.10에서 구간 $[a, b]$에서 연속함수 $y=f(x)$와 두 직선 $x=a$, $x=b$와 x 축에 의해서 둘러싸인 부분의 넓이는 S는

(i) $f(x) \geqq 0$ 이면, $S = \int_a^b f(x)\,dx$

(ii) $f(x) \leqq 0$ 이면, $S = -\int_a^b f(x)\,dx$

이다.

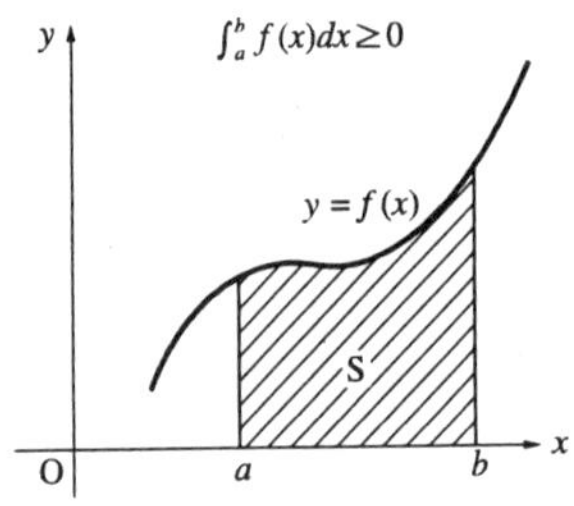

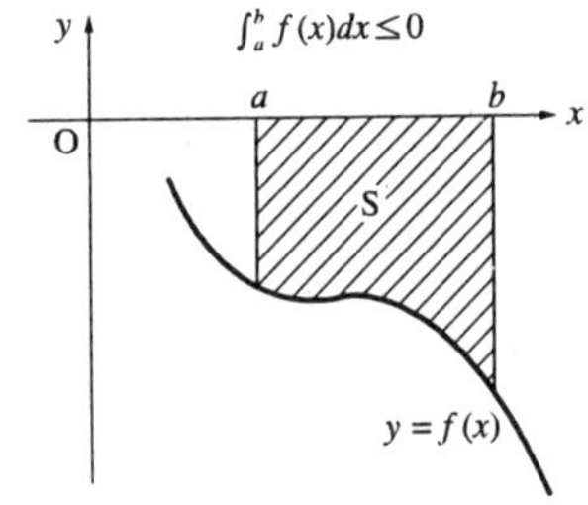

< 그림 8.10 >

예제 8.32

포물선 $y = 4 - x^2$과 x 축으로 둘러싸인 도형의 넓이를 구하여라.

풀이

포물선 $y = 4 - x^2$과 x 축과의 교점을 구하면

$$x^2 - 4 = 0, \quad \therefore\ x = -2,\ x = 2$$

구간 $[-2,\ 2]$에서 $y \geq 0$이므로, 구하는 면적 S는

$$S = \int_{-2}^{2} (4 - x^2)\ dx$$

$$= \left[4x - \frac{x^3}{3}\right]_{-2}^{2} = \frac{32}{3}$$

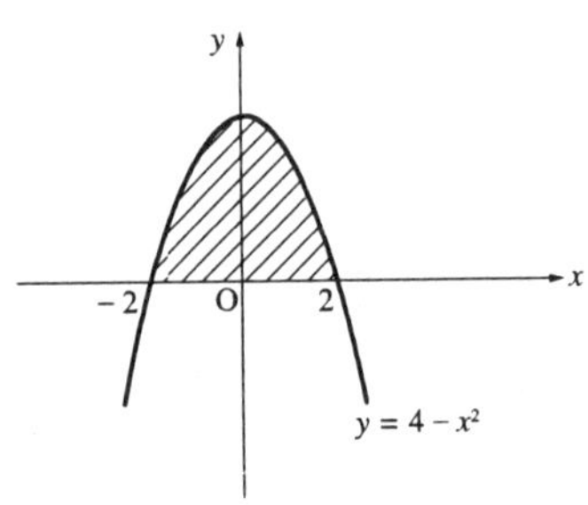

예제 8.33

곡선 $y = (x - 1)(x - 2)$와 좌표축 x에 의하여 둘러싸인 부분의 넓이를 구하여라.

풀 이

곡선 $y=(x-1)(x-2)$는 x축과는 점 (1, 0), (2, 0)에서 만나고 y축과는 점 (0, 2)에서 만난다. 그림과 같이 구간 [0, 1]에서 $y \geqq 0$ 이고 구간 [1, 2]에서 $y \leqq 0$ 이므로 적분을 2개의 부분으로 나누어 넓이를 S_1과 S_2로 표시하면

$$S_1 = \int_0^1 (x-1)(x-2)\,dx$$

$$S_2 = -\int_1^2 (x-1)(x-2)\,dx$$

이다.

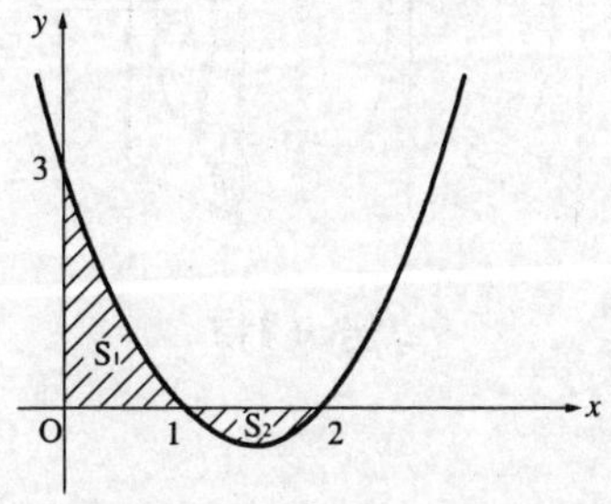

$$\int (x-1)(x-2)dx = \int (x^2-3x+2)dx$$
$$= \frac{1}{3}x^3 - \frac{3}{2}x^2 + 2x + C$$

이므로

$$S_1 = \left[\frac{1}{3}x^3 - \frac{3}{2}x^2 + 2x\right]_0^1 = \frac{5}{6}$$

$$S_2 = -\left[\frac{1}{3}x^3 - \frac{3}{2}x^2 + 2x\right]_1^2 = \frac{1}{6}$$

구하는 넓이를 S 는

$$S = S_1 + S_2 = \frac{1}{6} + \frac{5}{6} = 1$$

【2】 부피

그림 8.11과 같이 공간에 주어진 입체에서 x 축 상의 점 a, $b(a<b)$를 지나고, x 축에 수직인 두 평면 α, β 사이에 있는 부피 V를 생각해 보자.

이 입체를 x 축에 수직인 평면으로 잘랐을 때 생기는 단면의 면적은 x 의 함수가 된다. 이 함수를 $S(x)$ 라고 표시한다면, x 가 Δx만큼 변할 때, 체적 V는 ΔV 만큼 변하며 ΔV는 근사적으로 $S(x)\Delta x$ 의 크기를 가지게 된다.

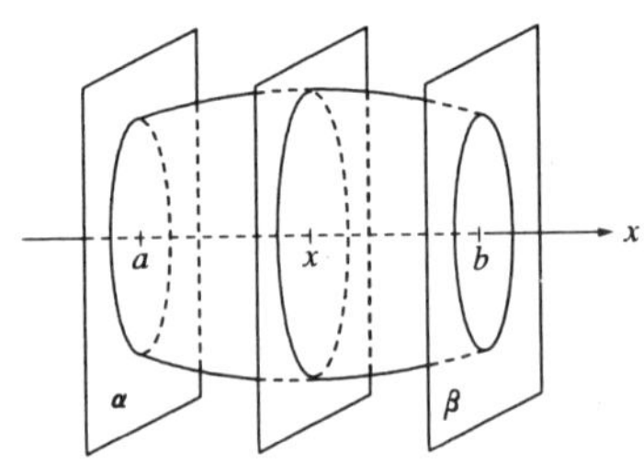

<그림 8.11>

구간 $[a, b]$를 n 등분하고 나눈 점의 x 좌표를 각각

$$a = x_0,\ x_1,\ x_2,\ \cdots\ x_{n-1},\ x_n = b$$

라고 하자. 작은 구간 $x_{k-1} \leqq x \leqq x_k (k=1, 2, 3, \cdots, n)$에서 $S(x)$의 최대값 혹은 최소값을 $S(x_k)$라고 하여 $S(x)$가 구간 $a \leq x \leq b$에서 연속이면, $x=a$에서 $x=b$까지의 입체의 체적 V 는

$$V = \lim_{n\to\infty}\sum_{k=1}^{n}\Delta V_k = \lim_{n\to\infty}\sum_{k=1}^{n}S(x_k)\Delta x = \int_a^b S(x)\,dx$$

이다.

예 제 8.34

밑면적이 A 이고, 높이가 h 인 삼각뿔의 체적을 구하라.

풀 이

꼭지점 O에서 밑면에 내린 수선 OH의 길이를 h 라하고 선분 OH 위에서 꼭지점 O에서의 거리가 x인 점에서 선분 OH에 수직한 단면의 면적을

$S(x)$라 하면,

$$S(x) : A = x^2 : h^2$$

$$S(x) = \frac{x^2}{h^2} \cdot A$$

따라서, 체적을 V라 하면

$$V(x) = \int_0^h S(x)\,dx = \int_0^h \left(\frac{x^2}{h^2} \cdot A \right) dx$$

$$= \frac{A}{h^2}\left[\frac{1}{3} x^3 \right]_0^h = \frac{1}{3} A h$$

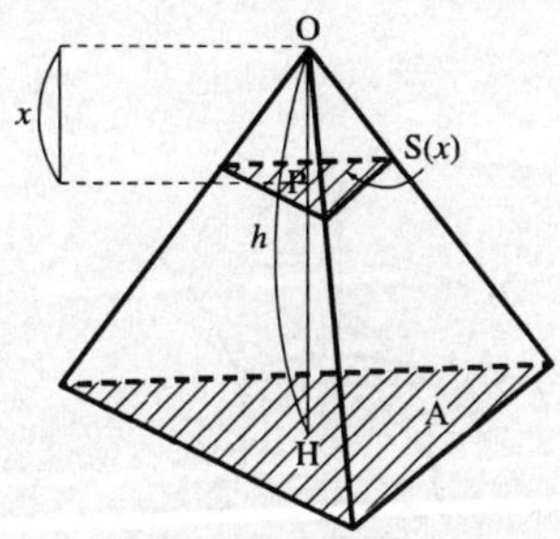

회전체의 체적은 입체의 특수한 경우로 보다 쉽게 계산할 수 있다. 구간 $[a, b]$에서 연속인 함수 $y=f(x)$에 의한 곡선을 x축을 회전축으로 회전시키면 그림 8.12와 같은 회전체가 생긴다. x축 상의 좌표가 x인 점에서 x축에 수직으로 잘린 단면은 원이고 반지름의 길이는 $|f(x)|$이다. 그러므로 단면적 $S(x)$는

$$S(x) = \pi \{ f(x) \}^2$$

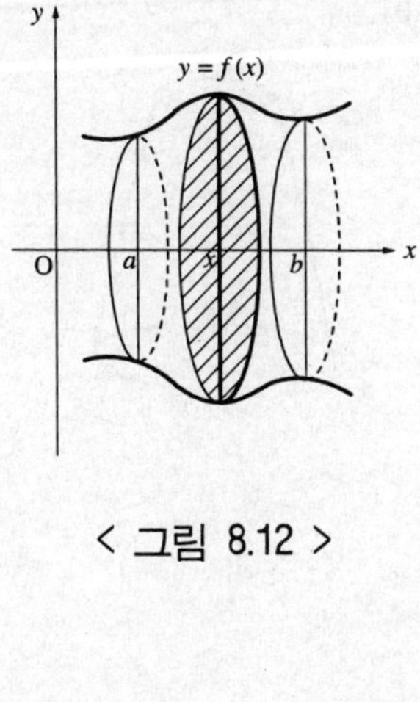

< 그림 8.12 >

따라서, $y=f(x)$ ($a \le x \le b$)를 x 축을 회전축으로 하여, 회전했을 때, 생기는 회전체의 체적 V_x는

$$V_x = \pi \int_a^b y^2 dx = \int_a^b \pi \{f(x)\}^2 dx$$

같은 방법으로 $x = g(y)$ ($c \le y \le d$)에 의한 곡선을 y 축을 회전축으로 회전하여서 얻어지는 회전체의 부피 V_y는

$$V_y = \pi \int_c^d x^2 dy = \pi \int_c^d \{g(y)\}^2 dx$$

이다.

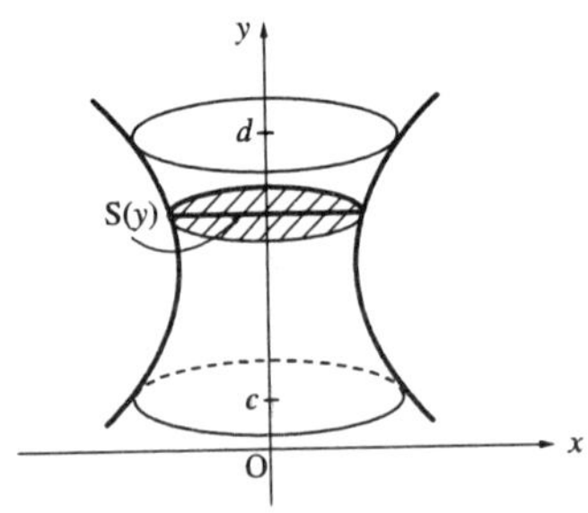

< 그림 8.13 >

예 제 8.35

윗면은 지름이 10cm인 원, 밑면은 지름이 20cm인 원이고, 높이가 30cm인 원뿔대의 부피를 구하라.

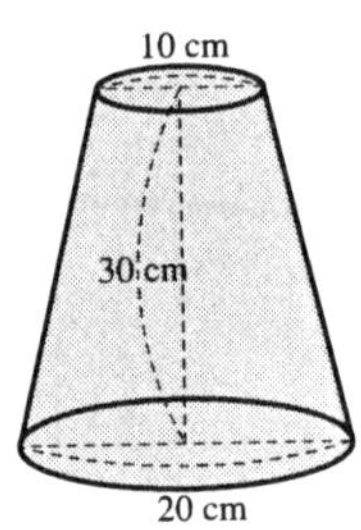

풀 이

주어진 원뿔대는 그림 8-18과 같이 x 축상의 구간 [0, 30]에서 함수

$y = \frac{1}{3}x + 10$의 x축을 축으로한 회전체이다.

따라서, 체적 V는

$$V = \pi\int_0^{30} y^2 dx = \pi\int_0^{30}\left\{\frac{1}{3}x + 10\right\}^2 dx = \pi\int_0^{30}\left\{\frac{1}{9}x^2 + \frac{20}{3}x + 100\right\}dx$$

$$= \pi\left[\frac{1}{27}x^3 + \frac{10}{6}x^2 + 100x\right]_0^{30} = \pi\left\{\frac{1}{27}\times 30^3 + \frac{10}{6}\times 30^2 + 100\times 30\right\}$$

$$= \pi\{1000 + 1500 + 3000\} = 5500\pi$$

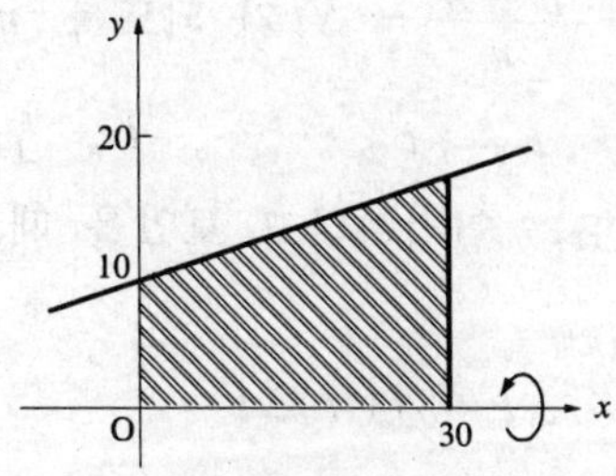

예 제 8.36

반지름이 r인 구(球)의 부피를 구하여라.

풀 이

지름의 길이가 r인 원을 x축을 회전축으로 하여 회전했을 때, 생기는 회전체의 부피가 구이므로 부피는

$$V = \pi\int_{-r}^{r} y^2 dx = \pi\int_{-r}^{r}(r^2 - x^2)dx$$

$$= \pi\left[r^2 x - \frac{1}{3}x^3\right]_{-r}^{r}$$

$$= \frac{4}{3}\pi r^3$$

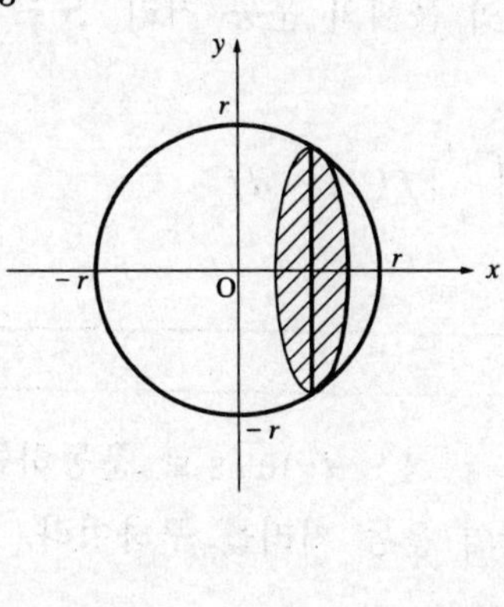

【3】 운동거리

직선 위를 운동하는 물체의 시각 t 에서의 속도를

$$v = f(t) \quad (f(t) \geq 0)$$

라 하면, 이 물체가 시각 $t=a$ 에서 $t=b$ 까지 움직인 운동 거리 S 는 다음과 같이 구할 수 있다.

$t=a$ 에서 $t=b$ 사이를 $\frac{b-a}{n} = \Delta t$ 가 되도록 n 등분한 시각을 차례로

$$a = t_0, t_1, t_2 \cdots\cdots, t_{n-1}, t_n = b$$

하고, 등분된 각 구간에서 속도는 일정하다고 보았을 때, 그 구간에서의 부분거리 Δs 는

$$\Delta s = v \cdot \Delta t = f(t)\Delta t$$

이다. 따라서, 운동거리의 총합 s_n 은

$$s_n = f(t_1)\Delta t + f(t_2)\Delta t + \cdots\cdots + f(t_n)\Delta t$$

$$= \sum_{k=1}^{n} f(t_k)\Delta t$$

이므로, 운동거리 S 는

$$s = \lim_{n\to\infty} \sum_{k=0}^{n} f(t_k)\Delta t = \int_a^b f(t)\ dt$$

$f(t) \leq 0$ 일 때는 시각 $t=a$ 에서 $t=b$ 까지의 이 물체의 운동거리 S 는

$$S = \int_a^b \{-f(t)\}\ dt = -\int_a^b f(t)\ dt$$

따라서, 시각 $t=a$ 에서 $t=b$ 까지 이 물체의 운동 거리 S 는 $f(t) \geq 0$ 인 부분과 $f(t) \leq 0$ 인 부분으로 나누어서 구한 각각의 운동 거리를 합하면 된다. 즉 시각 $t=a$ 에서 $t=b$ 까지의 물체의 운동 거리 S 는

$$S = \int_a^b |f(t)|\ dt$$

예 제 8.37

수직선 위를 속도 $v = 4 - t$ m/s로 운동하는 점 P가 있다. $t=1$ 에서 $t=7$ 까지의 점 P의 운동 거리를 구하여라.

풀 이

시각 t에 대한 구간 [0, 4]에서 $v \geqq 0$ 이고, 구간 [4, 7]에서 $v \leqq 0$ 이다.

따라서, 운동 거리 S는

$$S = \int_1^7 |4 - t| dt$$
$$= \int_1^4 (4 - t)\, dt + \int_4^7 \{-(4 - t)\} dt$$
$$= \left[4t - \frac{1}{2}t^2\right]_1^4 - \left[4t - \frac{1}{2}t^2\right]_4^7$$
$$= \left\{\left(16 - \frac{16}{2}\right) - \left(4 - \frac{1}{2}\right)\right\} - \left\{\left(28 - \frac{49}{2}\right) - \left(16 - \frac{16}{2}\right)\right\}$$
$$= 4 - \frac{5}{2} - \frac{7}{2} + 4 = 2 \text{ m}$$

예 제 8.38

달리는 승용차에 브레이크를 건 후 t초 후의 빠르기가 $v(t) = 20 - 5t$ (m/s)일 때. 이 승용차가 브레이크를 건 후 정지할 때 까지의 이동거리와 시간을 계산하라.

풀 이

브레이크를 건 후 정지할 때까지 걸린 시간 t

$t = 20 - 2t = 0$ 에서

$t = 10$ 초

정지할 때까지 이동거리 S

$$S = \int_0^{10} (20 - 2t)\, dt = [20t - t^2]_0^{10} = 100 \text{ m}$$

연습문제

1. 다음 극한값을 구하라.

(1) $\lim_{x\to 2} 2x$ (2) $\lim_{x\to 2}(x^2+3x+4)$

(3) $\lim_{x\to\infty}\left(\frac{1}{x+1}\right)$ (4) $\lim_{x\to\infty}\frac{3x}{4a+3}$

(5) $\lim_{x\to\frac{\pi}{2}}\frac{\cos x+1}{2-\sin x}$ (6) $\lim_{x\to\frac{3}{2}\pm 0}\frac{1}{(3x-2)}$

(7) $\lim_{x\to\infty}(3^x-4^x)$ (8) $\lim_{x\to\infty}\left(1+\frac{2}{x}\right)^x$

2. 다음 함수의 도함수를 구하여라.

(1) $y = 3x^2$ (2) $y = 2x^3 - 4x + 3$

(3) $y=(3x+1)(2+x^2)$ (4) $y=\frac{2x^3+3x+1}{x^2}=2x+3x^{-1}+x^{-2}$

(5) $y = \frac{x}{x+1}$ (6) $y = x\sqrt{x}$

(7) $y = (2x+3)^2$ (8) $y = \sqrt{2x^3-3x+2}$

3. 다음 함수를 미분하라.

(1) $y = x\sin x$ (2) $y = \cos\left(3x+\frac{\pi}{2}\right)$

(3) $y = \sin x\cos x$ (4) $y = 2x\tan x$

(5) $y = \sin^3 x$ (6) $y = 2\cos^2 3x$

(7) $y = (1-x^2)\tan x$ (8) $y = \sec^2 3x$

(9) $y = \cos^2\left(\frac{1}{x}\right)$ (10) $y = -\frac{\cos+2}{\sin x}$

4. 곡선 $f(x) = x^2-3x+2$ 위의 점 (2, 0)에서 그은 접선의 방정식을 구하라.

5. 함수 $f(x) = x^3 - 12x + 2$의 극대값과 극소값을 구하라.

6. 지상에서 초속 200 km/초의 속도로 똑바로 쏘아올린 물체의 t 초 후의 높이를 x m라 하면, x 와 t 사이에는 $x = 200t - 10t^2$ 인 관계가 있다고 하자.

(1) 발사 후 15 초 후의 속도와 가속도를 구하라.
(2) 최고점에 도달하는데 몇 초가 걸리는가?
(3) 지상에서 최고점까지의 높이를 구하라.

7. 반지름 10 cm 인 원에 내접하는 최대 넓이의 직사각형을 구하라.

8. 다음 부정적분을 구하라.

(1) $\int \frac{1}{4} x^3 dx$
(2) $\int x^{-3} dx$
(3) $\int x^{\frac{5}{2}} dx$
(4) $\int x^{\sqrt{3}} dx$
(5) $\int (3x^2 + 2x - 5) dx$
(6) $\int (x+2)^2 dx$
(7) $\int (x-1)(x-2) dx$
(8) $\int (\sqrt{x} + \frac{1}{\sqrt{x}}) dx$
(9) $\int (3e^x + 4^x) dx$
(10) $\int (\cos x + \sqrt{3} \sin x) dx$
(11) $\int \cos^2 x dx$
(12) $\int \frac{1 + \sin^2 x}{\sin^2 x} dx$

9. 다음 부정적분을 구하라.

(1) $\int (3x+1)^2 dx$
(2) $\int x(x^2 - 1)^2 dx$
(3) $\int x\sqrt{x^2 + 3}\, dx$
(4) $\int \frac{3x}{2\sqrt{x+2}} dx$
(7) $\int \cot x dx$
(8) $\int e^x \cos x\, dx$
(9) $\int x e^{-x} dx$
(10) $\int x \ln x dx$

(5) $\int e^{2x+1}dx$

(6) $\int x\ e^{x2}dx$

(11) $\int x\ \cos x\ dx$

10. 다음 정적분을 구하라.

(1) $\int_1^2 4x^3 dx$

(2) $\int_{-1}^1 (x^2+3x-1)dx$

(3) $\int_4^1 \left(\sqrt{x}+\frac{1}{\sqrt{x}}+1\right)dx$

(4) $\int_0^2 \frac{1}{x+2}dx$

(5) $\int_1^2 \frac{x}{(2x+1)^2}dx$

(6) $\int_0^3 x\sqrt{4-x}\ dx$

(7) $\int_0^{\pi}(3\ \sin x+2\ \cos x)dx$

(8) $\int_0^{\frac{\pi}{2}} x\sin 2x\, dx$

(9) $\int_1^3 \ln(x+1)dx$

(10) $\int_1^2 x e^{x+1}dx$

11. $0\le x\le 3$의 범위에서 $y=x^2-2x$와 x축으로 둘러싸인 도형의 면적을 구하라.

12. 밑면의 반지름의 길이가 r이고 높이가 h인 원뿔의 체적을 정적분으로 구하여라.

제 9 장 Laplace 변환

미분방정식을 고전적 방법(시간의 함수)으로 해를 구할 수 있지만 입력함수가 불연속이거나 또는 불연속 함수의 도함수로 될 경우에는 고전적 방법으로 해를 구하기가 어려우므로 여기에서 배우게 될 Laplace 변환을 이용해서 해를 구하면 된다. Laplace 변환에 의한 미분방식의 해는 다음 3단계로 구해진다.

(1) 주어진 미분방정식을 Laplace 변환하여 대수방정식으로 바꾼다.
(2) 대수방정식의 해를 구한다.
(3) 대수방정식의 해를 역변환하여 시간의 함수가 되게 한다.

9.1 Laplace 변환의 정의

$t>0$에서 정의된 함수 $f(t)$가 있을 때 s를 변수로 하여 적분변환

$$F(s) = \mathcal{L}[f(t)] = \int_0^{\infty} f(t)\, e^{-st} dt \tag{9.1}$$

가 성립하고, 적분값이 존재할 때에 $F(s)$를 주어진 함수 $f(t)$의 **Laplace 변환**이라 부른다. 또 $F(s)$가 주어져서 $f(t)$를 구하는 다음 식의 변환을 **Laplace 역변환**이라 하고,

$$f(t) = \frac{1}{2\pi j} \int_{c-j\infty}^{c+j\infty} F(s)\, e^{st} ds \tag{9.2}$$

$\mathcal{L}^{-1}[F(s)]$로 적는다. 즉

$$f(t) = \mathcal{L}^{-1}[F(s)] \tag{9.3}$$

이다. 여기서 식 (9.2)의 c는 $F(s)$의 모든 특이점들을 실수부보다 큰 실상수이다.

9.2 중요함수의 Laplace 변환

(1) 단위계단 함수(Unit step function) : $\boldsymbol{u(t)}$

$$u(t)=\begin{cases}1, & t\geq 0\\ 0, & t<0\end{cases}$$

$$\mathcal{L}[u(t)]=\int_0^\infty u(t)e^{-st}dt=\int_0^\infty e^{-st}=-\frac{1}{s}e^{-st}\Big|_0^\infty$$

$$=\frac{1}{s}\quad (s>0) \tag{9.4}$$

(2) $\boldsymbol{e^{at}u(t)}$

$$\mathcal{L}[(e^{at})u(t)]=\int_0^\infty e^{-st}e^{at}dt=\frac{1}{a-s}e^{-(s-a)t}\Big|_0^\infty$$

$$=\frac{1}{s-a}\quad (s-a>0) \tag{9.5}$$

(3) sine 함수 : $\boldsymbol{\sin \omega t}$

$\sin \omega t=\frac{1}{2j}(e^{j\omega t}-e^{-j\omega t})$이므로

$$\mathcal{L}[\sin \omega t]=\int_0^\infty \frac{1}{2j}(e^{j\omega t}-e^{-j\omega t})\cdot e^{-st}dt$$

$$=\frac{1}{2j}\left(\frac{1}{s-j\omega}-\frac{1}{s+j\omega}\right)\ \text{((8.5)식에 의하여)}$$

$$=\frac{1}{2j}\left(\frac{2i\omega}{s^2+\omega^2}\right)=\frac{\omega}{s^2+\omega^2} \tag{9.6}$$

(4) cosine 함수 : $\boldsymbol{\cos \omega t}$

$$\cos \omega t = \frac{1}{2}(e^{j\omega t} + e^{-j\omega t})$$

이므로

$$\mathcal{L}[\cos \omega t] = \int_0^\infty \frac{1}{2}(e^{j\omega t} + e^{j-\omega t}) \cdot e^{-st} dt$$

$$= \frac{1}{2}\left(\frac{1}{s-j\omega} + \frac{1}{s+j\omega}\right) \text{ ((8.5)식에 의하여)}$$

$$= \frac{1}{2}\frac{2s}{s^2+\omega^2} = \frac{s}{s^2+\omega^2} \qquad (9.7)$$

(5) sinhat 와 coshat

$$\sinh at = \frac{1}{2}(e^{at} - e^{-at})$$

$$\cos at = \frac{1}{2}(e^{at} + e^{-at}) \text{ 이므로}$$

$$\mathcal{L}[\sinh at] = \frac{a}{s^2 - a^2} \qquad (9.8)$$

$$\mathcal{L}[\cosh at] = \frac{s}{s^2 - a^2} \qquad (9.9)$$

(6) $e^{st}\sin \omega t$

정 리 e^{at}배한 함수의 Laplace 변환은 함수의 Laplace 변환식에서 s 대신 $s-a$로 바꾼 것과 같다. 이를 복소 추이(Shifting) 정리라고 한다.
즉 $\mathcal{L}[f(t)] = F(s)$ 일 때

$$\mathcal{L}[e^{at}f(t)] = F(s-a) \qquad (9.10)$$

이다.

증 명 $\mathcal{L}[e^{at}f(t)] = \int_0^\infty e^{-st}[e^{at}f(t)]dt$

$$= \int_0^\infty e^{-(s-a)t}f(t)dt$$

$$= F(s-a)$$

식 (9.6)과 (9.10)을 이용해서

$$\mathcal{L}[e^{at}\sin \omega t] = \frac{\omega}{(s-a)^2+\omega^2} \tag{9.11}$$

(7) $e^{at}\cos \omega t$

식 (9.7)과 (9.10)을 이용해서

$$\mathcal{L}[e^{at}\cos \omega t] = \frac{s-a}{(s-a)^2+\omega^2} \tag{9.12}$$

이상을 종합하여 다음 표 (9.1)에 실었다.

표 (9.1)에 열거한 함수는 공학에서 자주 나오는 대표적인 함수이며, 역 Laplace 변환을 할 때 많이 사용되는 것이기 때문에 독자들은 외워두는 것이 좋다.

[표 9.1] 기초함수의 Laplace 변환

$f(t)$	$F(s) \equiv \mathcal{L}[f(t)] \equiv \int_0^\infty f(t)e^{-st}dt$
(1) $u(t)$	$\frac{1}{s}$
(2) e^{at}	$\frac{1}{s-a}$
(3) $\sin \omega t$	$\frac{\omega}{s^2+\omega^2}$
(4) $\cos \omega t$	$\frac{s}{s^2+\omega^2}$
(5) $\sinh at$	$\frac{a}{s^2-a^2}$
(6) $\cosh at$	$\frac{s}{s^2-a^2}$
(7) $e^{at}f(t)$	$F(s-a)$

정 리 $\mathcal{L}[f(t)] = F(s)$일 때에

$$\mathcal{L}[t^n f(t)] = (-1)^n F^{(n)}(s) \quad (n = 1, 2, \cdots\cdots) \tag{9.13}$$

이다.

증 명 $F(s) = \mathcal{L}[f(s)] = \int_0^\infty F(t)e^{-st}dt$

의 양변을 s에 대하여 미분하여

$$F'(s) = \frac{d}{ds}\int_0^\infty f(t)e^{-st}dt = \int_0^\infty \frac{\partial}{\partial s}[e^{-st}f(t)]dt$$

$$= \int_0^\infty (-te^{-st})f(t)dt = \int_0^\infty [-tf(t)]e^{-st}dt$$

$$= \mathcal{L}[-tf(t)] = -\mathcal{L}[tf(t)]$$

$$F''(s) = \int_0^\infty \frac{\partial}{\partial s}[\{-tf(t)\}\ e\hat{\ } - st]dt$$

$$= (-1)^2\int_0^\infty [t^2f(t)]e^{-st}dt$$

$$= (-1)^2\mathcal{L}[t^2f(t)]$$

$$\vdots$$

$$F^n(s) = (-1)^n\mathcal{L}[t^nf(t)]$$

이 증명된다.

예 제 9.1

다음의 Laplace 변환을 구하여라.

(a) $t\sin at$ (b) $t^2\sin 2t$ (c) $t^2\cos at$

(a) $\mathcal{L}[\sin at] = \dfrac{a}{s^2+a^2}$

이므로 정리를 써서

$$\mathcal{L}[t\sin at] = -\frac{d}{ds}\frac{a}{s^2+a^2} = \frac{2as}{(s^2+a^2)^2}$$

(b) $\mathcal{L}[\sin 2t] = \dfrac{2}{s^2+2^2}$

이므로 정리를 써서

$$\mathcal{L}[t^2 \sin 2t] = (-1)^2 \frac{d^2}{ds^2}\left(\frac{2}{s^2+4}\right) = \frac{10s^2-16}{(s^2+4)^3}$$

(c) $\mathcal{L}[\cos at] = \dfrac{s}{s^2+a^2}$

이므로 정리를 써서

$$\mathcal{L}[t^2 \cos at] = (-1)^2 \frac{d^2}{ds^2}\left(\frac{s}{s^2+a^2}\right) = \frac{2s(3a^2-s^2)}{(s^2+a^2)^3}$$

정 리 $\mathcal{L}[f(t)] = F(s)$일 때에

$$\mathcal{L}\left[\frac{f(t)}{t}\right] = \int_s^\infty F(s)ds \tag{9.14}$$

이다.

증 명 $F(s) = \mathcal{L}[f(t)] = \int_0^\infty f(t)e^{-st}dt$ 의 양변을 s에서 ∞까지 적분하면 중적분의 적분순서에 교환이 가능하다는 가정 하에서

$$\int_s^\infty F(s)ds = \int_0^\infty \left[\int_s^\infty f(t)e^{-st}ds\right]dt = \int_0^\infty f(t)\left[\int_s^\infty e^{-st}ds\right]dt$$

$$= \int_0^\infty f(t)\left[\frac{e^{-st}}{-t}\right]_s^\infty dt = \int_0^\infty \frac{f(t)}{t}\, e^{-st}dt = \mathcal{L}\left[\frac{f(t)}{t}\right]$$

이 되므로 이 정리는 $F(s)$를 계속 적분하여 일반적인 경우로 확정할 수 있다.

예 제 9.2

$\mathcal{L}\left[\dfrac{\sin at}{t}\right]$를 구하라.

$$\mathcal{L}[\sin at] = \frac{a}{s^2+a^2}$$

이므로 정리를 써서

$$\mathcal{L}\left[\frac{\sin at}{t}\right]=\int_s^\infty \frac{a}{s^2+a^2}\,ds=\left[\tan^{-1}\frac{s}{a}\right]_s^\infty$$

$$=\frac{\pi}{2}-\tan^{-1}\frac{s}{a}=\cos t^{-1}\frac{s}{a}$$

이 된다.

예 제 9.3

함수 $F(s)=\dfrac{s}{(s^2-1)^2}$의 Laplace 역변환을 구하라.

$$\mathcal{L}[f(t)]=\frac{s}{(s^2-1)^2}$$

라 놓으면

$$\mathcal{L}\left[\frac{f(t)}{t}\right]=\int_s^\infty \frac{s}{(s^2-1)^2}\,ds=\frac{1}{2(s^2-1)}\Bigg|_s^\infty$$

$$=\frac{1}{4}\left(\frac{1}{s-1}-\frac{1}{s+1}\right)\Bigg|_s^\infty$$

이므로

$$\frac{f(t)}{t}=\mathcal{L}^{-1}\left[\frac{1}{4}\left(\frac{1}{s-1}-\frac{1}{s+1}\right)\right]$$

$$=\frac{e^t-e^{-t}}{4}=\frac{\sin ht}{2}$$

이 되며

$$f(t)=\frac{t\sin ht}{2}$$

이 된다.

9.3 Laplace 변환의 기본정리

▮ 선형성

Laplace 변환은 선형연산이다. 즉 임의의 함수 $f(t)$와 $g(t)$의 Laplace 변환이 각각 존재하고, a와 b를 상수라 하면

$$\mathcal{L}[af(t)+bg(t)] = aF(s)+bG(s) \tag{9.15}$$

가 성립한다. 여기서 $F(s)$와 $G(s)$는 각각 $f(t)$와 $g(t)$의 Laplace 변환함수이다.

▮ 도함수의 Laplace 변환

어떤 시간함수 $f(t)$의 1차 미분형의 Laplace 변환은 $f(t)$의 Laplace 변환에 s를 곱한 것에서 t가 0으로 접근할 때의 $f(t)$의 극한값을 뺀 것과 같다. 즉,

$$\mathcal{L}\left[\frac{df(t)}{dt}\right] = sF(s) - \lim_{t\to 0} f(t) = sF(s) - f(0) \tag{9.16}$$

일반적으로 고차 미분에 대하여 생각해 보면

$$\mathcal{L}\left[\frac{d^n f(t)}{dt^n}\right] = s^n F(s) - \lim_{t\to 0}\left[s^{n-1}f(t) + s^{n-2}\frac{df(t)}{dt} + \cdots\cdots + \frac{d^{n-1}f(t)}{dn^{n-1}}\right]$$

$$= s^n F(s) - s^{n-1}f(0) - s^{n-2}f^{(1)}(0) - \cdots\cdots - f^{(n-1)}(0) \tag{9.17}$$

▮ 적분함수의 Laplace 변환

시간함수 $f(t)$의 1차 적분의 Laplace 변환은 $f(t)$의 변환을 s로 나눈 것과 같다.

$$\mathcal{L}\left[\int_0^t f(\tau)d\tau\right] = \frac{F(s)}{s} \tag{9.18}$$

일반적으로 n차의 적분에 대해서는

$$\mathcal{L}\left[\int_0^{t_1}\int_0^{t_2}\cdots\cdots\int_0^{t_n} f(\tau)\,d\tau\,dt_1\cdots\cdots dt_{n-1}\right] = \frac{F(s)}{s^n} \tag{9.19}$$

▮시간추이

시간 T만큼 늦추어진 함수 $f(t)$의 Laplace 변환은 $f(t)$의 Laplace 변환에 e^{-TS}를 곱한 것과 같다.

$$\mathcal{L}[f(t-T)]u_s(t-T)] = e^{-TS}F(s) \tag{9.20}$$

여기서 $u_s(t-T)$는 시간 T만큼 오른쪽으로 추이된 단위계단함수이다.

▮초기치 정리

$f(t)$이 Laplace 변환 함수를 $F(s)$라 할 때 다음의 시간극한이 존재한다면 초기치는 아래와 같다.

$$\lim_{t\to 0} f(t) = \lim_{s\to\infty} sF(s) \tag{9.21}$$

▮최종치 정리

$f(t)$ 이 Laplace 변환 함수를 $F(s)$ 가 허수축상과 s평면의 우반면내에서 해석적이면 최종치는 다음과 같다.

$$\lim_{t\to\infty} f(t) = \lim_{s\to 0} sF(s) \tag{9.22}$$

최종치 정리에 의하면 $s\to 0$에서의 Laplace 변환을 써서 이에 해당되는 시간 함수의 최종치를 얻을 수 있기 때문에 궤환제어계통을 해석하는데 유용하다. 그러나 최종치 정리는 $sF(s)$의 실수부가 0이거나 양인 어떤 극점을 갖는다면 해석적이지 못하므로 이 정리는 성립하지 않는다.

▮복소 추이

함수 $f(t)$에 $e^{\mp at}$가 곱하여진 것의 Laplace 변환은 Laplace 변환함수 l $F(s)$의 s대신에 $s\pm a$를 대입한 것과 같다.

$$\mathcal{L}[e^{\mp at}f(t)] = F(s\pm a) \tag{9.23}$$

여기서 a는 상수이다.

[표 9.2] Laplace 변환에 관한 정리들

상수와의 곱	$\mathcal{L}[kf(t)] = kF(s)$
합 및 차	$\mathcal{L}[f_1(t) \pm f_2(t)] = F_1(s) \pm F_2(s)$ $\mathcal{L}\left[\frac{df(t)}{dt}\right] = sF(s) - f(0)$
미　분	$\mathcal{L}\left[\frac{d^n f(t)}{dt^n}\right] = s^n F(s) - s^{n-1} f(0) - s^{n-2} f^{(1)}(0) - \cdots\cdots - sf^{(n-2)}(0) - f^{(n-1)}(0)$ 여기서 $f^{(k)}(0) = \left.\frac{d^k f(t)}{dk^k}\right\vert_{t=0}$
적　분	$\mathcal{L}\left[\int_0^t f(\tau)d\tau\right] = \frac{F(s)}{s}$ $\mathcal{L}\left[\int_0^{t_1}\int_0^{t_2}\int_0^{t_n} f(\tau)d\tau dt_1 \cdots\cdots dt_{n-1}\right] = \frac{F(s)}{s^n}$
시간추이	$\mathcal{L}[f(t-T)u_s(t-T)] = e^{-Ts}F(s)$
초기치 정리	$\lim_{t\to 0} f(t) = \lim_{s\to\infty} sF(s)$
최종치 정리	$\lim_{t\to\infty} f(t) = \lim_{s\to 0} sF(s)$　만일 $sF(s)$가 허축의 오른쪽이나 위에 극점들을 갖지 않으면
복소추이	$\mathcal{L}[e^{\mp at}f(t)] = F(s \pm a)$
상승적분	$F_1(s)F_2(s) = \mathcal{L}\left[\int_0^t f_1(\tau)f_2(t-\tau)d\tau\right] = \mathcal{L}\left[\int_0^t f_2(\tau)f_1(t-\tau)d\tau\right] = \mathcal{L}[f_1(t) * f_2(t)]$

9.4 미분과 적분의 Laplace 변환

아래에서 설명하는 원함수 $f(t)$의 미분 및 적분의 Laplace 변환에 대한 정리는 미분방정식을 푸는데 중요한 역할을 할 뿐만 아니라 Laplace 변환 및 역변환을 구하는데

도 많이 이용된다.

정 리 $f(t)$ 및 그 도함수가 $t>0$에서 연속 또는 부분연속이고

$$\lim_{t\to\infty} f(t)e^{-st}=0, \qquad \lim_{t\to\infty} f(t)=f(0^+)$$

이면

$$\mathcal{L}\left[\frac{df(t)}{dt}\right]=\mathcal{L}[f(t)]=\mathcal{L}[f(t)]-f(0^+)$$
$$=sF(s)-f(0^+) \tag{9.24}$$

증 명 정의로부터

$$F(s)=\mathcal{L}[f(t)]=\int_0^\infty f(t)e^{-st}dt$$

이므로 부분적분에 의해서

$$u=f(t), \quad du=[df(t)]$$
$$dv=e^{-st}dt, \ v=-\frac{1}{s}e^{-st}$$

로 놓아서 $F(s)$를 구하면

$$F(s)=-\frac{1}{s}f(t)e^{-st}\Big|_0^\infty+\frac{1}{s}\int_0^\infty\left[\frac{df(t)}{dt}\right]e^{-st}dt$$
$$=\frac{f(0^+)}{s}+\frac{1}{s}\mathcal{L}\left[\frac{df(t)}{dt}\right]$$

가 된다. 그러므로

$$\mathcal{L}\left[\frac{df(t)}{dt}\right]=sF(s)-f(0^+)$$

이며, 이것을 이용해서

$$\mathcal{L}[f''(t)]=s\mathcal{L}[f'(t)]-f'(0^+)$$
$$=s[sF(s)-f(0^+)]-f'(0^+)$$
$$=s^2F(s)-sf(0^+)-f'(0^+) \tag{9.25}$$

이 되며, 일반적으로

$$\mathcal{L}[f^n(t)] = \mathcal{L}\left[\frac{d^n f(t)}{dt}\right]$$
$$= s^n F(s) - s^{n-1} f(0^+) - s^{n-2} f'(0^+) \cdots$$
$$- sf^{(n-2)}(o^+) - f^{(n-1)}(0^+)$$
$$= s^n F(s) - \sum_{k=1}^{n} s^{n-k} f^{(k-1)}(0^+) \qquad (9.26)$$

이다.

예 제 9.4

$f(t) = t^2$일 때에

$$f(0^+) = f'(0^+) = 0 \quad f''(t) = 2$$

이다.

$$\mathcal{L}[2] = 2/s$$

이므로 정리로 부터

$$\mathcal{L}[f''(t)] = \mathcal{L}[2]$$

$$s^2 \mathcal{L}[t^2] - sf(0^+) - f(0^+) = \frac{2}{s}$$

가 되니까

$$\mathcal{L}[t^2] = \frac{2}{s^3}$$

가 된다.

예 제 9.5

다 $f(t) = \sin^2 t$ 일 때 $\mathcal{L}[f(t)]$를 구하라.

$$f'(t) = 2\sin t \cos t = \sin 2t$$

양변을 Laplace 변환을 하면

$$\mathcal{L}[f'(t)] = \mathcal{L}[\sin 2t]$$

$$sF(s) - f(0^+) = \frac{2}{s^2+4}\ f(0^+) = 0$$

이니까

$$F(s) = \mathcal{L}[\sin^2 t] = \frac{2}{s(s^2+4)}$$

예 제 9.6

$f(t) = t\sin t$일 때 $f(t)$의 Laplace 변환을 구하라.

$$f'(t) = \sin t + t\cos t \qquad f(0^+) = f'(0^+) = 0$$

$$f''(t) = 2\cos t - t\sin t = 2\cos t - f(t)$$

이다. 양변을 Laplace 변환하면

$$\mathcal{L}[f''(t)] = 2\mathcal{L}[\cos t] - \mathcal{L}[f(t)]$$

$$s^2F(s) - sf(0^+) - f'(0^+) = 2\frac{s}{s^2+1} - F(s)$$

되므로

$$F(s) = \frac{2s}{(s^2+1)^2}$$

이다.

정 리 $f(t)$가 연속 또는 부분연속이고

$$\lim_{t\to\infty} e^{-st}\int_0^\infty f(t)dt = 0$$

이면

$$\mathcal{L}\left[\int_0^t f(\tau)d\tau\right] = \frac{\mathcal{L}[f(t)]}{s} = \frac{F(s)}{s} \tag{9.27}$$

으로 된다.

증 명 정의에 의하여

$$\mathcal{L}\left[\int_0^t f(\tau)d\tau\right] = \int_0^\infty\left[\int_0^t f(\tau)d\tau\right]e^{-st}dt$$

되며 여기에 부분적분을 이용하여

$$u = \int_0^t f(\tau)d\tau \qquad du = f(t)dt$$

$$dv = e^{-st}dt \qquad v = -\frac{1}{s}e^{-st}$$

로 놓으면

$$\mathcal{L}\left[\int_0^t f(\tau)d\tau\right] = -\frac{e^{-st}}{s}\int_0^t f(\tau)d\tau \,\Big|_s^\infty + \frac{1}{s}\int_s^\infty f(t)e^{-st}dt$$

$$= \frac{1}{s}\mathcal{L}[f(t)] = \frac{F(s)}{s}$$

가 얻어진다.

부정적분의 Laplace 변환은 식 (9.27)을 이용해서

$$\int f(t)dt = \int_0^t f(\tau)d\tau + \lim_{t\to 0+} f(t)$$

$$= \int_0^t f(z)dz + f(0^+)$$

로 표시되며 부정적분에 Laplace 변환을 취하면

$$\mathcal{L}\left[\int f(t)dt\right] = \mathcal{L}\left[\int_0^t f(\tau)d\tau\right] + \mathcal{L}[f(0^+)]$$

$$= \frac{F(s)}{s} + \frac{f(0^+)}{s} \tag{9.28}$$

가 된다.

예 제 9.7

다음 함수의 $f(t)$를 구하라. 즉 Laplace 역변환을 구하라.

(a) $\mathcal{L}[f(t)] = \frac{a}{s(s+a)}$ (b) $\mathcal{L}[f(t)] = \frac{1}{s^2(s^2+\omega^2)}$

(a) $\mathcal{L}[e^{-at}] = \frac{1}{s+a}$

이므로 정리에서

$$\mathcal{L}\left[\int_0^t e^{-st}dt\right] = \frac{1}{s(s+a)}$$

이며 한편

$$\mathcal{L}\left[\int_0^t e^{-st}dt\right] = \mathcal{L}\left[-\frac{1}{a}e^{-at}\Big|_0^t\right] = \frac{1}{a}\mathcal{L}[1-e^{-st}]$$

이므로

$$\mathcal{L}[1-e^{-at}] = \frac{a}{s(s+a)}$$

즉,

$$f(t) = 1-e^{-at}$$

이다.

(b) $\mathcal{L}^{-1}\left[\frac{1}{(s^2+\omega^2)}\right] = \frac{1}{\omega}\sin\omega t$

이므로

$$\mathcal{L}^{-1}\left[\frac{1}{s(s^2+\omega^2)}\right] = \frac{1}{\omega}\int_0^t \sin\omega\tau d\tau = \frac{1}{\omega^2}(1-\cos\omega t)$$

이 되며 정리를 더 적용하면

$$f(t) = \mathcal{L}^{-1}\left[\frac{1}{s^2(s^2+\omega^2)}\right] = \frac{1}{\omega^2}\int_0^t(1-\cos\omega\tau)d\tau$$

$$= \frac{1}{\omega^2}\left[t - \frac{\sin\omega t}{\omega}\right]$$

가 얻어진다.

9.5 신호파형의 Laplace 변환

(1) 단위계단함수

그림 (9.1)과 같이

$$u(t) = \begin{cases} 1, & t \geq 0 \\ 0, & t < 0 \end{cases} \tag{9.29}$$

이 되는 함수를 단위계단함수(unit step function)라 하고 기호는 $u(t)$로 표시한다.

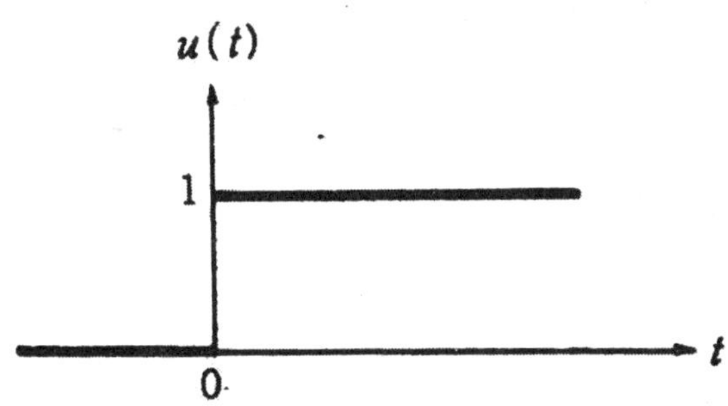

[그림 9.1] 단위계단 함수

식 (9.29)는 그림 (9.1)과 같이 $t = 0$ 순간에 0으로부터 단위값으로 급작히 변하는 함수이다. 일반화된 단위계단함수는 그림 (9.2)와 같다. 이것의 정의식은 아래와 같이 표현된다.

$$u(t-a) = \begin{cases} 1, & t \geq a \\ 0, & t < a \end{cases} \tag{9.30}$$

식 (9.30)은 그림 9.2와 같이 $t=a$에서 순간적으로 변하는 계단함수이고, 일반적으로 계단함수는 그림 9.2와 같이 함수 u의 독립변수인 $(t-a)$값이 양일 때 단위값을 갖고, $(t-a)$값이 음일 때 0이 된다.

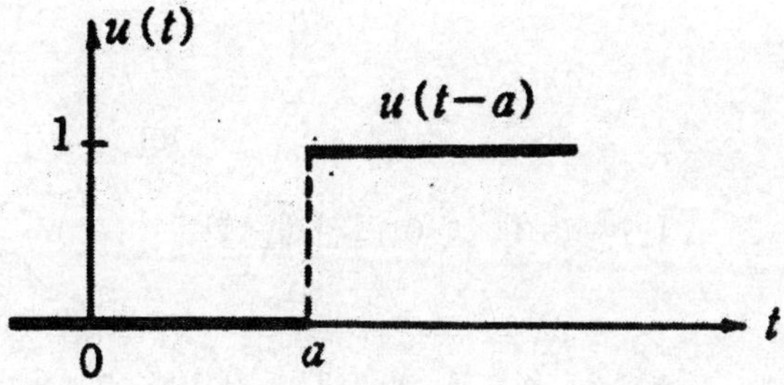

[그림 9.2] 일반화된 단위계단함수

$f(t)=u(t)=1$의 Laplace 변환은

$$F(s)=\int_0^\infty u(t)e^{-st}dt=\int_0^\infty 1\cdot e^{-st}dt=-\frac{1}{s}\int_0^\infty(-s)e^{-st}dt$$

$$=-\frac{1}{s}[e^{-st}]_0^\infty=\frac{1}{s} \qquad (9.31)$$

$f(t)=u(t-a)$의 Laplace 변환은 $t-a=\tau$라 놓으면

$$F(s)=\int_0^\infty u(t-a)e^{-st}dt=\int_0^\infty u(\tau)e^{-as}d\tau=\frac{1}{s}e^{-as}$$

(8.32)

(2) 추이단위계단함수

그림 9.3(a)와 같이 함수 $u(t+a)$는 $t=-a$의 순간에 단위값으로 변화하는 함수이다. 또 그림 9.3(b)와 같이 함수 $u(t-a)$는 $t=a$의 순간에 단위값으로부터 0으로 변하는 함수이다.

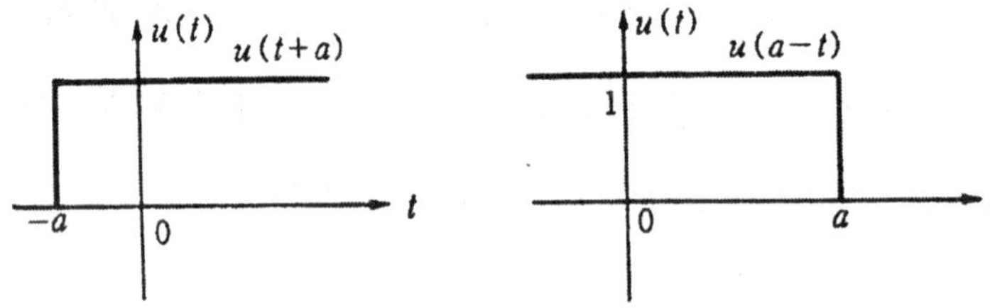

(a) (b)

[그림 9.3] 추이단위계단함수

단위계단함수는 임의의 시간함수 $f(t)$에 대해서도 적용할 수 있다. $t=a$인 시간지연을 갖는 함수, 즉 추이시간 함수는 다음과 같이 표현된다.

$$f(t-a)\,u(t-a) \tag{9.33}$$

이 식의 Laplace 변환을 구하기 위하여는 새로운 변수 t'를 도입하면

$$F(s)=\int_0^\infty f(t')e^{-st}dt' \tag{9.34}$$

변수 t'를 $t'=t-a$ 놓으면 (9.34)식은

$$F(s)=\int_0^\infty f(t-a)e^{-(t-a)s}dt=\int_a^\infty f(t-a)e^{-st}\cdot e^{as}dt$$

여기서 $f(t-a)$에 $u(t-a)$를 곱하면 적분의 하한치가 0으로 바꿀 수 있다. 즉

$$F(s)=e^{as}\int_0^\infty f(t-a)\,u(t-a)\,e^{-st}dt \tag{9.35}$$

적분식은 함수 $f(t-a)\,u(t-a)$의 변환에 해당하므로 (9.35)식은

$$e^{-as}\mathcal{L}[f(t)]=\mathcal{L}[f(t-a)\,u(t-a)] \tag{9.36}$$

따라서 역 Laplace 변환식은

$$\mathcal{L}^{-1}[e^{-as}F(s)]=f(t-a)\,u(t-a) \tag{9.37}$$

이 식으로 부터 $t=a$시간 만큼 지연된 함수의 변환은 $t=0$에서 시작하는 함수의 Laplace 변환에 e^{-as}를 곱한 것과 같다. 이것을 추이정리라 한다.

(3) 단위램프(ramp) 함수

그림 (9.4)와 같이 기울기가 1인 직선의 함수를 말한다.

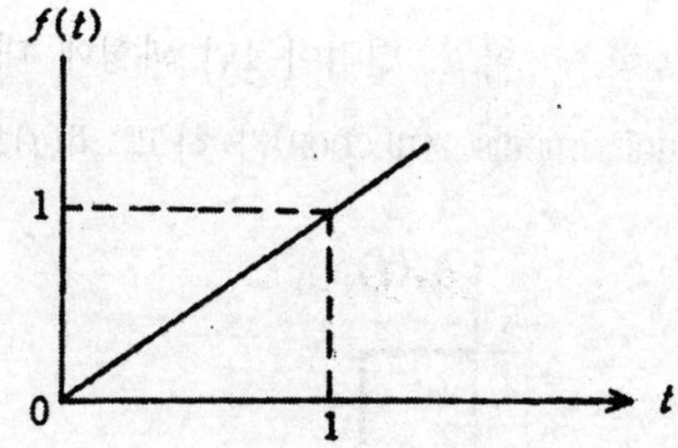

[그림 9.4] 단위램프함수

$$f(t) = \begin{cases} t, & (t \geq a) \\ 0, & (t < a) \end{cases} \tag{9.38}$$

이에 대한 Laplace 변환은

$$\mathcal{L}[f(t)] = \int_0^\infty tu(t)\, e^{-st}dt = \int_0^\infty te^{-st}dt \tag{9.39}$$

이다. 부분적분을 하기 위하여 $u = t, \quad v' = e^{-st}$라 하면

$$u' = 1, \qquad v = -\frac{1}{s}e^{-st}$$

가 되므로 이것을 부분적분식에 대입하면

$$\begin{aligned} \mathcal{L}[f(t)] &= \left[t \cdot \frac{e^{-st}}{-s}\right]_0^\infty - \int_0^\infty \frac{e^{-st}}{-s}\,dt \\ &= \frac{1}{s}\int_0^\infty e^{-st}dt = -\frac{1}{s^2}[e^{-st}]_0^\infty \\ &= \frac{1}{s^2} \end{aligned}$$

그러므로

$$F(s) = \frac{1}{s^2} \tag{9.40}$$

이다.

(4) 단위임펄스(impulse) 함수

그림 9.5와 같이 폭이 ε, 높이 $\frac{1}{\varepsilon}$ 이고, 면적이 1인 파형에 대해서 $\varepsilon \to 0$으로 한 극한파형을 단위임펄스 함수(unit impulse function)라 하고, $\delta(t)$로 표시한다.

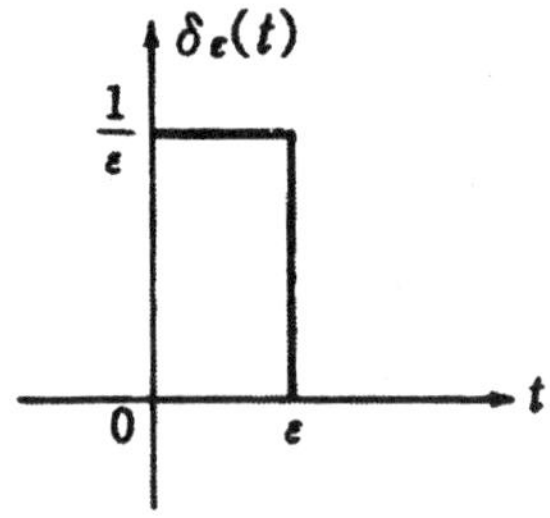

[그림 9.5] 단위임펄스 함수

단위임펄스 함수 $\delta(t)$의 Laplace 변환은 단위계단 함수를 사용하면

$$\delta_\varepsilon = \frac{1}{\varepsilon}\{u(t) - u(t-\varepsilon)\} \tag{9.41}$$

이다. 정의에 의하여

$$\delta(t) = \lim_{\varepsilon \to 0} \delta_\varepsilon(t) = \frac{du(t)}{dt} \tag{9.42}$$

가 된다. 즉 단위임펄스 함수 $\delta(t)$는 단위계단 함수 $u(t)$를 시간 t로 미분한 것이라 생각할 수 있다.
따라서

$$\mathcal{L}[\delta(t)] = \mathcal{L} \lim_{\varepsilon \to 0} \delta_\varepsilon(t) = \lim_{\varepsilon \to 0} \int_0^\infty \delta_\varepsilon(t) e^{-st} dt$$

$$= \lim_{\varepsilon \to 0} \frac{1}{\varepsilon} \int_0^\infty \{u(t) - u(t-\varepsilon) e^{-st} dt\} dt$$

$$= \lim_{\varepsilon \to 0} \frac{1}{\varepsilon} \frac{1 - e^{-\varepsilon s}}{s} = 1 \tag{9.43}$$

9.6 주기함수의 Laplace 변환

시간추이 정리는 공학전반에 걸쳐 중요한 정리 중의 하나이다.

정 리 만일 $\mathcal{L}[f(t)] = F(s)$라면 모든 양의 수 a에 대해서

$$\mathcal{L}[f(t-a)\, u_a(t)] = e^{-as}F(s) \tag{9.44}$$

이다.

이를 시간추이 정리라고 한다.

증 명 $\mathcal{L}[f(t-a)\, u_a(t)] = \int_0^\infty [f(t-a)\, u_a(t)\, e^{-st}]dt$

$$= \int_0^\infty f(t-a)\, e^{-at}dt$$

$$f(t-a)\, u_a(t) = \begin{cases} 0 & t < a \\ f(t-a) & t \geq 0 \end{cases}$$

이므로

$t-a = \tau \qquad dt = d\tau$

$t = a$일 때 $\qquad \tau = 0$

로 놓으면

$$\mathcal{L}[f(t-a)\, u_a(t)] = \int_0^\infty f(\tau)\, e^{-s(\tau+a)}d\tau$$

$$= e^{-sa}\int_0^\infty f(\tau)\, e^{-sa}d\tau$$

$$= e^{-sa}F(s)$$

가 얻어진다.

이해를 돕기 위하여 다음의 4가지 파형을 살펴보자.

(1) $\sin\omega(t-a)$ (2) $\sin\omega(t-a)\,u_0(t)$

(3) $\sin\omega t\,u_a(t)$ (4) $\sin\omega(t-a)\,u_a(t)$

이들 식을 그리면 그림 9.6과 같이 서로 틀리는 파형이 생긴다.

이 4가지 서로 다른 파형의 Laplace 변환을 구해보면 다음과 같다.
(1)과 (2)는 앞 절에서 Laplace 변환의 정의식을 쓸 때 주지시킨 것같이 Laplace 변환식의 적분한계가 0부터 ∞까지이므로 이들의 Laplace 변환 결과는 같다.

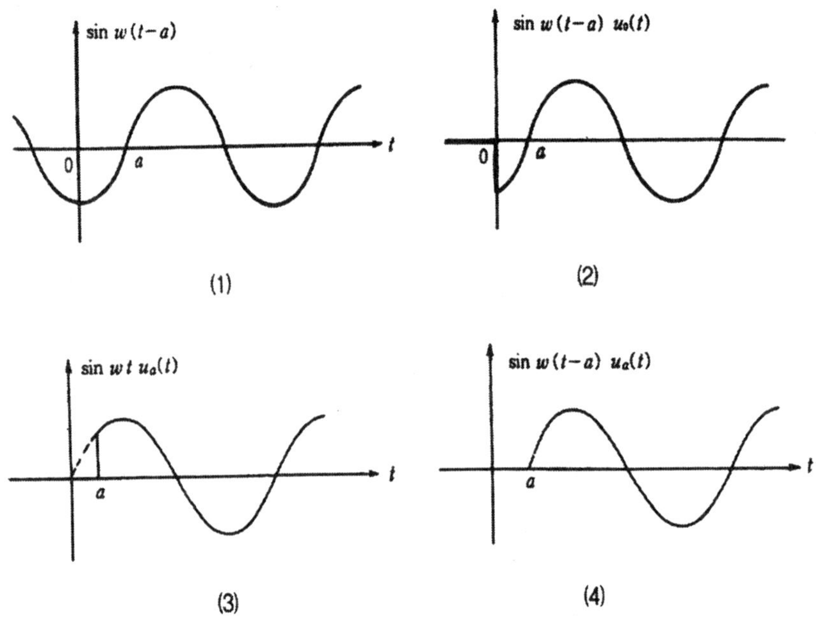

[그림 9.6] 추이된 정현파들

즉,

$$\mathcal{L}[\sin\omega(t-a)] = \mathcal{L}[\sin\omega t\cos\omega a - \cos\omega t\sin\omega a]$$
$$= \frac{\omega\cos\omega a - s\sin\omega a}{s^2+\omega^2} \tag{9.45}$$

이다.

(3)의 파형에 대해서는

$$\mathcal{L}[\sin\omega t\, u_a(t)] = \int_0^\infty \sin\omega t\, u_a(t)\, e^{-st}dt$$

$$= \int_a^\infty \sin\omega t\, e^{-st}dt$$

$$= \frac{1}{2j}\int_a^\infty [e^{(-s+j\omega)t} e^{(-s-j\omega)t}]dt$$

$$= e^{-as}\frac{\omega\cos\omega a + s\sin\omega a}{s^2+\omega^2} \tag{9.46}$$

이다.

(4)의 파형에 대해서는 추이 정리를 이용하여

$$\mathcal{L}[\sin\omega(t-a)\, u_a(t)] = e^{-as}\mathcal{L}[\sin\omega t]$$

$$= e^{-as}\frac{\omega}{s^2+\omega^2} \tag{9.47}$$

가 얻어진다.

이상의 결과로서 이들의 파형의 Laplace 변환의 결과는 분명히 서로 다름을 알 수 있다. 시간추이 정리와 표 (9.1)을 이용해서 실제의 파형을 직접 적분하지 않고 간단히 다음 예에서 처럼 Laplace 변환을 구할 수도 있다.

예 제 9.9

그림 9.7의 톱니파의 Laplace 변환을 구하여라.

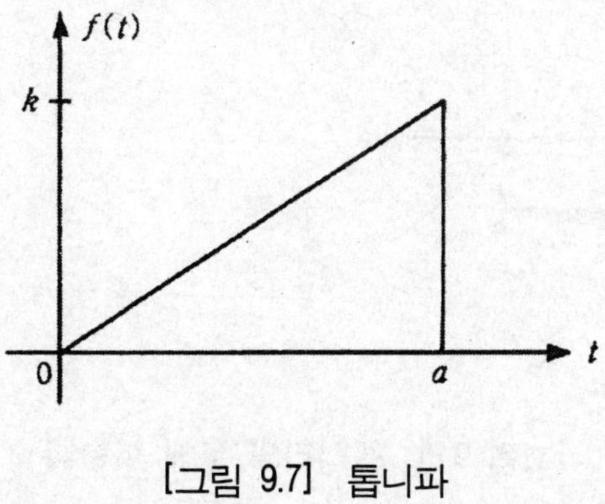

[그림 9.7] 톱니파

$f(t)$를 그림 9.8와 같이 $f_1(t), f_2(t), f_3(t)$로 분해할 수 있으므로

$$f(t) = f_1(t) + f_2(t) + f_3(t)$$

이며 여기에서

$$f_1(t) = \frac{k}{a} t\ u_0(t) \qquad f_2(t) = -k\ u_a(t) \qquad f_3(t) = -\frac{k}{a}(t-a)u_a(t)$$

이므로

$$\begin{aligned} F(s) &= \mathcal{L}[f(t)] = \mathcal{L}[f_1(t)] + \mathcal{L}[f_2(t)] + \mathcal{L}[f_3(t)] \\ &= \frac{k}{a}\mathcal{L}[t] - k\mathcal{L}[u_a(t)] - \frac{k}{a}\mathcal{L}[(t-a)u_a] \\ &= \frac{k}{as^2}[1-(as+1)e^{-as}] \end{aligned}$$

가 얻어진다.

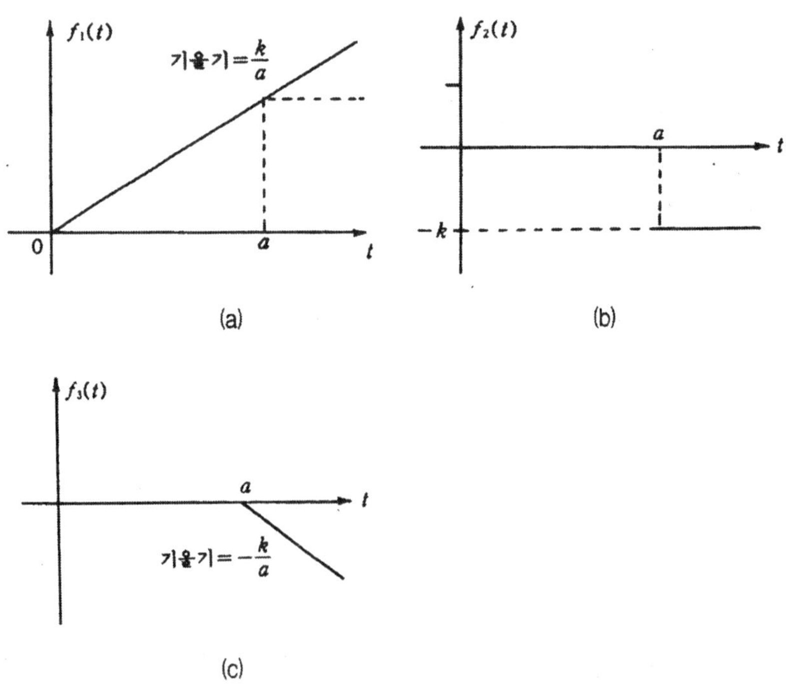

[그림 9.8] 톱니파의 분해 파형들

예 제 9.10

$F(s) = e^{-3s}/s^2$의 Laplace 역변환을 구하라.

$$\mathcal{L}^{-1}\left[\frac{1}{s^2}\right] = t$$

이기 때문에 정리에 의해서

$$\mathcal{L}^{-1}[e^{-3s}/s^2] = (t-3)\,u_3(t)$$

가 된다.

마지막으로 공학에서 자주 나오는 주기함수의 Laplace 변환은 다음 정리에서와 같이 간단히 변환시킬 수 있다.

정 리 $f(t+nT) = f(t)$ $(n = 1, 2, \cdots\cdots)$, 즉 $f(t)$가 T인 주기함수이면

$$\mathcal{L}[f(t)] = \frac{1}{1-e^{-sT}}\int_0^T f(t)e^{-st}dt = \frac{F_1(s)}{1-e^{-sT}} \tag{9.48}$$

이다.

$f(t)$가 주기 T인 주기함수이므로

$$\mathcal{L}[f(t)] = \int_0^\infty f(t)e^{-st}dt$$

$$= \sum_{n=0}^{\infty}\int_{nT}^{(n+1)T} f(t)e^{-st}dt]$$

이며, 여기서

$$t = \tau + nT$$

라 놓으면

$$= \sum_{n=0}^{\infty} e^{-snT}\int_0^T f(\tau + nT)e^{-s\tau}d\tau$$

$$= \frac{1}{1-e^{-sT}}\int_0^T f(\tau)\,e^{st}d\tau = \frac{F_1(s)}{1-e^{-sT}}$$

가 된다.

예제 9.11

그림 9.9와 같이 표시되는 주기함수인 톱니파의 Laplace 변환을 구하여라.

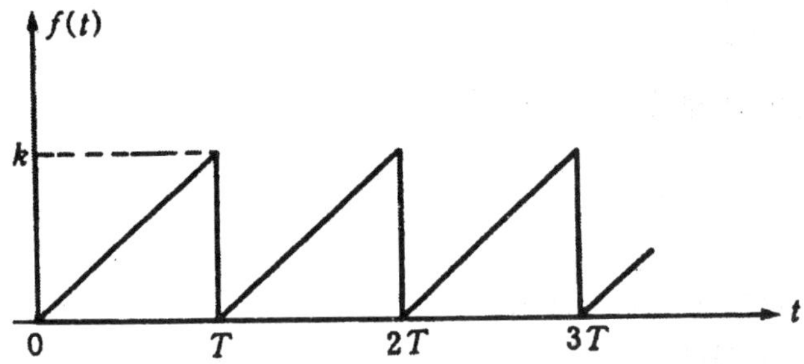

[그림 9.9] 톱니파

$0 < t < T$일 때 $f(t) = \frac{k}{T}t$ 이며, $f(t+T) = f(t)$이다.

부분적분에 의해서

$$\int_0^T t e^{-st} dt = -\frac{t}{s} e^{-st} \Big|_0^T + \frac{1}{s} \int_0^T e^{-st} dt$$
$$= -\frac{T}{s} e^{-st} - \frac{1}{s^2}(e^{-sT} - 1)$$

이므로 식 (9.48)에 의해서

$$F(s) = \mathcal{L}[f(t)] = \frac{k}{Ts^2} - \frac{ke^{-sT}}{s(1-e^{-sT})}$$

가 얻어진다.

예제 9.12

그림 9.10의 계단파의 Laplace 변환을 구하여라.

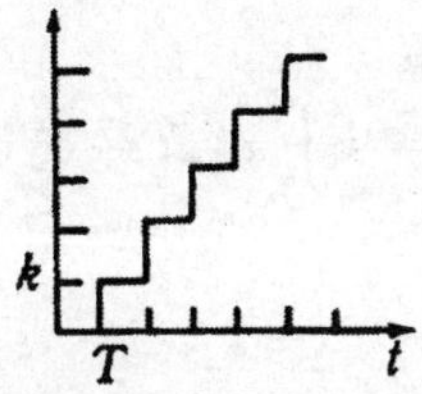

[그림 9.10] 계단파

$$g(t) = kn \qquad [nT < t < (n+1)T,\ n = 1, 2, \cdots\cdots]$$

이며, 여기서

$g(t)$는 $h(t) = kt/T$와 예제 11의 $f(t)$와의 차이므로

$$g(t) = h(t) - f(t)$$

이다. 양변에 Laplace 변환을 취하면

$$\mathcal{L}[g(t)] = \mathcal{L}[h(t)] - \mathcal{L}[f(t)]$$

$$= \frac{k}{T^{TS^2}} - \left[\frac{k}{T^{TS^2}} - \frac{ke^{-TS}}{s(1-e^{-TS})}\right]$$

$$= \frac{ke^{-TS}}{s(1-e^{-TS})}$$

가 얻어진다.

예 제 9.13

그림 9.11과 같이 표시된 주기함수 $f(t)$의 Laplace 변환을 구하여라.

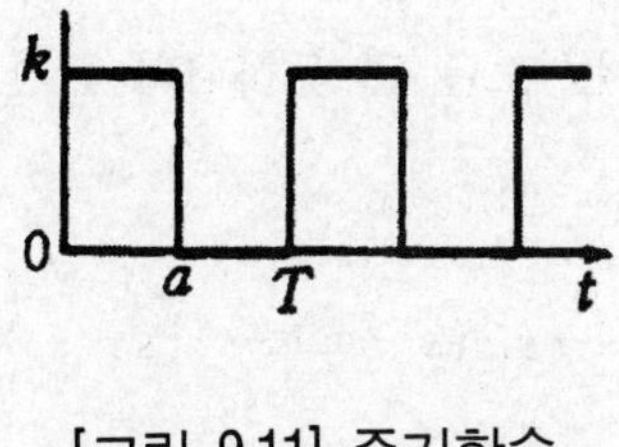

[그림 9.11] 주기함수

$f(t)$는 주기 T인 주기함수이므로

$$F_1(s) = \int_0^T f(t)e^{-st}dt = k\int_0^a e^{st}dt = \frac{k}{s}(1-e^{as})$$

이며, (8.48)식에 의해서

$$F(s) = \mathcal{L}[f(t)] = \frac{1}{1-e^{-TS}} \cdot \frac{1}{s}(1-e^{-as})$$

$$= \frac{1}{s} \cdot \frac{1-e^{-as}}{1-e^{-TS}}$$

가 얻어진다.

9.7 Laplace 역변환(Inverse Laplace Transform)

Laplace변환을 이용한 계통응답은 모두가 복소주파수 s의 분모, 분자다항식(polynomial)으로 되어있기 때문에 실제해석에 필요한 시간함수로 역변환을 하여야 한다. 앞에서 말했듯이 역변환은 정의식

$$f(t) = \frac{1}{2\pi j}\int_{a-j\infty}^{a+j\infty} F(s)e^{st}ds$$

을 이용하지 않고 다음에 설명하는 방법으로 한다. 지금 s 영역으로 나타난 Laplace 변환의 일반식은

$$F(s) = \frac{M(s)}{N(s)} = \frac{a_m s^m + a_{m-1}s^{m-1} + \cdots\cdots a_1 s + a_0}{b_n s^n + b_{n-1}s^{n-1} + \cdots\cdots b_1 s + b_0} \tag{9.49}$$

로 표시하여 각 경우의 역변환을 생각해보자. 여기서는 $n > m$일 때만을 고려한다. 만약 $n < m$일 때에는 분자를 분모로 나누어 진분수(proper fraction : 분자가 분모보다 차수가 낮은 분수)로 나타내면 된다.

(i) $n > m$이고 $N(s) = 0$로 하는 모든 근이 하나의 근만으로 존재할 경우 $N(s)$를 s의 다항식으로 인수분해하면

$$N(s) = b_n(s-s_1)(s-s_2)\cdots\cdots(s-s_n) = b_n\prod_{k=0}^{n}(s-s_k) \tag{9.50}$$

이므로 식 (9.49)는

$$F(s) = \frac{M(s)}{N(s)} = \frac{M(s)}{b_n(s-s_1)(s-s_2)\cdots\cdots(s-s_n)} \tag{9.51}$$

이 되며, 이 식을 부분분수(partial fraction)를 이용하여 전개하면

$$F(s) = \frac{M(s)}{N(s)} = \frac{1}{b_n}\left[\frac{k_1}{s-s_1} + \frac{k_2}{s-s_2} + \cdots + \frac{k_k}{s-s_k} + \cdots + \frac{k_n}{s-s_n}\right] \tag{9.52}$$

가 되며, 이와 같이 전개된 부분분수의 계수 k_1, k_2, $\cdots k_k, \cdots, k_n$ 중에서 대표적인 계수 k_k는 양변에 $(s-s_k)$를 곱하고, $s = s_k$로 놓으면 구할 수 있다.

즉,

$$k_k = (s-s_k)\frac{M(s)}{N(s)}\bigg|_{s=s_k} \tag{9.53}$$

이렇게 해서 구한 k_k항은 역변환을 취하여 t 함수로 변환시킬 수 있다.

$$\mathcal{L}^{-1}\left[\frac{k_k}{s-s_k}\right] = k_k e^{s_k t} \tag{9.54}$$

이와 같이 (9.52)식의 각 항도 같은 방법으로 계수를 구하여 역변환을 시킬 수 있어서

$$\mathcal{L}^{-1}[F(s)] = \mathcal{L}^{-1}\left[\frac{M(s)}{N(s)}\right] = \mathcal{L}^{-1}\left[\frac{1}{b_n}\sum_{k=1}^{n}\frac{k_k}{s-s_k}\right]$$

$$= \sum_{k=1}^{n}\left[(s-s_k)\frac{M(s)}{N(s)}\right]_{s=s_k} e^{s_k t} \tag{9.55}$$

로써 전체식의 역변환을 구할 수 있다.

예제 9.14

$F(s) = \dfrac{M(s)}{N(s)} = \dfrac{s+1}{s^3+s^2-6s}$ 의 역변환을 구하여라.

분모를 인수분해하면

$$N(s) = s(s-2)(s+3)$$

이 된다.

주어진 함수를 부분분수로 전개시켜 계수를 정하면

$$F(s) = \frac{M(s)}{N(s)} = \frac{s+1}{s(s-2)(2+3)} = \frac{k_1}{s} + \frac{k_2}{s-2} + \frac{k_2}{s+3}$$

$$k_1 = \left[s\frac{M(s)}{N(s)} \right]_{s=0} = \frac{s+1}{(s-2)(s+3)} \Bigg|_{s=0} = -\frac{1}{6}$$

$$k_2 = \left[(s-2)\frac{M(s)}{N(s)} \right]_{s=2} = \frac{3}{10}$$

$$k_3 = \left[(s+3)\frac{M(s)}{N(s)} \right]_{s=-3} = -\frac{2}{15}$$

가 되며, 마지막으로 역변환을 취하면

$$f(t) = \mathcal{L}^{-1}[F(s)] = \mathcal{L}^{-1}\left[\frac{-\frac{1}{6}}{s} + \frac{\frac{3}{10}}{s-2} \frac{-\frac{2}{15}}{s+3} \right]$$

$$= -\frac{1}{6} + \frac{3}{10}e^{2t} - \frac{2}{15}e^{-3t}$$

가 얻어진다.

예 제 9.15

$$F(s) = \frac{M(s)}{N(s)} = \frac{se^{-2s}}{s^2+2s+5}$$ 의 역변환을 구하라.

이 함수는 e^{-2s}인자 때문에 유리함수(rational function)는 아니지만 e^{-2s}는 시간추이 정리를 이용해서 따로 계산하고

$$\mathcal{L}^{-1}\left[\frac{s}{s^2+2s+5} \right]$$

만 먼저 구해보면, 분모 $N(s)$가 실수로 인수분해가 되지 않으므로 완전평방형을 만들면

$$N(s) = s^2 + 2s + 5 = (s+1)^2 + 4 = (s+1)^2 + 2^2$$

가 된다. 여기서 복소추이 정리를 생각해보면 분자에서도 변수 s가 있기 때문에 분모와 같이 $(s+1)$의 모양을 갖추도록 하여야 한다.

즉,

$$F_1(s) = \frac{s}{(s+1)^2 + 2^2} = \frac{(s+1) - 1}{(s+1)^2 + 2^2}$$

$$= \frac{s+1}{(s+1)^2 + 2^2} - \frac{1}{2}\frac{2}{(s+1)^2 + 2^2}$$

표 (9.1)를 참조하여 $F_1(s)$의 역변환을 구해보면

$$\mathcal{L}^{-1}[F_1(s)] = e^{-t}\cos 2t - \frac{1}{2}e^{-t}\sin 2t$$

$$= e^{-t}(\cos 2t - \frac{1}{2}\sin 2t)$$

가 된다.

$$\mathcal{L}^{-1}\left[\frac{se^{-2s}}{s^2 + 2s + 5}\right]$$

는 시간추이 정리에 의해서

$$\mathcal{L}^{-1}[F(s)] = e^{-(t-2)}\left[\cos 2(t-2) - \frac{1}{2}\sin 2(t-2)\right]u(t-2)$$

가 얻어진다.

(ii) $m < n$이고 $N(s) = 0$가 되는 근이 다중근(multiple roots)이 존재할 경우 $N(s)$를 s의 다항식으로 인수분해하면

$$N(s) = b_n(s-s_1)^p(s-s_{p+1})(s-s_{p+2})\cdots\cdots + (s_n)$$

가 되며, 이 함수를 부분분수로 전개할 때 (8.52)식과 달리 다음과 같이 전개해야 된다.

즉,

$$F(s) = \frac{M(s)}{N(s)} = \frac{1}{b_n}\left[\frac{k_{1p}}{(s-s_1)^p} + \frac{k_{1p-1}}{(s-s_1)^{p-1}} + \cdots\cdots + \frac{k_{12}}{(s-s_1)^2}\right.$$

$$\left. + \frac{k_{11}}{(s-s_1)} + \frac{k_{p+1}}{(s-s_{p+1})} + \frac{k_{p+2}}{(s-s_{p+2})} + \cdots\cdots + \frac{k_n}{(s-s_n)}\right] \qquad (9.56)$$

계수를 결정하기 위하여 (9.56)식 양변에 $(s-s_1)^p$를 곱하면

$$(s-s_1)^p\frac{M(t)}{N(s)} = \frac{1}{b_n}[k_{1p} + k_{1(p-1)}(s-s_1) + \cdots\cdots + k_{12}(s-s_1)^{p-2}$$

$$+ k_{11}(s-s_1)^{p-1}] + \frac{s-s_1}{b_n}\left[\frac{k_{p+1}}{(s-s_{p+1})} + \frac{k_{p+2}}{(s-s_{p+2})} + \cdots + \frac{k_n}{(s-s_n)}\right] \quad (9.57)$$

가 되며, 이식에 $s = s_1$을 대입하면

$$k_{1p} = b_n\left[(s-s_1)^p\frac{M(t)}{N(s)}\right]_{s=s_1} \qquad (9.58)$$

가 얻어진다. 또 (9.57)식을 s 미분하면

$$\frac{d}{ds}\left[(s-s_1)^p\frac{M(t)}{N(s)}\right] = \frac{1}{b_n}[k_{1(p-1)} + \cdots\cdots + k_{12}(p-2)(s-s_1)^{p-3}$$

$$+ k_{11}(p-1)(s-s_1)^{p-2}] + \frac{1}{b_n}\frac{d}{ds}\left\{(s-s_1)\left[\frac{k_{p+1}}{s-s_{p+1}} + \right.\right.$$

$$\left.\left.\frac{k_{p+2}}{s-s_{p+2}} + \cdots\cdots + \frac{k_n}{s-s_n}\right]\right\} \qquad (9.59)$$

가 되며, 이에 $s = s_1$을 대입하면

$$k_{1(p+1)} = b_n\left\{\frac{d}{ds}\left[(s-s_1)^p\frac{M(t)}{N(s)}\right]\right\}_{s=s_1} \qquad (9.60)$$

가 된다. 같은 방법으로 일반항의 계수를 구하면

$$k_{1k} = \frac{b_n}{(p-k)!}\left\{\frac{d^{(p-4)}}{ds^{(p-k)}}\left[(s-s_1)^p\frac{M(t)}{N(s)}\right]\right\}_{s=s_1} \qquad (9.61)$$

로 구할 수 있다. 표 (9.1)로 부터

$$\mathcal{L}^{-1}\left[\frac{k_{1k}}{(s-s_1)^k}\right]=\frac{k_{1k}}{(k-1)!}t^{k-1}e^{s_1 t}$$

이며, 결과적으로 (9.56)식의 역변환과 결합해서

$$\mathcal{L}^{-1}[F(s)]=\mathcal{L}^{-1}\left[\frac{M(s)}{N(s)}\right]$$

$$=\frac{1}{b_n}\left[\frac{k_{1p}}{(p-1)!}t^{p-1}+\frac{k_{1(p-1)}}{(p-2)!}t^{p-2}+\cdots+\frac{k_{12}}{1!}tk_{11}\right]\cdot e^{s_1 t}+\frac{1}{b_n}\sum_{q=p+1}^{n}k_g e^{s_g t} \tag{9.62}$$

가 얻어진다.

예 제 9.16

$\mathcal{L}^{-1}\left[\frac{s+2}{s(s+1)^2(s+3)}\right]$을 구하라.

$$\frac{M(s)}{N(s)}=\frac{s+2}{s(s+1)^2(s+3)}=\frac{k_1}{s}+\frac{k_{22}}{(s+1)^2}+\frac{k_{21}}{s+1}+\frac{k_3}{s+3}$$

$$k_1=\left[s\frac{M(s)}{N(s)}\right]_{s=0}=\left[\frac{s+2}{(s+1)^2(s+3)}\right]_{s=0}=\frac{2}{3}$$

$$k_{22}=\left[(s+1)^2\frac{M(s)}{N(s)}\right]_{s=-1}=-\frac{1}{2}$$

$$k_{11}=\frac{d}{ds}\left[(s+1)^2\frac{M(t)}{N(s)}\right]_{s=-1}=\frac{d}{ds}\left[\frac{s+2}{s(s+2)}\right]_{s=-1}=-\frac{3}{4}$$

$$k_3=\left[(s+3)\frac{M(t)}{N(s)}\right]_{s=-3}=\frac{1}{12}$$

이므로

$$\frac{s+2}{s(s+1)^2(s+3)}=\frac{2}{3}\cdot\frac{1}{s}-\frac{1}{2}\frac{1}{(s+1)^2}-\frac{3}{4}\frac{1}{(s+1)}+\frac{1}{12}\frac{1}{(s+3)}$$

$$\mathcal{L}^{-1}\left[\frac{s+2}{s(s+1)^2(s+3)}\right] = \frac{2}{3} - \frac{1}{2}\left(t+\frac{3}{2}\right)e^{-t} + \frac{1}{12}e^{-3t}$$

가 얻어진다.

9.8 Laplace 변환에 의한 상미분방정식의 해법

Laplace 변환의 가장 중요한 응용의 하나는 미분방정식을 푸는데 있다. 제 4 장에서 상수계수의 선형미분방정식을 다루었는데 이 경우에는 일반해를 구한 다음에 초기조건을 만족하는 특이해를 구하였다. 그러나 Laplace 변환을 쓰면 초기조건을 처음부터 넣어서 곧 대수적 방법으로 특이해가 얻어지게 되는 이점이 있다. 상수계수의 선형미분방정식

$$a_0\frac{d^n y}{dt^n} + a_1\frac{d^{n-1}y}{dt^{n-1}} + \cdots + a_n y = f(t) \tag{9.63}$$

에 대하여 초기조건이 다음과 같이 주어졌다고 하면

$$y(0) = y_0,\ \ y'(0) = y_1,\ \ y^{n-1}(0) = y_{n-1} \tag{9.64}$$

(9.63)식에 (9.26)식을 이용하여 Laplace 변환하면

$$\begin{aligned}(a_0 s^n + a_1 s^{n-1} + \cdots + a_n)Y(s) - y_0(a_0 s^{n-1} + a_1 s^{n-2} + \cdots + a_{n-1})\\ + y_1(a_0 s^{n-2} + a_1 s^{n-3} + \cdots + a_{n-2}) + \cdots + y_{n-1}a_0 = F(s)\end{aligned} \tag{9.65}$$

가 된다. 여기에서 $F(s) = \mathcal{L}[f(t)]$, $Y(s) = \mathcal{L}[y(t)]$를 말한다.
식 (9.65)를 간략하게 표시하면

$$F_1(s)\,Y(s) = F(s) + F_2(s)$$

$$Y(s) = \frac{F(s)+F_2(s)}{F_1(s)} \tag{9.66}$$

가 되며, 여기에서

$$F_1(s) = (a_0 s^n + a_1 s^{n-1} + \cdots + a_n)$$

$$F_2(s) = y_0(a_0 s^{n-1} + a_1 s^{n-2} + \cdots + a_{n-1}) - y_1(a_0 s^{n-2} + \cdots + a_{n-2})$$
$$- \cdots - y_{n-1}a_0$$

이다. 식 (9.66)에서 Laplace 역변환을 취하면

$$y(t) = \mathcal{L}^{-1}\left[\frac{F(s)+F_2(s)}{F_1(s)}\right] \tag{9.67}$$

가 얻어지며, 이는 (9.63)식의 해이다.

예 제 9.17

다음 미분방정식을 Laplace 변환을 이용하여 풀어라.

(a) $y' + y = e^t,\ y(0) = 0$

(b) $y'' - 3y' + 2y = 4t + e^{3t},\ y(0) = 1,\ y'(0) = -1$

(c) $y'' + 2y' + 5y = 0,\ y(0) = 2,\ y'(0) = -4$

(a) 주어진 방정식을 Laplace 변환하면

$$sY(s) - y(0) + Y(s) = \frac{1}{s-1}$$

가 되며, 이를 정리하여

$$Y(s) = \frac{1}{(s+1)(s-1)} = \frac{1}{2}\left(\frac{1}{s-1} - \frac{1}{s+1}\right)$$

가 된다. 이의 역변환을 구하면

$$y(t) = \mathcal{L}^{-1}[Y(s)] = \frac{1}{2}(e^t - e^{-t})$$

이다.

(b) Laplace 변환을 취하면

$$s^2Y(s) - s + 1 - 3(sY(s) - 1) + 2Y(s) = \frac{4}{s^2} + \frac{1}{s-3}$$

이며, 정리하여

$$Y(s) = \frac{M(s)}{N(s)} = \frac{s^4 - 7s^3 + 13s^2 + 4s - 12}{s^2(s-3)(s^2 - 3s + 2)}$$

$$= \frac{s^4 - 7s^3 + 13s^2 + 4s - 12}{s^2(s-3)(s-1)(s-2))}$$

$$= \frac{k_{12}}{s^2} + \frac{k_{11}}{s} + \frac{k_2}{s-1} + \frac{k_3}{s-2} + \frac{k_4}{s-3}$$

가 되며, 여기에 식 (9.58)과 식 (9.61)을 이용해서

$$k_{12} = \left[s^2 \frac{M(s)}{N(s)} \right]_{s=0} = 2$$

$$k_{11} = \frac{d}{ds}\left[s^2 \frac{M(s)}{N(s)} \right]_{s=0} = 3$$

$$k_2 = -\frac{1}{2}, \quad k_3 = -2, \quad k_4 = \frac{1}{2}$$

가 얻어지므로

$$Y(s) = \frac{2}{s^2} + \frac{3}{s} - \frac{1}{2(s-1)} - \frac{2}{(s-2)} + \frac{1}{2(s-3)}$$

가 되며, 이를 역변환을 하면

$$y(t) = 2t + 3 - \frac{1}{2}e^t - 2e^{2t} + \frac{1}{2}e^3$$

가 된다.

(c) Laplace 변환을 취하면

$$s^2Y(s) - sy(0) - y'(0) + 2[sY(s) - y(0)] + 5Y(s) = 0$$

$$(s^2 + 2s + 5)Y(s) = 2s$$

$$Y(s) = \frac{2s}{s^2 + 2s + 5}$$

이 식은 분모가 실수의 근을 갖지 않기 때문에 완전평방형으로 바꾼다.

$$Y(s) = \frac{2s}{(s+1)^2+2^2} = \frac{2(s+1)-2}{(s+1)^2+2^2}$$

$$= 2 \cdot \frac{s+1}{(s+1)^2+2^2} - \frac{2}{(s+1)^2+2^2}$$

그러므로

$$y(t) = 2e^{-t}\cos 2t - e^{-t}\sin 2t$$

$$= e^{-t}(2\cos 2t - \sin t)$$

가 얻어진다.

예 제 9.18

다음의 연립미분방정식을 풀어라.

$$\begin{cases} x'' - y'' + y' - x = e^t - 2 \\ 2x'' - y'' - 2y' + y = -t \end{cases}$$

단, $x(0) = x'(0) = y(0) = y''(0) = 0$

$$\mathcal{L}[x(t)] = X(s) \qquad \mathcal{L}[y(t)] = Y(s)$$

라고 놓고, Laplace 변환을 취하면

$$s^2X(s) - s^2Y(s) + sY(s) - X(s) = \frac{1}{s-1} - \frac{2}{s}$$

$$2s^2X(s) - s^2Y(s) - 2Y(s) + Y(s) = -\frac{1}{s^2}$$

가 되며, 두 식을 정리하면

$$(s+1)X(s) - sY(s) = -\frac{s-2}{s(s-1)}$$

$$2sX(s) - (s+1)Y(s) = \frac{1}{s^2(s-1)}$$

가 된다. 두 식에서 행렬식을 이용해서 $X(s)$, $Y(s)$를 구하면

$$X(s) = \frac{1}{s(s-1)^2} \qquad Y(s) = \frac{2s-1}{s^2(s-1)^2}$$

이 된다.

$$X(s) = \frac{1}{s(s-1)^2} = \frac{1}{s} + \frac{1}{(s-1)^2} - \frac{1}{s-1}$$

$$Y(s) = \frac{1}{s^2(s-1)^2} = -\frac{1}{s^2} + \frac{1}{(s-1)^2}$$

그러므로

$$x(t) = 1 + te^t - e^t = a - e^t(1-t)$$

$$y(t) = -t + te^t = t(e^t - 1)$$

가 된다.

9.9 초기값과 최종값

역변환이 필요없이 $F(s)$ 함수로 부터 직접 초기값(initial value)과 최종값(final value)을 구할 수 있기 때문에 복잡한 역변환 과정을 거치지 않아도 괜찮다.
미분에 대한 Laplace 변환식으로부터

$$\mathcal{L}\left[\frac{df}{dt}\right] = \int_0^\infty \frac{df}{dt} e^{-st} dt = sF(s) - f(0) \tag{9.68}$$

이다. $f(t)$가 $t = 0$에서 연속이면, $df(t)/dt$는 원점에서 임펄스를 포함하고 있지 않는다. s가 ∞로 접근할 때 식 (9.68)의 좌변의 적분은 0으로 되므로

$$\lim_{s\to\infty} sF(s) = f(0) \tag{9.69}$$

가 된다. 만일 $f(t)$가 원점에서 불연속이라면, $df(t)/dt$는 임펄스

$$[f(0^+) - f(0^-)]\delta(t)$$

를 포함한다. Laplace 변환을 정의하는 적분의 하한(lower limit)을 0^-로 하여 s를 ∞로 접근시키면

$$\lim_{s\to\infty}\int_{0^-}^{\infty}\frac{df}{dt}e^{-st}dt = f(0^+) - f(0^-) \tag{9.70}$$

가 되므로

$$f(0^+) - f(0^-) = \lim_{s\to\infty} sF(s) - f(0^-)$$

또는

$$\lim_{s\to\infty} sF(s) = f(0^+) \tag{9.71}$$

가 얻어진다. 만일 하한을 0^+로 취하면

$$\lim_{s\to\infty}\int_{0^+}^{\infty}\frac{df}{dt}e^{-st}dt = 0$$

가 되므로

$$0 = \lim_{s\to\infty} sF(s) - f(0^+)$$

이기 때문에 마찬가지로 (8.71)식과 같이

$$\lim_{s\to\infty} sF(s) = f(0^+)$$

가 된다.

예 제 9.19

다음 함수의 초기치를 구하라.

(a) $F(s) = \dfrac{2a}{a^2 - s^2}$ (b) $F(s) = \dfrac{(s+1)\sin\omega + b\cos\omega_0}{(s+a)^2 + b^2}$

(c) $F(s) = \dfrac{s^2 + 3s - 2}{s^2 + 4}$

(a) $f(0^+) = \lim_{s\to\infty} sF(s)$

$$= \lim_{s\to\infty} \frac{2as}{a^2 - s^2} = 0$$

(b) $f(0^+) = \lim_{s\to\infty} \frac{s(s+1)\sin\omega_0 + bs\cos\omega_0}{(s+a)^2 + b^2}$

$$= \lim_{s\to\infty} \frac{(1+a/s)\sin\omega_0 + (b/s)\cos\omega_0}{(1+a/s)^2 + (b/s)^2} = \sin\omega_0$$

(c) $f(0^+) = \lim_{s\to\infty} \frac{s^3 + 3s^2 - 2s}{s^2 + 4}$

이 문제는 $f(0^+)$가 존재하지 않는다. 왜냐하면 주어진 함수는

$$F(s) = 1 + \frac{3s-6}{s^2+4}$$

와 같이 임펄스를 포함하고 있기 때문이다.
식 (9.68)에서 s를 0에 접근시키면

$$\lim_{s\to\infty} \int_0^\infty \frac{df}{dt} e^{-st} dt = \lim_{s\to\infty} [sF(s) - f(0)] \tag{9.72}$$

가 되며 다음과 같이 고쳐 쓸 수 있다. 단 $sF(s)$의 특이점은 s-평면 좌측에 있어야 한다.

$$\lim_{t\to\infty} f(t) - f(0) = \lim_{s\to 0} sF(s) - f(0)$$

즉,

$$\lim_{t\to\infty} f(t) = \lim_{s\to 0} sF(s) \tag{9.73}$$

와 같이 되며, 이는 $f(t)$의 최종값을 구하는 식이다.

예 제 9.20

다음 함수의 최종값을 구하라.

(a) $F(s) = \dfrac{1}{s+a}$, $a>0$ (b) $F(s) = \dfrac{1}{s(s+a)}$, $a>0$

(c) $F(s) = \dfrac{s}{s^2+a^2}$ (d) $F(s) = \dfrac{1}{s^2}$

(a) 특이점은 $s = -a$에 있으므로

$$\lim_{t\to\infty} f(t) = \lim_{s\to 0} sF(s) = \lim_{s\to 0} \frac{s}{s+a} = 0$$

(b) $\lim_{t\to\infty} f(t) = \lim_{s\to 0} \dfrac{1}{s+a} = \dfrac{1}{a}$

(c) $sF(s) = s^2/(s^2+a^2)$의 특이점은 $s = \pm ja$ 에 있으므로 정리가 적용되지 않는다. 역변환하여 계산하여 보아도 쉽게 알 수 있다. 즉,

$$\lim_{t\to\infty} f(t) = \lim_{t\to\infty} \cos at$$

(d) $sF(s) = \dfrac{1}{s}$는 $s = 0$에 특이점이 존재하기 때문에 이것도 정리에 적용되지 않는다.

9.10 상승정리(Convolution theorem)

임의 입력 $f(t)$에 대한 계통의 응답 $h(t)$를 단위임펄스에 대한 응답 $g(t)$로 구할 수 있는 방법을 연구해 보자. 이 정리는 열전달, 파동, 유체의 흐름 등에 매우 유용하게 사용된다. 또한 Laplace 역변환에서도 사용될 수 있다. $t=0$에서 입력 $f(\tau)$를 가했을 때 응답 $h(t)$, 즉 상승(convolution)은 다음과 같이 정의된다.

$$h(t) = \int_0^t f(\tau)g(t-\tau)d\tau \tag{9.74}$$

여기서 $\tau<0$일 때 $f(\tau)=0$이며, $G(t-\tau)$는 계통함수이다.
식 (9.74)을 다음과 같이 표기한다.

$$h(t) = f(t)*g(t) \tag{9.75}$$

정 리 $\mathcal{L}[h(t)] = \mathcal{L}[f(t)*g(t)] = \mathcal{L}\left[\int_0^t f(\tau)g(t-\tau)d\tau\right]$

$$= \mathcal{L}[f(t)]\mathcal{L}[g(t)]$$

$$H(s) = F(s)\,G(s) \tag{9.76}$$

가 성립되며, 이를 상승정리라고 한다.

증 명 $\mathcal{L}[h(t)] = \mathcal{L}\left[\int_0^t f(\tau)g(t-\tau)d\tau\right]$

$$= \mathcal{L}\left[\int_0^\infty f(\tau)g(t-\tau)u(t-\tau)d\tau\right]$$

$\left(\because\ u(t-\tau) = \begin{cases} 1 & \tau\leq t \\ 0 & \tau>t \end{cases}\right.$ 이기 때문에 적분극치가 $0\to0$, $t\to\infty$로 바뀐다.)

$$= \int_0^\infty\left[\int_0^\infty f(\tau)g(t-\tau)u(t-\tau)d\tau\right]e^{-st}dt$$

이며 극치가 ∞일 때 함수는 절대 수렴하기 때문에 적분순서를 바꿀 수가 있으므로

$$\mathcal{L}[h(t)] = \int_0^\infty \left[\int_0^\infty g(t-\tau)u(t-\tau)e^{-st}dt \right] f(\tau)d\tau$$

$$= \int_0^\infty \left[\int_\tau^\infty g(t-\tau)e^{-st}dt \right] f(\tau)d\tau$$

가 되며, 여기서 $t = x + \tau$로 놓으면

$$= \int_0^\infty \left[\int_0^\infty g(x)e^{-s(x+\tau)}dx \right] f(\tau)d\tau$$

$$= \int_0^\infty \left[\int_0^\infty g(x)e^{-sx}dx \right] f(\tau)e^{-s\tau}d\tau$$

$$= \left[\int_0^\infty f(\tau)e^{-s\tau}d\tau \right] \left[\int_0^\infty g(x)e^{-sx}dx \right]$$

$$= \mathcal{L}[f(t)]\mathcal{L}[g(t)] = F(s)\,G(s)$$

가 된다.

예 제 9.21

다음을 상승정리를 이용하여 해를 구하라.

$$y'' + w^2 y = w^2 f(t), \qquad y'(0) = y(0) = 0$$

Laplace 변환을 취해서 정리하면

$$\mathcal{L}[y(t)] = Y(s), \qquad \mathcal{L}[f(t)] = F(s)$$

로 표현하여

$$Y(s) = F(s)\frac{w^2}{s^2 + w^2} = F(s)G(s)$$

가 얻어지며, 또한

$$\mathcal{L}^{-1}\left[\frac{w^2}{s^2 + w^2}\right] = w\sin wt = g(t)$$

이다. 상승정리에 의해서

$$\mathcal{L}(y) = \mathcal{L}(f)\mathcal{L}(g) = \mathcal{L}(f*g)$$

이기 때문에

$$y(t) = f*g = \int_0^t f(\tau)g(t-\tau)d\tau$$

$$= w\int_0^t f(\tau)\sin w(t-\tau)\,d\tau$$

가 얻어진다.

예 제 9.22

$\mathcal{L}^{-1}\left[\dfrac{a^2}{(s^2+a^2)^2}\right]$을 상승정리를 이용해서 구하라.

이것은 우리가 앞 절에서 배운 부분분수를 이용해서 구할 수는 없지만 상승정리를 이용하면 가능하다.

$$H(s) = \frac{a^2}{(s^2+a^2)^2} \qquad F(s) = \frac{a}{(s^2+a^2)} \qquad G(s) = \frac{a}{(s^2+a^2)}$$

라 놓으면

$$\mathcal{L}^{-1}\left[\frac{a}{(s^2+a^2)^2}\right] = \sin at = f(t) = g(t)$$

$$\mathcal{L}^{-1}\left[\frac{a^2}{(s^2+a^2)^2}\right] = f(t)*g(t)$$

$$= \int_0^t f(\tau)g(t-\tau)d\tau$$

$$= \int_0^t \sin a\tau\ \sin a(t-\tau)\,d\tau$$

$$= \frac{1}{2a}(\sin at - at\cos at)$$

가 얻어진다.

예 제 9.2

그림 9.12 (a), (b)와 같은 입력 $f(t)$와 단위임펄스응답 $g(t)$가 주어져 있다. $f(t)$에 대한 응답 $h(t)$를 (a) Laplace 변환과 (b) 상승정리를 이용하여 각각 구하라.

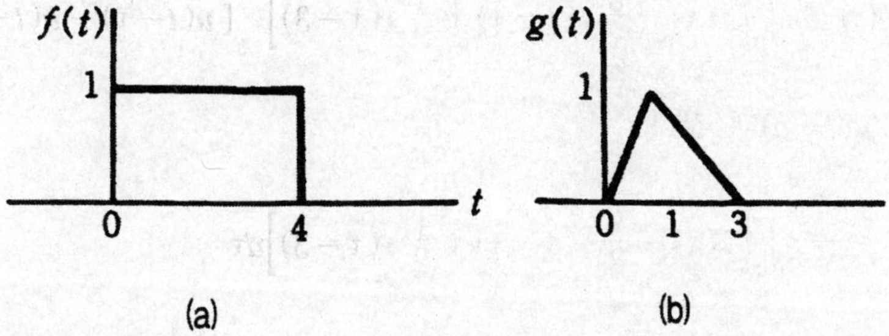

[그림 9.12]

(a) 그림을 직접 Laplace 변환하면

$$F(s)=\frac{1}{s}-\frac{e^{-4s}}{s}$$

$$G(s)=\frac{1}{s^2}-\frac{3e^{-s}}{2s^2}+\frac{e^{-3s}}{2s^2}$$

가 얻어지며, (9.76)식에 의해서

$$H(s)=F(s)G(s)=\frac{1}{s^3}-\frac{3e^{-s}}{2s^3}+\frac{e^{-3s}}{2s^3}-\frac{e^{-4s}}{s^3}+\frac{3e^{-5s}}{2s^3}-\frac{e^{-7s}}{2s^3}$$

이 된다. 이에 역변환을 취하면

$$h(t)=\mathcal{L}^{-1}[H(s)]=\frac{1}{2}t^2u_0(t)-\frac{3}{4}(t-1)^2u_1(t)+\frac{1}{4}(t-3)^2u_3(t)$$
$$-\frac{1}{2}(t-4)^2u_4(t)+\frac{3}{4}(t-5)^2u_5(t)-\frac{1}{4}(t-7)^2u_7(t)$$

가 얻어진다.

(b) 그림으로 주어진 함수를 수식으로 표시하면

$$f(t) = u_0(t) - u_4(t)$$

$$g(t) = r(t) - \frac{3}{2} r(t-1) + \frac{1}{2} r(t-3)$$

이다. 이를 (9.74)식에 대입하면

$$h(t) = \int_0^t \left[r(\tau) - \frac{3}{2} r(\tau-1) + \frac{1}{2} r(\tau-3) \right] \cdot [u(t-\tau) - u(t-4-\tau)] d\tau$$

단, $u_a(t) = u(t-a)$과 같다.

$$= \int_0^t \left[r(\tau) - \frac{3}{2} r(\tau-1) + \frac{1}{2} r(\tau-3) \right] d\tau$$

$$- \int_0^{t-4} \left[r(\tau) - \frac{3}{2} r(\tau-1) + \frac{1}{2} r(\tau-3) \right] d\tau$$

$$= \int_0^t \tau d\tau - \frac{3}{2} \int_1^t (\tau-1) d\tau + \frac{1}{2} \int_3^t (\tau-3)\, d\tau$$

$$- \int_0^{t-4} \tau d\tau + \frac{3}{2} \int_1^{t-4} (\tau-1) d\tau - \frac{1}{2} \int_3^{t-4} (\tau-3)\, d\tau$$

$$= \frac{1}{2} \tau^2 u_0(t) - \frac{3}{4} (t-1)^2 u_1(t) + \frac{1}{4} (t-3)^2 u_3(t)$$

$$- \frac{1}{2} (t-4)^2 u_4(t) + \frac{3}{4} (t-5)^2 u_5(t) - \frac{1}{4} (t-7)^2 u_7(t)$$

가 얻어지며, 응답을 대략적으로 그리면 다음 그림과 같다.

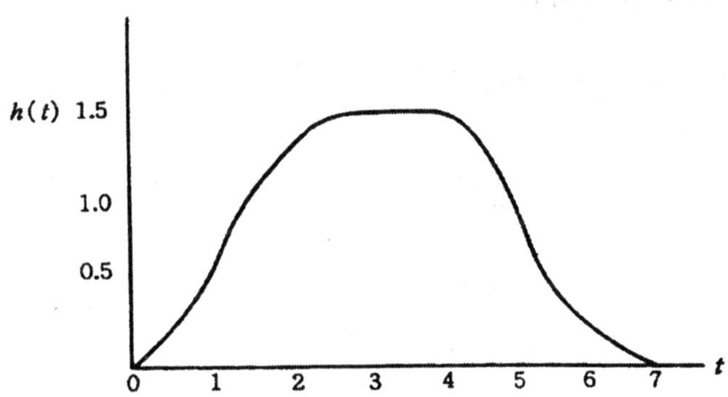

연습문제

1. 다음 함수의 Laplace 변환을 구하라.

(1) $3t+4$ (2) t^2+2t+3 (3) $2te^t$

(4) e^{at+b} (5) $\cos(at+b)$ (6) $t\cos 2t$

(7) $\cos^2 t$ (8) $e^{-t}\sin(\omega t+\Theta)$ (9) $t\,u_1(t)$

2. 다음 파형을 Laplace 변환하라.

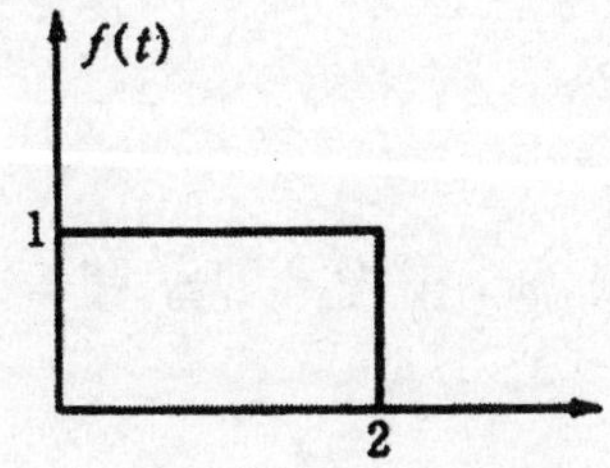

(1)

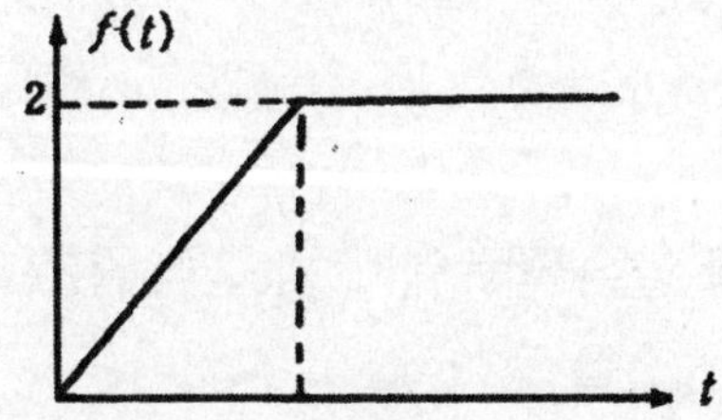

(2)

3. 미분공식을 이용하여 Lapalce 변환을 구하라.

(1) $\sin^2\omega t$ (2) $\cos^2 t$

4. 다음 함수의 역변환을 구하라.

(1) $\dfrac{2}{s^2+16}$ (2) $\dfrac{s-4}{s^2-4}$ (3) $\dfrac{s+2}{(s+s)^2+1}$

(4) $\dfrac{1}{s^2+s}$ (5) $\dfrac{8}{s^4-4s^2}$ (6) $\dfrac{e^{-s}}{s}$

5. 다음 파형의 Laplace 변환을 구하라.

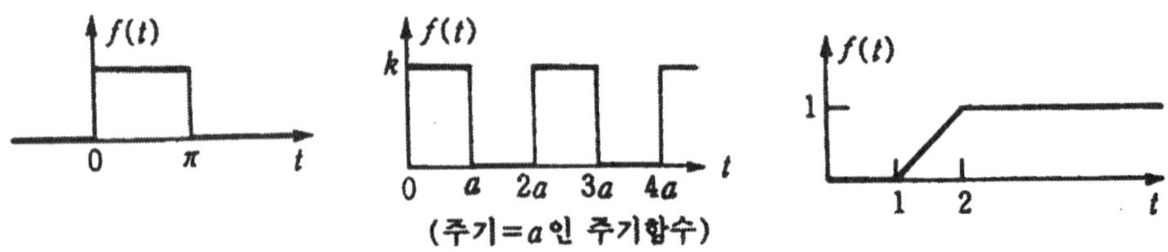

(1) (2) (3)

6. 다음의 미분방정식을 Laplace 변환을 이용하여 풀어라.

(1) $y'' + y = 0, \quad y(0) = 1, \quad y'(0) = -1$

(2) $y'' - 4y = 0, \quad y(0) = 0, \quad y'(0) = -6$

(3) $y'' + 2y' + 2y = 0, \quad y(0) = 0, \quad y'(0) = 1$

(4) $y'' + k\,y' = 0, \quad y(0) = 2, \quad y'(0) = k$

7. 그림 1과 같은 회로에 그림 2와 같은 입력 $v(t)$를 인가했을 때 회로에 흐르는 전류 $i(t)$를 구하라.

$$v(t) = t \quad (0 < t < 1), \qquad v(t+1) = v(s)$$

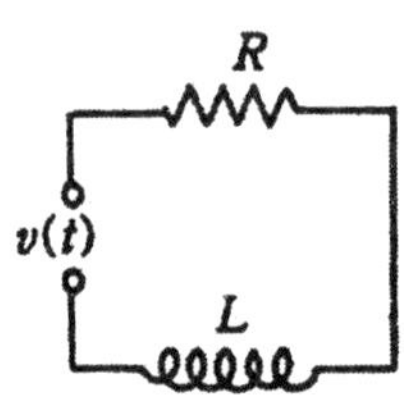

그림 1

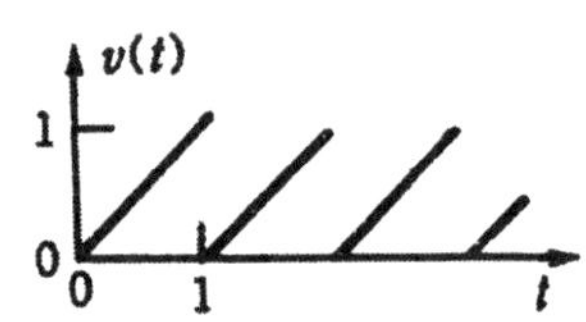

그림 2

8. $t*t$를 상승적분의 정의와 상승정리를 이용하여 각각 풀어 비교하라.

제 10 장 Fourier 급수

공학분야에는 지수함수도 사인함수도 아닌 구형파와 톱니파, 그리고 삼각펄스 같은 입력함수가 많이 있다. 이 장에서는 이와 같은 파형을 정수 배의 주파수를 갖는 정현함수의 합으로 표시하는 주기함수를 논하고 또한 일정한 조건 아래서 주기함수는 여러개의 정현함수의 합으로 표시될 수 있음을 다룬다.

10.1 주기함수

만약 함수 $f(t)$의 주기가 T라면

$$f(t) = f(t+T) \tag{10.1}$$

를 만족하는 함수 $f(t)$를 주기함수라 한다.
이와같은 조건을 만족하는 몇 개의 함수를 그림 (10.1)에 표시한다.

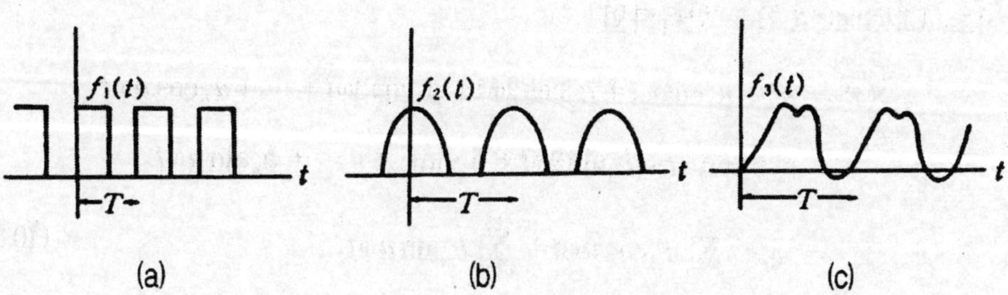

[그림 10.1] 주기가 T인 주기함수

또한 두 정현함수 $f_1(t) = 3\sin\omega t$, $f_2(t) = \sin 2\omega t$의 합으로 된 함수

$$f(t) = 3\sin\omega t + \sin 2\omega t$$

는 주기가 $2\pi/\omega = T$인 주기함수임을 알 수 있다. 그림 (9.2)에 $f_1(t)$, $f_2(t)$ 그리고 $f(t)$가 표시되어 있고, $f(t)$는 주기가 $\frac{2\pi}{\omega}$인 비정현파임을 알 수 있다.

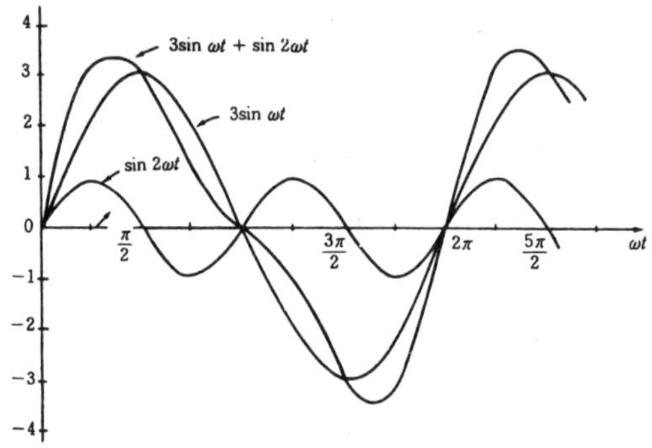

[그림 10.2] 3sinωt와 sin2ωt의 합

10.2 Fourier 급수

임의의 주기함수는 고조파 정현함수의 급수로 전개할 수 있다. 함수 $f(t)$가 주기함수이고, Dirichlet 조건을 만족하면

$$f(t) = a_0 + a_1\cos\omega t + a_2\cos 2\omega t + a_3\cos 3\omega t + \cdots + a_n\cos n\omega t$$

$$+ b_1\sin\omega t + b_2\sin 2\omega t + b_3\sin\omega_3 t + \cdots + b_n\sin n\omega t$$

$$= a_0 + \sum_{n=1}^{\infty} a_n\cos n\omega t + \sum_{n=1}^{\infty} b_n\sin n\omega t \qquad (10.2)$$

로 전개할 수 있고, (10.2)식을 Fourier 급수라 한다. 여기서 Dirichlet 조건이란

(가) 불연속점이 1주기 사이에 유한 개일 것
(나) 1주기 사이에서 극대, 극소 점의 수는 유한 개일 것
(다) $\int_0^t |f(t)|\,dt < \infty$일 것(즉, 절대 수렴일 것)

을 말하며, 이 조건을 만족하는 주기함수만이 Fourier 급수 전개가 가능하나, 대개

공학적으로 문제되는 비정현파는 이 조건을 만족한다.
비정현 주기파가 주어지면 그 주기에 따라서 각주파수 ω를 알 수 있으므로 문제는 Fourier 급수의 각 계수(이것을 Fourier 계수라 한다)를 구하는데 있다. Fourier 급수 (10.2)식에 있어서 동일 각 주파수의 cos 항과 sin 항을 결합하면, sin 항만으로 표시할 수 있다.
즉,

$$a_n \cos n\omega t + b_n \sin n\omega t = \sqrt{a_n^2 b_n^2}\left(\frac{a_n}{\sqrt{a_n^2+b_n^2}}\cos n\omega t + \frac{b_n}{\sqrt{a_n^2+b_n^2}}\sin n\omega t\right)$$

$$= c_n \sin(n\omega t + \Theta) \tag{10.3}$$

여기서

$$c_n = \sqrt{a_n^2 + b_n^2} \qquad (n = 1, 2, 3, \cdots) \tag{10.4}$$

$$\Theta_n = \tan^{-1}\frac{a_n}{b_n} \qquad (n = 1, 2, 3, \cdots) \tag{10.5}$$

그러므로 (10.2)식은

$$f(t) = a_0 + \sum_{n=1}^{\infty} c_n \sin(n\omega t + \Theta_n)$$

와 같이 쓸 수도 있다.
식 (10.6)에서 알 수 있는 바와 같이 Dirichlet 조건을 만족하는 비정현 주기 함수는 상수 항(즉, 직류 성분), 주기함수와 동일 각주파수의 정현파(즉, 기본파) 및 그 정수배의 각주파수를 갖는 정현파(즉, 고조파)로 분해할 수 있다. 이와같은 방법으로 분해하는 것을 Fourier 분석이라 한다. (10.4)식 및 (10.5)식은 각 성분파의 진폭, 위상각을 나타낸다.
c_n(진폭)의 크기와 Θ_n(위상각)을 $n\omega$에 대하여 그린 그래프를 각각 진폭 스펙트럼(amplitude spectrum), 위상 스펙트럼(phase spectrum)이라고 부르며, 함께 부를 때는 주파수 스펙트럼이라 한다.
그림 10.3은 Fourier 급수항을 시간의 함수, 주파수 스펙트럼으로 각각 그린 그래프를 비교한 것이다. 그림 10.3(a)는 시간영역에서 파형을 그린 것으로 시간에 대한 파형의 변화를 알아보는데 도움이 되고, 반면 각 주파수에 대한 진폭변화, 위상변화

는 그림 10.3의 (b)와 (c)같은 주파수 스펙트럼을 그리면(즉, 주파수 영역 해석) 알기 쉽다.

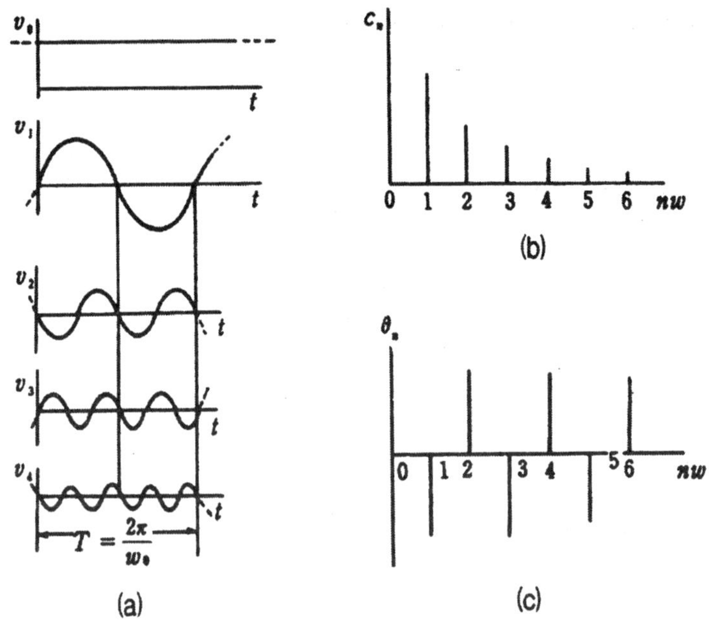

[그림 10.3] Fourier 급수 항의 그래프

10.3 Fourier 계수의 결정

(10.2)식에서 계수 a_0와 정수값 n, m을 갖는 계수 $a_n b_n$을 결정해 보자.

(1) a_0의 결정

a_0를 결정하기 위해 식 10.2의 양변을 전 주기인 0에서 T까지 적분하면,

$$\int_0^T f(t)dt = a_0\int_0^T dt + \sum_{n=1}^{\infty}\int_0^T (a_n\cos n\omega t + b_n\sin n\omega t)dt$$

$$= a_0\int_0^T dt + \sum_{n=1}^{\infty} a_n\int_0^T \cos n\omega t + \sum_{n=1}^{\infty} b_n\int_0^T \sin n\omega t dt$$

$$= a_0 T + \sum_{n=1}^{\infty} a_n \left.\frac{\sin n\omega t}{n}\right|_0^T + \sum_{n=1}^{\infty} b_n \left.\frac{-\cos n\omega t}{n}\right|_0^T = a_0 T$$

$$\therefore\ a_0 = \frac{1}{T}\int_0^T f(t)dt \tag{10.7}$$

윗 식을 보면 a_0는 주기함수의 1주기간의 평균값임을 알 수 있다. 따라서 이것을 직류성분이라고도 부른다.

(2) a_n의 결정

a_m을 구하려면 식 10.2에 $\cos m\omega t$를 곱하고 0에서 T까지 적분하면

$$\int_0^T f(t)\cos m\omega t\,dt = a_0\int_0^T \cos m\omega t\,dt + \sum_{n=1}^{\infty} a_n \int_0^T \cos n\omega t\cdot \cos m\omega t\,dt$$

$$+\sum_{n=1}^{\infty} b_n \int_0^T \sin n\omega t\cdot \cos m\omega t\,dt \tag{10.8}$$

이다. 위의 식에서 우변의 제1항은

$$\int_0^T \cos m\omega t\,dt = 0 \tag{10.9}$$

가 되고 제2, 제3항에서

$$\int_0^T \cos n\omega t\cdot \cos m\omega t\,dt = \frac{1}{2}\int_0^T [\cos(m+n)\omega t + \cos(m-n)\omega t]\,dt$$

$$= \begin{cases} 0; & (m \neq n) \\ \dfrac{T}{2}; & (m = n) \end{cases} \tag{10.10}$$

$$\int_0^T \sin n\omega t\cdot \cos m\omega t\,dt = \frac{1}{2}\int_0^T [\sin(m+n)\omega t - \sin(m-n)\omega t]\,dt$$

$$= 0 \tag{10.11}$$

이다. 그러므로

$$\int_0^T f(t)\cos n\omega t\,dt = \frac{T}{2}a_n \qquad n = 1, 2, 3, \cdots$$

$$\therefore a_n = = \frac{T}{2}\int_0^T \cos n\omega t\,dt \qquad n = 1, 2, 3, \cdots \tag{10.12}$$

로 된다.

(3) b_n의 결정

식 (10.2)의 양변에 $\sin m\omega t$를 곱하고, 이것을 0에서 T까지 적분하면

$$\int_0^T f(t)\sin m\omega t\,dt = a_0\int_0^T \sin m\omega t\,dt + \sum_{n=1}^{\infty} a_n\int_0^T \cos n\omega t\cdot \sin m\omega t\,dt$$

$$+ \sum_{n=1}^{\infty} b_n\int_0^T \sin n\omega t\cdot \sin m\omega t\,dt \tag{10.13}$$

이다. 위의 식에서 우변의 제1항과 제2항은 앞에서와 같은 방법으로 0이고 제3항은

$$\int_0^T \sin n\omega t\cdot \sin m\omega t\,dt = \frac{1}{2}\int_0^T [\cos(m-n)\omega t - \cos(m+n)\omega t]\,dt$$

$$= \begin{cases} 0, & (m \neq n) \\ \dfrac{T}{2}, & (m = n) \end{cases} \tag{10.14}$$

이다. 그러므로

$$\int_0^T f(t)\sin n\omega t\,dt = b_n\frac{T}{2}$$

$$\therefore\ b_n = \frac{2}{T}\int_0^T f(t)\sin n\omega t\,dt \qquad n = 1, 2, 3, \cdots \tag{10.15}$$

로 된다.

이상과 같이 하여 Fourier 계수 a_0, a_n, b_n을 모두 구한다.

예 제 10.1

그림 10.4와 같은 펄스를 Fourier 급수로 전개하라.

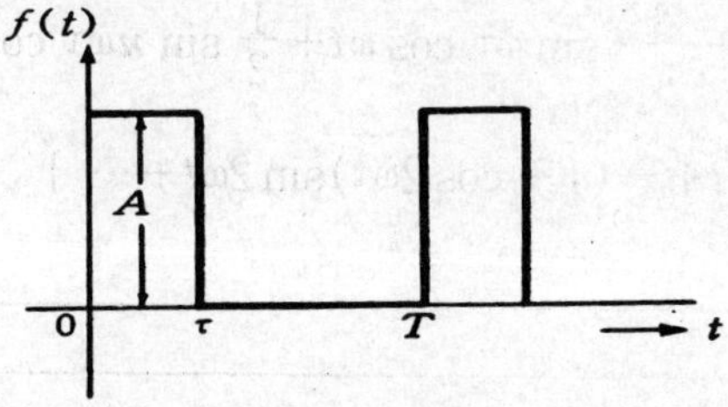

[그림 10.4]

$$f(t)=\begin{cases} A & 0\leqq t\leqq \tau \\ 0 & \tau\leqq t\leqq T \end{cases}$$

식 (10.7)으로 부터

$$a_0=\frac{1}{T}\int_0^T f(t)=\frac{1}{T}\int_0^\tau A dt=\frac{1}{T}A\tau$$

식 (10.11)으로 부터

$$a_n=\frac{2}{T}\int_0^T f(t)\cos n\omega t\,dt=\frac{2}{T}\int_0^\tau A\cos n\omega t\,dt$$

$$=\frac{2A}{2\pi/\omega}\left[\frac{1}{n\omega}\sin n\omega t\right]_0^\tau=\frac{A}{\pi n}\sin n\omega\tau$$

식 (9.13)으로 부터

$$b_n=\frac{2}{T}\int_0^T f(t)\sin n\omega t\,dt=\frac{2}{T}\int_0^\tau A\sin n\omega t\,dt$$

$$=\frac{2A}{2\pi/\omega}\left[\frac{-1}{n\omega}\cos n\omega t\right]_0^\tau=\frac{A}{\pi n}(1-\cos n\omega\tau)$$

그러므로

$$\therefore f(t) = \frac{A\tau}{T} + \frac{A}{\pi}\{\sin\omega\tau\cos\omega t + \frac{1}{2}\sin n\omega\tau\cos 2\omega t + \cdots + (1-\cos\omega\tau)$$

$$\sin\omega t + \frac{1}{2}(1-\cos 2\omega\tau)\sin 2\omega t + \cdots\}$$

예 제 10.2

그림 10.5와 같은 정류파를 Fourier 급수로 전개하라.

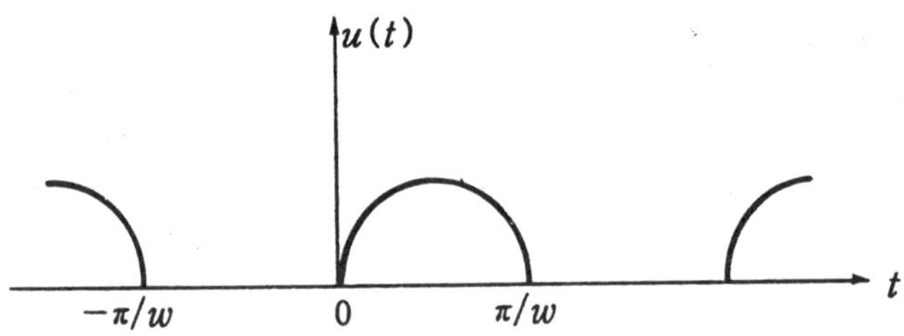

[그림 10.5]

$$u(t) = \begin{cases} 0 & -T/2 < t < 0 \\ E\sin\omega t & 0 < t < T/2 \end{cases}$$

이며 주기는 $T = 2\pi/\omega$이다.

$-T/2 < t < 0$ 일 때 $u = 0$이므로

$$a_0 = \frac{\omega}{2\pi}\int_0^{\pi/\omega} E\sin\omega t\,dt = \frac{E}{\pi}$$

$$a_n = \frac{\omega}{\pi}\int_0^{\pi/\omega} E\sin\omega t\cos n\omega t\,dt$$

$$= \frac{\omega E}{2\pi}\int_0^{\pi/\omega}[\sin(1+n)\omega t + \sin(1-n)\omega t]\,dt$$

$$= \frac{\omega E}{2\pi}\left[-\frac{\cos(1+n)\omega t}{(1+n)\omega} - \frac{\cos(1-n)\omega t}{(1-n)\omega}\right]_0^{\pi/\omega}$$

$$= \frac{E}{2\pi}\left[-\frac{\cos(1+n)\pi + 1}{1+n} + \frac{-\cos(1-n)\pi + 1}{1-n}\right]_0^{\pi/\omega}, \qquad n \neq 1$$

이다. n이 기수이면 $a_n = 0$이고 n이 우수일 때는

$$a_n = \frac{E}{2\pi}\left(\frac{2}{1+n} + \frac{2}{1-n}\right) = -\frac{2E}{(n+1)(n-1)\pi}$$

같은 방법으로

$$b_1 = \frac{E}{2},$$

$$b_n = 0 \quad (n = 2, 3, \cdots)$$

이므로

$$u(t) = \frac{E}{\pi} + \frac{E}{2}\sin\omega t - \frac{2E}{\pi}\left(\frac{1}{1\cdot 3}\cos 2\omega t + \frac{1}{3\cdot 5}\cos 4\omega t + \cdots\right)$$

10.4 대칭성

주어진 함수가 대칭성일 때는 Fourier 계수를 결정하기 전에 계수 a_n이나 b_n 중 어느 하나만으로 Fourier 급수 전개를 할 수 있기 때문에 계산이 매우 간단해진다.

(1) 반파대칭

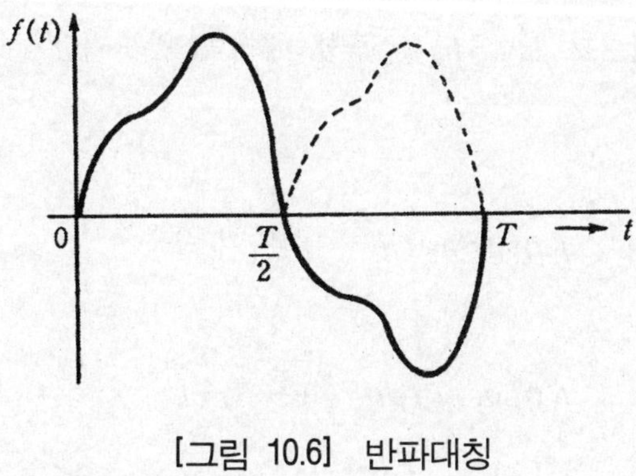

[그림 10.6] 반파대칭

그림 10.6과 같이 반주기마다 그 값의 크기가 같고 부호가 반대인 경우, 즉 양의 반파를 180° 만큼 수평축으로 평행이동하여 180° 회전하면 음의 반파와 일치할 때 반파대칭이라 하고, 대칭파라고도 부른다.
반파대칭을 수식으로 표시하면

$$f(t) = -f(t+\frac{T}{2}) \tag{10.16}$$

가 되며, 계수 a_0는 양의 반파와 음의 반파의 면적이 같으므로 $a_0 = 0$이 된다.
따라서 $f(t)$는

$$f(t) = \sum_{n=1}^{\infty} a_n \cos n\omega t + \sum_{n=1}^{\infty} b_n \sin n\omega t \tag{10.17}$$

라고 하면, $f(t+\frac{T}{2})$는

$$f(t+\frac{T}{2}) = \sum_{n=1}^{\infty} a_n \cos n(\omega t+\frac{T}{2}) + \sum_{n=1}^{\infty} b_n \sin n(\omega t+\frac{T}{2})$$

로 표시한다. 여기서

$$\sin n(\omega t+\frac{T}{2}) = \sin(n\omega t+n\frac{T}{2}) = (-1)^n \sin n\omega t$$
$$\cos n(\omega t+\frac{T}{2}) = \cos(n\omega t+n\frac{T}{2}) = (-1)^n \cos n\omega t$$

으로서 식 (9.16)이 성립하기 위해서는 n은 반드시 기수이어야 한다. 따라서 대칭파는 기배수의 주파수 성분만이 존재함을 알 수 있다.
$f(t) = -f(t+\frac{T}{2})$이므로 a_n, b_n을 구할 때에는 반주기만 적분하여 2배하면 된다. 즉,

$$a_n = \frac{4}{T}\int_0^{\frac{T}{2}} f(t)\cos n\omega t\,dt \quad (n\text{은 기수}) \tag{10.18}$$

$$b_n = \frac{4}{T}\int_0^{\frac{T}{2}} f(t)\sin n\omega t\,dt \quad (n\text{은 기수}) \tag{10.19}$$

(2) 정현대칭(기함수파)

그림 10.7과 같이 양의 반파를 수직축에 대하여 180° 회전하고 이것을 다시 수평축에 대하여 180° 회전할 때 음의 반파와 일치하는 파를 정현대칭이라고 한다.

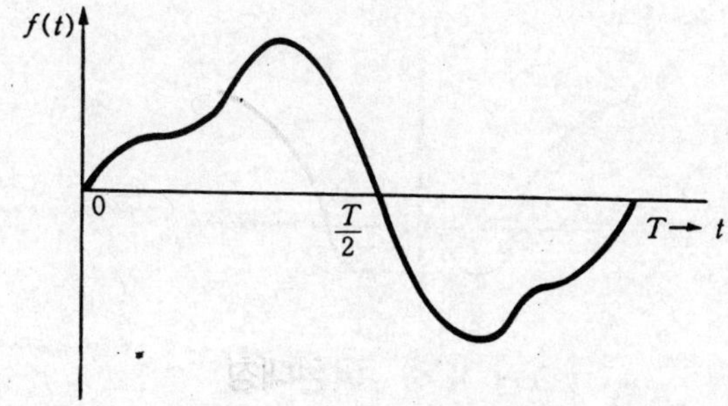

[그림 10.7] 정현대칭

수식으로는

$$f(t) = -f(t)$$

또는 $$\left.\begin{aligned} f(t) &= -f(T-t) \end{aligned}\right\} \qquad (10.20)$$

가 되어 $f(t)$는 t의 기함수이다. 이 경우도 1주기간의 평균값은 0이므로 $a_0 = 0$이다.
식 (10.2)에 $-\omega t$를 대입하면

$$\cos n(-\omega t) = \cos n\omega t, \quad \sin n(-\omega t) = -\sin\omega t$$

이므로

$$-f(-t) = -\left\{ \sum_{n=1}^{\infty} a_n \cos n(-\omega t) + \sum_{n=1}^{\infty} b_n \sin n(-\omega t) \right\}$$

가 된다. 따라서 조건식 식 (10.2)이 성립하기 위해서는 sin항만 존재하여야 한다.
그러므로 $a_0 = 0$, $a_n = 0$이 되고, 계수 b_n은 0에서 $\frac{T}{2}$까지 적분하여

$$b_n = \frac{4}{T} \int_0^{\frac{T}{2}} f(t) \sin n\omega t \, dt \quad (n\text{은 기수}) \qquad (10.21)$$

가 된다.

(3) 여현대칭(우함수파)

그림 10.8과 같이 수직축에 대하여 180° 회전할 때 좌우가 일치하는 파를 여현대칭이라고 한다.

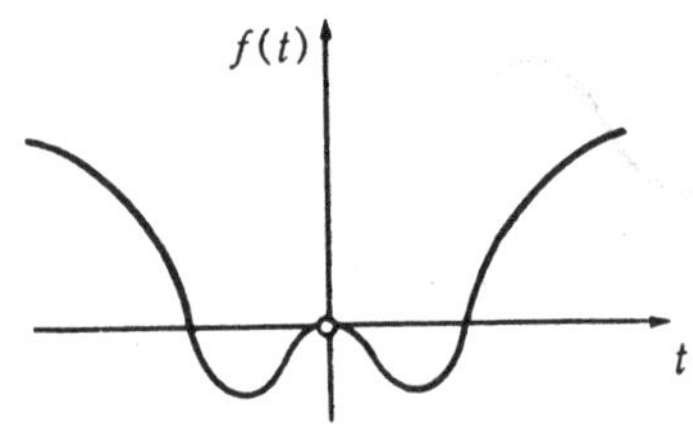

[그림 10.8] 여현대칭

수식으로는

$$\left.\begin{aligned} &f(t) = -f(t) \\ \text{또는} \quad &f(t) = -f(T-t) \end{aligned}\right\} \tag{10.22}$$

가 되며 $f(t)$는 t의 우함수이다. 따라서 식 (10.2)식에 $-\omega t$를 대입하면

$$\cos n(-\omega t) = \cos n\omega t, \quad \sin n(-\omega t) = -\sin n\omega t$$

이므로 식 (10.22)식은

$$f(-t) = a_0 + \sum_{n=1}^{\infty} a_n \cos n(-\omega t) + \sum_{n=1}^{\infty} b_n \sin n(-\omega t)$$

$$= a_0 + \sum_{n=1}^{\infty} a_n \cos n\omega t - \sum_{n=1}^{\infty} b_n \sin n\omega t$$

가 된다. 그러므로 조건식 (10.22)이 성립하기 위해서는 sin항은 존재할 수 없다. 즉 $b_n = 0$이고 계수 a_0와 a_n은 반주기만 적분하여 2배하면

$$\left.\begin{aligned} a_0 &= \frac{1}{T}\int_0^T f(t)\,dt = \frac{T}{2}\int_0^{\frac{T}{2}} f(t)\,dt \\ a_n &= \frac{2}{T}\int_0^T f(t)\cos n\omega t\,dt = \frac{4}{T}\int_0^{\frac{T}{2}} f(t)\cos n\omega t\,dt \end{aligned}\right\} \tag{10.23}$$

가 된다. 이상의 결과를 종합하면 표 (10.1)과 같다.

[표 10.1] 주기 파형에 대한 대칭성 요약

대칭의종류	반 파 대 칭	기 함 수	우 함 수
조건	$f(t) = -f(t \pm \frac{T}{2})$	$f(t) = -f(t)$	$f(t) = f(-t)$
파형	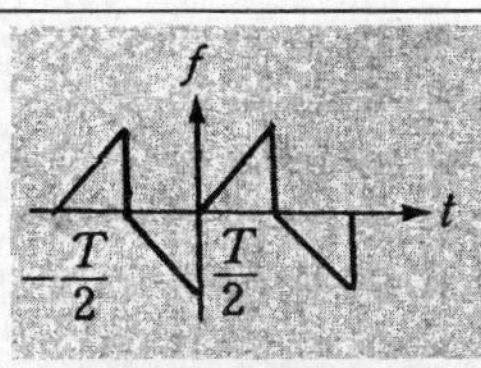	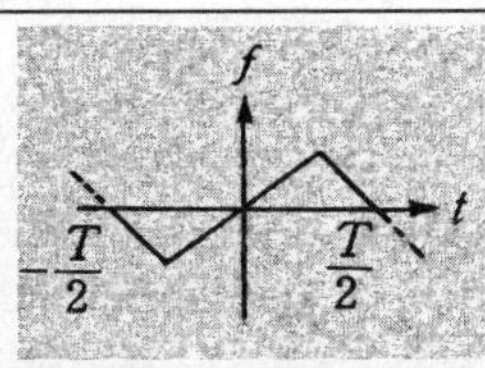	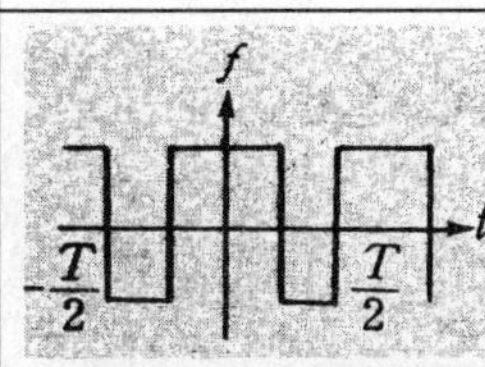
특징	기수 고조파만 있다.	sin항만 있다.	상수항과 cos항만 있다.
$\frac{a_0}{2}$	0	0	$\frac{a_0}{2} = \frac{2}{T}\int_0^{\frac{T}{2}} f(t)\,dt$
a_n	$\frac{4}{T}\int_0^{\frac{T}{2}} f(t)\cos n\omega t\,dt$ n = 1, 3, 5, ⋯	0	$\frac{4}{T}\int_0^{\frac{T}{2}} f(t)\sin n\omega t\,dt$ n = 1, 2, 3, ⋯
b_n	$\frac{4}{T}\int_0^{\frac{T}{2}} f(t)\sin n\omega t\,dt$ n = 1, 3, 5, ⋯	$\frac{4}{T}\int_0^{\frac{T}{2}} f(t)\cos n\omega t\,d$ n = 1, 2, 3 ⋯	0

예 제 10.3

그림 10.9와 같은 톱니파(sawtooth wave)의 Fourier 급수를 구하라.

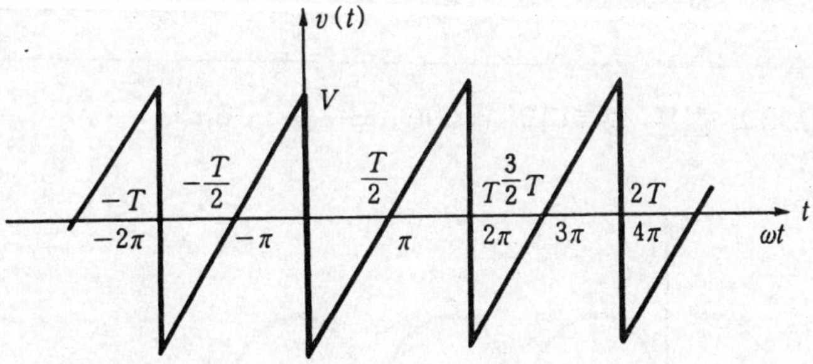

[그림 10.9] 톱니파형

따라서 식 (10.15)에 의하여 b_n은

$$b_n = \frac{2}{T}\int_0^T v(t)\sin n\omega t\,dt$$

에 의해 계산하면 되는데, 그림의 파형은

$$v(t) = \frac{2V}{T}\left(t - \frac{T}{2}\right)$$

이므로

$$b_n = \frac{2}{T}\int_0^T \frac{2V}{T}\left(t-\frac{T}{2}\right)\sin n\omega t\,dt$$

$$= \frac{2}{T}\left[\int_0^T \frac{2V}{T} t\sin n\omega t\,dt - V\int_0^\tau \sin n\omega t\,dt\right]$$

$$= -\frac{2V}{n\pi}$$

그러므로

$$b_1 = -\frac{2V}{\pi},\quad b_2 = -\frac{2V}{\pi}\frac{1}{2},\quad b_3 = -\frac{2V}{\pi}\frac{1}{3},\ \cdots\cdots$$

따라서 그림 10.9 파형의 Fourier 급수는 다음과 같다.

$$v(t) = -\frac{2V}{\pi}\left(\sin\omega t + \frac{1}{2}\sin 2\omega t + \frac{1}{3}\sin 3\omega t + \cdots + \frac{1}{n}\sin n\omega t + \cdots\right)$$

예 제 10.4

그림 10.10과 같은 정류파의 Fourier 급수를 구하라.

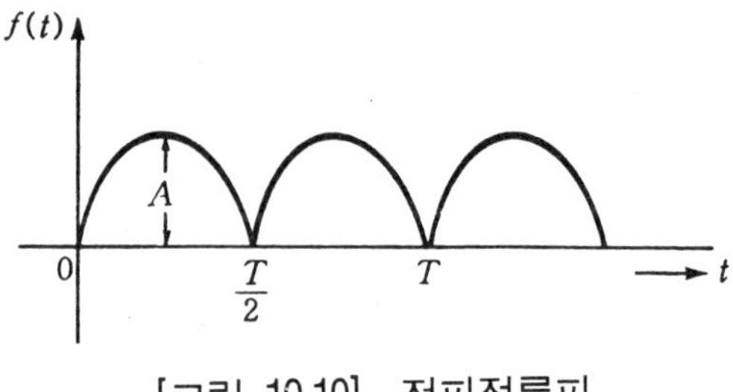

[그림 10.10] 전파정류파

$$f(t) = \begin{cases} A\sin\omega t & 0 \leqq t \leqq \frac{T}{2} \\ -A\sin\omega t & \frac{T}{2} \leqq t \leqq T \end{cases}$$

또 $f(t) = -f(-t)$이므로 여현대칭이다.

$$b_n = 0$$

$$a_0 = \frac{2}{T}\int_0^{\frac{T}{2}} f(t)\,dt = \frac{2}{T}\int_0^{\frac{T}{2}} A\sin\omega t\,dt = \frac{2A}{\pi}$$

$$a_n = \frac{4}{T}\int_0^{\frac{T}{2}} f(t)\cos n\omega t\,dt = \frac{4}{T}\int_0^{\frac{T}{2}} A\sin\omega t\cos n\omega t\,dt$$

$$= \begin{cases} 0 & n: \text{기수} \\ -\frac{4A}{\pi}\frac{1}{n-1)(n+1)} & n: \text{우수} \end{cases}$$

$$\therefore\ f(t) = \frac{4A}{\pi}\left(\frac{1}{2} - \frac{\cos 2\omega t}{1.3} - \frac{\cos 4\omega t}{3.5} - \frac{\cos 6\omega t}{5.7}\cdots\right)$$

예 제 10.5

그림 10.11에 도시한 함수의 Fourier 급수를 구하라.

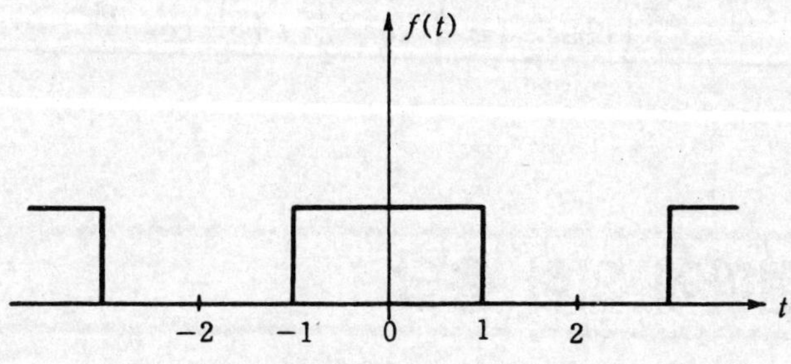

[그림 10.11] 구형파

그림 10.11에서

$$f(t) = \begin{cases} 0 & -2 < t < -1 \\ k & -1 < t < 1 \\ 0 & 1 < t < 2 \end{cases}$$

이고 주기 $T=4$이다. 식 (10.7), (10.12) 및 (10.15)식에 의해

$$a_0 = \frac{1}{2}\int_0^2 f(t)\,dt = \frac{1}{2}\int_0^1 k\,dt = \frac{k}{2}$$

$$a_n = \int_0^2 f(t)\cos\frac{n\pi}{2}t\,dt = \int_0^1 k\cos\frac{n\pi}{2}t\,dt = \frac{2k}{n\pi}\sin\frac{n\pi}{2}$$

그래서

$$a_n = \begin{cases} 0 & : n = \text{우수} \\ \dfrac{2k}{n\pi} & : n = 1, 5, 9 \\ \dfrac{-2k}{n\pi} & : n = 3, 7, 11 \end{cases}$$

$$b_n = \int_0^2 f(t)\sin\frac{n\pi}{2}t\,dt = \int_0^1 k\sin\frac{n\pi}{2}t\,dt = 0$$

그러므로

$$f(t) = \frac{k}{2} + \frac{2k}{\pi}\left(\cos\frac{\pi}{2}t - \frac{1}{3}\cos\frac{3\pi}{2}t + \frac{1}{5}\cos\frac{5\pi}{2}t - \cdots\right)$$

10.5 비정현파에 의한 응답

앞 절에 비정현파를 Fourier 급수로 전개함으로서 비정현파는 정현파의 합으로 표시됨을 알았다. 정현파, 즉 주기함수의 실효값 계산은 전기공학이나 역학에서 많이 취급되고 있다.

(1) 비정현파의 실효값

주기적으로 변하는 전류의 실효값은 정현파이건 비정현파이건 다음과 같이 정의된다.

$$\sqrt{\frac{1}{T}\int_0^T [f(t)]^2 dt} \tag{10.24}$$

이것을

$$i = I_0 + I_{m1}\sin(\omega t + \alpha_1) + I_{m2}\sin(2\omega t + \alpha_2) + I_{m3}\sin(3\omega t + \alpha_3) + \cdots$$

으로 표시되는 비정현파 전류에 적용하면

$$\begin{aligned} I_{rms} &= \left\{\frac{1}{T}\int_0^T [I_0 + I_{m1}\sin(\omega t + \alpha_1) + I_{m2}\sin(2\omega t + \alpha_2) \right. \\ &\quad \left. + I_{m3}\sin(3\omega t + \alpha_3) + \cdots]^2 dt\right\}^{\frac{1}{2}} \\ &= \sqrt{I_0^2 + \frac{I_{m1}^2 + I_{m2}^2 + I_{m3}^2 + \cdots + I_{mn}^2}{\sqrt{2}}} \\ &= \sqrt{I_0^2 + I_1^2 + I_2^2 + I_3^2 + \cdots + I_n^2} \end{aligned} \tag{10.25}$$

가 된다. 여기서 $I_1, I_2, \cdots I_n$은 각 고조파의 실효값이다. 즉 비정현파 전류의 실효값은 직류성분 및 각 고조파 성분의 제곱의 합에 평방근과 같다. 마찬가지로 비정현파 전압의 실효값은

$$V_{rms} = V = \sqrt{V_0^2 + V_1^2 + V_2^2 + V_3^2 + \cdots + V_n^2} \tag{10.26}$$

여기서 V_0, V_1, $V_2 \cdots$ 등은 전압파 및 각 고조파의 실효값이다.

보통의 교류 전압계, 전류계는 파형이 정현파이던지 또는 비정현파이던지 간에 그 실효값을 나타낸다.

예 제 10.6

전압 $v = 5 + 10\sqrt{2}\sin\omega t + 10\sqrt{2}\sin(3\omega t - \frac{\pi}{4})$일 때 실효치를 구하라.

$$V=\sqrt{\frac{1}{T}\int_0^T v^2\,dt}=\sqrt{V_0^2+V_1^2+V_2^2+V_3^2+\cdots}$$

$$\therefore V=\sqrt{5^2+10^2+10^2}=15[V]$$

예 제 10.7

아래 그림 10.12의 삼각파의 최대값이 A라면 실효치와 평균값은 각 얼마인가?

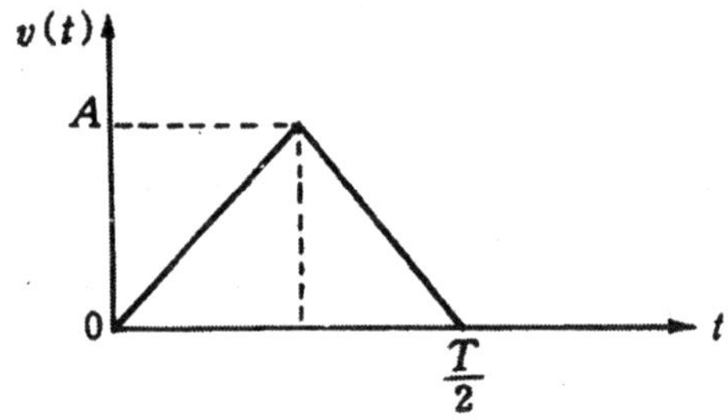

[그림 10.12] 삼각파

$$v(t)=\frac{4At}{T}$$

$$\therefore \text{ 실효값}=\sqrt{\frac{1}{T/4}\int_0^{T/4} v^2\,dt}=\sqrt{\frac{64A^2}{T^3}\left[\frac{1}{3}t^3\right]_0^{t/4}}=\frac{A}{\sqrt{3}}$$

$$\text{평균값}=\frac{4}{T}\int_0^{\frac{T}{4}} v\,dt=\frac{16A}{T^2}\left[\frac{1}{2}t^2\right]_0^{\frac{T}{4}}=\frac{A}{2}$$

(2) 비정현파의 전력

단자전압과 단자전류가 각각

$$v(t)=V_0+V_{m1}\sin(\omega t+\alpha_1)+V_{m2}\sin(2\omega t+\alpha_2)+\cdots+V_{mn}\sin(n\omega t+\alpha_n)$$

와 $i(t)=I_0+I_{m1}\sin(\omega t+\alpha_1{}')+I_{m2}\sin(2\omega t+\alpha_2{}')+\cdots+I_{mn}\sin(n\omega t+\alpha_n{}')$

로 표시되는 비정현파일 때 평균전력은

$$P = \frac{1}{T}\int_0^T [V_0 + V_{m1}\sin(\omega t + \alpha_1) + V_{m2}\sin(2\omega t + \alpha_2) + \cdots + V_{mn}\sin(n\omega t + \alpha_n)]$$

$$\cdot [I_0 + I_{m1}\sin(\omega t + \alpha_1{}') + I_{m2}\sin(2\omega t + \alpha_2{}') + \cdots + I_{mn}\sin(n\omega t + \alpha_n{}')]\, dt$$

이다. 이것을 전개하면 아래 4가지 항으로 분류할 수 있다.

① $V_0 I_0$
② 일정치와 정현파와의 곱
③ 주파수가 같은 두 정현파의 곱
④ 주파수가 상이한 두 정현파의 곱

이들 각 항의 평균치는 ①항에서 $V_0 I_0$ ②항과 ④항의 평균치는 한 주기 동안의 적분값이 0이다. ③항의 평균치는

$$\frac{1}{T}\int_0^T A\sin(m\omega t + \alpha)\, B\sin(m\omega t + a')\, dt$$

와 같은 주파수항 곱의 적분항만 남는데, 이것은

$$\frac{AB}{2}\cos(\alpha - \alpha')$$

으로 되므로, 평균 전력은

$$P = \frac{V_{m1} I_{m1}}{2}\cos(\alpha - \alpha_1{}') + \frac{V_{m2} I_{m2}}{2}\cos(\alpha_2 - \alpha_2{}') + \cdots + \frac{V_{mn} I_{mn}}{2}\cos(\alpha_n - \alpha_n{}')$$

또는

$$\frac{V_{m1} I_{m1}}{2} = \frac{V_{m1}}{\sqrt{2}}\frac{I_{m1}}{\sqrt{2}} = V_1 I_1$$

이므로

$$P = V_1 I_1 \cos(\alpha_1 - \alpha_1{}') + V_2 I_2 \cos(\alpha_2 - \alpha_2{}') + \cdots + V_n I_n \cos(\alpha_n - \alpha_n{}')$$

이다. 이상으로 비정현파의 평균전력은 각 고조파의 개별적인 평균전력의 합과 같다.

예 제 10.8

전압이 $v = 10 + 10\sin 10t + 20\sin(20t + 30^o)[V]$이고, 전류가 $i = 10 + 10\sin 10t + 20\sin(20t + 30^o)[A]$이면 평균전력은 얼마인가?

평균전력 $P = V_0 I_0 + V_1 I_1 \cos\Theta_1 + V_2 I_2 \cos\Theta_2$

여기서 $\Theta_1 = \Theta_2 = 0$이므로

$$P = 10 \times 10 + \frac{10}{\sqrt{2}} \times \frac{10}{\sqrt{2}} + \frac{20}{\sqrt{2}} \times \frac{20}{\sqrt{2}} = 100 + 50 + 200 = 350[W]$$

연 습 문 제

1. 주기 2π인 아래와 같은 함수 $f(x)$의 Fourier 급수를 구하라.

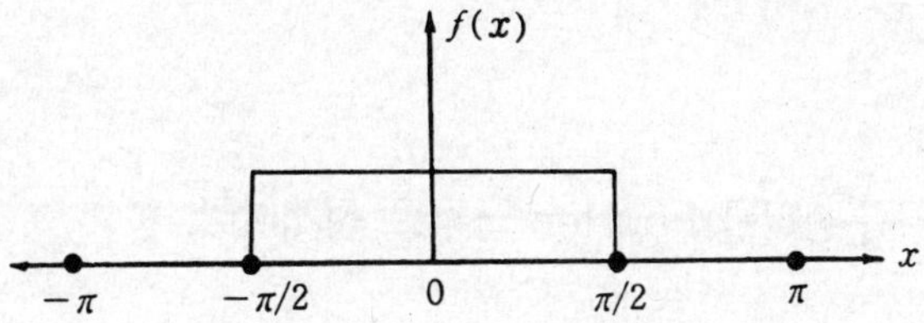

2. 다음 함수 $f(t)$의 Fourier 급수를 구하라(주기 $T=2\pi$).

(1) $f(x)=\begin{cases} 1 & -\frac{\pi}{2}<x<\frac{\pi}{2} \\ -1 & \frac{\pi}{2}<x<\frac{3\pi}{2} \end{cases}$

(2) $f(x)=x \quad (-\pi<x<\pi)$

(3) $f(x)=\begin{cases} \pi+x & -\pi<x<\pi \\ \pi-x & 0<x<\pi \end{cases}$

(4) $f(x)=\begin{cases} x & -\frac{\pi}{2}<x<\frac{\pi}{2} \\ \pi-x & \frac{\pi}{2}<x<\frac{3\pi}{2} \end{cases}$

3. 다음 함수는 우함수인가 기함수인가? 그렇지 않으면 우함수도 기함수도 아닌가?

(1) e^x (2) e^{x^2} (3) $\sin nx$

(4) $\sin x$ (5) $(\cos x)/x$ (6) $l_n(x)$

(7) $\sin x^2$ (8) $\sin^2 x$

4. 주기 2π인 다음 함수의 Fourier 급수를 구하라.

(1) $f(x) = \begin{cases} 0 & -\frac{\pi}{2} < x < \frac{\pi}{2} \\ 1 & \frac{\pi}{2} < x < \frac{3\pi}{2} \end{cases}$

(2) $f(x) = \begin{cases} -x & (-\pi < x < \pi) \\ x & (0 < x < \pi) \end{cases}$

5. 아래 그림과 같은 구형파를 Fourier 급수로 전개하라.

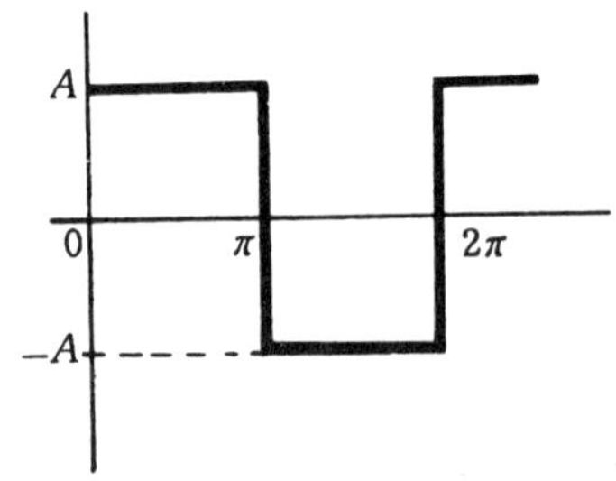

6. 다음과 같은 비정현파 전압 및 전류에 의한 평균 전력은 얼마인가?

$$v = 10\sin 100\pi t + 10\sin(200\pi t - \frac{\pi}{2})[V]$$
$$i = 2\sin(100\pi t - \frac{\pi}{2} + 2\sin(200\pi t - \frac{\pi}{4})[A]$$

부 록

A1. 그리스 문자

A2. 수의 약칭 및 표식

A3. 수의 크기와 명칭

A4. 기본적인 상수값

A5. 수학공식 일람

A5.1 항등식

A5.2 대수식

A5.3 방정식의 근

A5.4 근사값 계산

A5.5 삼각함수

A5.6 미분

A6. 분포표

A6.1 χ^2-분포표

A6.2 t-분포표

A1. 그리스 문자

그리스문자		명 칭		그리스 문자		명칭	
A	α	alpha	알파	N	ν	nu	누우
B	β	beta	베타	Ξ	ξ	xi	크사이
Γ	γ	gamma	감마	O	o	Omicron	오미크론
Δ	δ	delta	델타	Π	π	Pi	파이
E	ε	epsilon	입실론	P	ρ	rho	로오
Z	ζ	zeta	제타	Σ	σ	sigma	시그마
H	η	eta	에타	T	τ	tau	타우
Θ	θ	theta	세타	Υ	υ	upsilon	웁실론
I	ι	iota	이오타	Φ	φ	phi	화이
K	κ	kappa	칼파	X	χ	chi	카이
Λ	λ	lambda	람다	Ψ	ϕ	psi	프사인
M	μ	mu	뮤우	Ω	ω	omega	오메가

A2. 수의 약칭 및 표식

기 호	명 칭	승 수	기 호	명 칭	승 수
T	tera	10^{12}	c	centi	10^{-2}
G	giga	10^{9}	m	milli	10^{-3}
M	mega	10^{6}	μ	micro	10^{-6}
k	kilo	10^{3}	n	nano	10^{-9}
h	hekto	10^{2}	p	pico	10^{-12}
da	deka	10	f	femto	10^{-15}
d	deci	10^{-1}	a	atto	10^{-18}

명 칭	단축명칭	명 칭	단축명칭
sine	sin	arc sine	$\sin^{-1}$
cosine	cos	arc cosine	$\cos^{-1}$
tangent	tan	arc tanent	$\tan^{-1}$
cotangent	cot	hyperbolic sine	sinh
secant	sec	hyperbolic arc sine	$\sinh^{-1}$
cosecant	soec		

A3. 수의 크기와 명칭

수의단위

환산량	읽기	환산량	읽기
1	일	10^{-1}	분
10	십	10^{-2}	리
10^{2}	백	10^{-3}	모
10^{3}	천	10^{-4}	사
10^{4}	만	10^{-5}	홀
10^{8}	억	10^{-6}	미
10^{12}	조	10^{-7}	섬
10^{16}	경	10^{-8}	사
10^{20}	해	10^{-9}	진
10^{24}	서	10^{-10}	애
10^{28}	양	10^{-11}	묘
10^{32}	구	10^{-12}	막
10^{36}	간	10^{-13}	모호
10^{40}	정	10^{-14}	준순
10^{44}	재	10^{-15}	필수
10^{48}	극	10^{-16}	순식
10^{52}	항하사	10^{-17}	탄지
10^{56}	아승지	10^{-18}	찰나
10^{60}	나유타	10^{-19}	육덕
10^{64}	불가사의	10^{-20}	공허
10^{68}	무량대수	10^{-21}	청정

A4. 기본적인 상수값

① $\pi = 3.14159$

② $e = 2.71828$

③ $1 \text{ radian} = 180°/\pi = 57.29577$

④ $1° = \pi/180 \text{ rasians} = 0.01745$

⑤ $\log_{10}2 = 0.30102$

⑥ $\log_{10}3 = 0.47712$

⑦ $\log_e \ln 2 = 0.069314$

⑧ $\log_e \ln 3 = 1.09861$

A5. 수학공식 일람

A5.1 항등식

$$a^3 \pm b^3 = (a \pm b)(a^2 \mp ab + b^2)$$

$$(a \pm b)^3 = a^3 \pm 3a^2b + 3ab^2 \pm b^3$$

$$(a \pm b)^2 \mp 4ab = (a \mp b)^2$$

$$a^n - b^n = (a-b)(a^{n-1} + a^{n-2}b + \cdots + b^{n-1}) \quad (n: \text{양의 정수})$$

$$a^n - b^n = (a+b)(a^{n-1} - a^{n-2}b + \cdots - b^{n-1}) \quad (n: \text{우수})$$

$$a^n + b^n = (a+b)(a^{n-1} - a^{n-2}b + \cdots + b^{n-1}) \quad (n: \text{기수})$$

$$a^4 + b^4 = (a^2 + \sqrt{2}ab + b^2)(a^2 - \sqrt{2}ab + b^2)$$

$$a^3 + b^3 + c^3 abc = (a+b+c)(a^2 + b^2 + c^2 - ab - bc - ca)$$

$$(a^2 + ab + b^2)(a^2 - ab + b^2 = a^4 + a^2b^2 + b^4$$

$$\begin{aligned}(ax+by)^2 + (ay-bx)^2 &= (ax-by)^2 + (ay+bx)^2 \\ &= (a^2-b^2)(x^2+y^2)\end{aligned}$$

$$\begin{aligned}(ax+by)^2 - (ay+bx)^2 &= (ax-by)^2 - (ay-bx)^2 \\ &= (a^2-b^2)(x^2-y^2)\end{aligned}$$

$$\begin{aligned}(a+b+c)^3 - a^3 - b^3 - c^3 &= 3[a^2(b+c) + b^2(c+a) + c^2(a+b) + 2abc] \\ &= 3(a+b)(b+c)(c+a)\end{aligned}$$

$$\begin{aligned}a^2(b-c) + b^2(c-a)^2_c(a-b) &= ab(a-b) + bc(b-c) + ca(c-a) \\ &= -(a-b)(b-c)(c-a)\end{aligned}$$

$$(a-b)^3 +)b-c)^3 + (c-a)^3 = 3(a-b)(b-c)(c-a)$$

$$\begin{aligned}&a^4 + b^4 c^4 - 2a^2b^2 - 2b^2c^2 - 2c^2a^2 \\ &\qquad = (a+b+c+)(a-b-c)(b-c-a)(c-a-b)\end{aligned}$$

A5.2 대수식

$y = \log_a x \leftrightarrow x = a^x$

$\log_a a = 1$, $\log_a 1 = 0 (a>0, a \neq 1)$

$\log_a (xy) = \log_a x + \log y$, $\log_a (x/y) = \log_a x - \log_a y$

$\log_a x^n = n \log_a x$

$\log_c a = \log_c b \times \log_b a$

$\log_b a \times \log_a b = 1$

$\log_a x$: $a = 10$일 때 상용대수라 하고 $\log x$로 표시

$\log x = 0.4343 \ln x$, $\ln x = 2.3026 \log x$

A5.3 방정식의 근

$ax^2 + bx + c = (a, b, c$: 실수, $a \neq 0)$

$$x = \frac{-b \pm \sqrt{b^2 - 4ac}}{2a}$$

A5.4 근사 값 계산

$e^x \fallingdotseq 1 + x$	$\ln(1+x) \fallingdotseq x$
$\sin \fallingdotseq 0$	$\sinh x \fallingdotseq x$
$\cos x \fallingdotseq 1$	$\cosh x \fallingdotseq 1 - x$
$\tan x \fallingdotseq x$	$\tanh x \fallingdotseq x (\ll 1)$
$\tanh x \fallingdotseq 1$	

A5.5 삼각함수

$$\sin(180^\circ \pm \theta) = \mp \sin\theta \quad \sin(90^\circ \pm \text{ㅅ}) = \mp \cos\theta$$

$$\cos(180^\circ \pm \theta) = -\cos\theta \quad \cos(90^\circ \pm \theta) = \mp \sin\theta$$

$$\tan(180^\circ \pm \theta) = \pm \tan\theta \quad \tan(90^\circ \pm \theta) = \mp \cot\theta$$

$$\cot(90^\circ \pm \theta) = \mp \tan\theta$$

$$\sin A \,\mathrm{cosec}\, A = 1 \qquad \sin^2 A + \cos^2 A = 1$$

$$\tan A \cot A = 1 \qquad \sec^2 A = 1 + \tan^2 A$$

$$\cos A \sec A = 1 \qquad \mathrm{cosec}^2 A = 1 + \cos^2 A$$

$$\tan A = \frac{\sin A}{\cos A}$$

$$\sin A + \sin B = 2\sin\frac{1}{2}(A+B)\cos\frac{1}{2}(A-B)$$

$$\sin A - \sin B = 2\cos\frac{1}{2}(A+B)\sin\frac{1}{2}(A-B)$$

$$\cos A + \cos B = 2\cos\frac{1}{2}(A+B)\cos\frac{1}{2}(A-B)$$

$$\cos A - \cos B = -2\sin\frac{1}{2}(A+B)\sin\frac{1}{2}(A-B)$$

$$\sin A \cos B = \frac{1}{2}[\sin(A+B) + \sin(A-B)]$$

$$\cos A \sin B = \frac{1}{2}[\sin(A+B) - \sin(A-B)]$$

$$\sin A \sin B = \frac{1}{2}[\cos(A-B) - \cos(A+B)]$$

$$\cos A \cos B = \frac{1}{2}[\cos(A-B) + \cos(A-B)]$$

A5.6 미분

$$\frac{dc}{dx} = 0 \qquad (c : \text{상수})$$

$$\frac{d}{dx}(cu) = c\frac{du}{dx} \qquad (c : \text{상수})$$

$$\frac{d}{dx}(u + v) = \frac{du}{dx} \pm \frac{dv}{dx}$$

$$\frac{d}{dx}(uv) = v\frac{du}{dx} + u\frac{dv}{dx}$$

$$\frac{d}{dx}\left(\frac{u}{v}\right) = v\frac{v\frac{du}{dx} - u\frac{dv}{dx}}{v^2}$$

$$\frac{dy}{dx} = \frac{dy}{du} \cdot \frac{du}{dx}$$

$y = x^m \qquad y' = mx^{m-l}$

$y = e^x \qquad y' = e^x$

$y = a^x \qquad y' = a^x \log a$

$y = \log x \qquad y' = \frac{1}{x}$

$y = \sin x \qquad y' = \cos x$

A6. 분포표

A6.1 χ²-분포표

χ^2 분포표

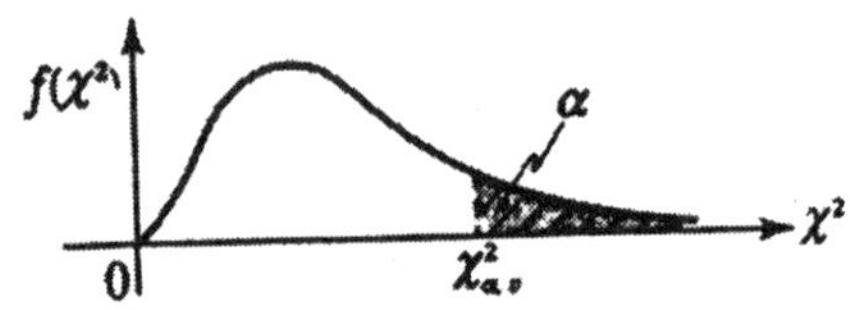

v	$\alpha = .995$	$\alpha = .99$	$\alpha = .975$	$\alpha = .95$	$\alpha = .05$	$\alpha = .025$	$\alpha = .01$	$\alpha = .005$	v
1	.0000393	.000157	.000982	.00393	3.841	5.024	6.635	7.879	1
2	.0100	.0201	.0506	.103	5.991	7.378	9.210	10.597	2
3	.0717	.115	.216	.352	7.815	9.348	11.345	12.838	3
4	.207	.297	.484	.711	9.488	11.143	13.277	14.860	4
5	.412	.554	.831	1.145	11.070	12.832	15.086	16.750	5
6	.676	.872	1.237	1.635	13.592	14.449	16.812	18.548	6
7	.989	1.239	1.690	2.167	14.067	16.013	18.475	20.278	7
8	1.344	1.646	2.180	2.733	15.507	17.535	20.090	21.955	8
9	1.735	2.088	2.700	3.325	16.919	19.023	21.666	23.589	9
10	2.156	2.558	3.247	3.940	18.307	20.483	23.209	25.188	10
11	2.603	3.053	3.816	4.575	19.675	21.920	24.725	26.757	11
12	3.074	3.571	4.404	5.226	21.026	23.337	26.217	28.300	12
13	3.565	4.107	5.009	5.892	22.362	24.736	27.688	29.819	13
14	4.075	4.660	5.629	6.571	23.685	26.119	29.141	31.319	14
15	4.601	5.229	6.262	7.261	24.996	27.488	30.578	32.801	15
16	5.142	5.812	6.908	7.962	26.296	28.845	32.000	34.267	16
17	5.697	6.408	7.564	8.672	27.587	30.191	33.409	35.718	17
18	6.265	7.015	8.231	9.390	28.869	31.526	34.805	37.156	18
19	6.844	7.633	8.907	10.117	30.114	32.852	36.191	38.582	19
20	7.434	8.260	9.591	10.851	31.410	34.170	37.566	39.997	20
21	8.034	8.897	10.283	11.591	32.671	35.479	38.932	41.401	21
22	8.643	9.542	10.982	12.338	33.924	36.781	40.289	42.796	22
23	9.260	10.196	11.689	13.091	35.172	38.076	41.638	44.181	23
24	9.886	10.856	12.401	13.848	36.415	39.364	42.980	45.558	24
25	10.520	11.524	13.120	14.611	37.652	40.646	44.314	46.928	25
26	11.160	12.198	13.844	15.379	38.885	41.923	45.642	48.290	26
27	11.808	12.879	14.573	16.151	40.113	43.194	46.963	49.645	27
28	12.461	13.565	15.308	16.928	41.337	44.461	48.278	50.993	28
29	13.121	14.256	16.047	17.708	42.557	45.722	49.588	52.336	29
30	13.787	14.953	16.791	18.493	43.773	46.979	50.892	53.672	30

A6.2 t-분포표

t 분포표

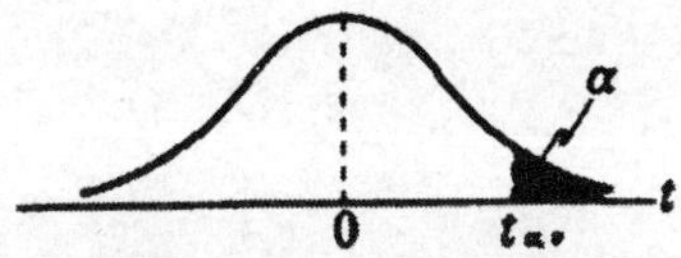

v	$\alpha = .10$	$\alpha = .05$	$\alpha = .025$	$\alpha = .01$	$\alpha = .005$	v
1	3.078	6.314	12.706	31.821	63.657	1
2	1.886	2.920	4.303	6.965	9.925	2
3	1.638	2.353	3.182	4.541	5.841	3
4	1.533	2.132	2.776	3.747	4.604	4
5	1.476	2.015	2.571	3.365	4.032	5
6	1.440	1.943	2.447	3.143	3.707	6
7	1.415	1.895	2.365	2.998	3.499	7
8	1.397	1.860	2.306	2.896	3.355	8
9	1.383	1.833	2.262	2.821	3.250	9
10	1.372	1.812	2.228	2.764	3.169	10
11	1.363	1.796	2.201	2.718	3.106	11
12	1.356	1.782	2.179	2.681	3.055	12
13	1.350	1.771	2.160	2.650	3.012	13
14	1.345	1.761	2.145	2.624	2.977	14
15	1.341	1.753	2.131	2.602	2.947	15
16	1.337	1.746	2.120	2.583	2.921	16
17	1.333	1.740	2.110	2.567	2.898	17
18	1.330	1.734	2.101	2.552	2.878	18
19	1.328	1.729	2.093	2.539	2.861	19
20	1.325	1.725	2.086	2.528	2.845	20
21	1.323	1.721	2.080	2.518	2.831	21
22	1.322	1.717	2.074	2.508	2.819	22
23	1.319	1.714	2.069	2.500	2.807	23
24	1.318	1.711	2.064	2.492	2.797	24
25	1316	1.708	2.060	2.485	2.787	25
26	1.315	1.706	2.056	2.479	2.779	26
27	1.314	1.703	2.052	2.473	2.771	27
28	1.313	1.701	2.048	2.467	2.763	28
29	1.311	1.699	2.045	2.462	2.756	29
inf.	1.282	1.645	1.960	2.326	2.576	inf.

기초공업수학

2011년 2월 28일 인쇄
2011년 3월 04일 발행
저 자 서 정 식 저
펴낸이 오 성 걸
펴낸곳 **오성미디어**
주 소 132-916 서울시 도봉구 창 3동 491-1
전 화 02)997-0136
FAX 02)997-0137
등 록 2000. 5. 12 제 7-212 호

ISBN 978- 89-92583-99-2 값 15,000 원